ESSAI

SUR

LES COMÈTES.

ESSAI

SUR

LES COMÈTES

EN GÉNÉRAL,

ET PARTICULIEREMENT SUR CELLES
QUI PEUVENT APPROCHER DE
L'ORBITE DE LA TERRE.

Par M. DIONIS DU SÉJOUR,
de l'Académie Royale des Sciences de Paris,
& Conseiller au Parlement.

Comètes que l'on craint à l'égal du Tonnerre,
Cessez d'épouvanter les Peuples de la Terre.
Épître de M. de Voltaire à Mad. la Marq. du Chastelet.

A PARIS,

Chez VALADE, Libraire, rue Saint-Jacques,
vis-à-vis celle des Mathurins.

M. DCC. LXXV.

Avec Approbation, & Privilége du Roi.

DISCOURS PRELIMINAIRE.

ON difputoit encore fur la nature des Comètes vers la fin du dernier fiecle. Quelques-uns croyoient que les Comètes avoient été créés en même tems que la Terre, qu'elles étoient en dépôt dans les régions les plus éloignées du Firmament, & que la Divinité les faifoit paroître toutes les fois qu'elle vouloit donner aux hommes des fignes de fa colère. Quelques autres prévenus des propriétés du nombre fept, qu'ils jugeoient effentielles au nombre des corps céleftes, nioient que les Comètes exiftaffent réellement. C'étoit fuivant eux de fimples illufions optiques, de fauffes apparences caufées par la réflexion ou la réfraction de la lumière. Quelques Philofophes prétendoient avec Ariftote, que les Comètes n'étoient que des météores formés dans la moyenne région de l'air, & qui ne fuivoient aucune loi dans leurs mouvemens. D'autres, en leur donnant la même origine, croyoient avec Képler (a) qu'elles fe mouvoient uniformément en ligne droite, en vertu d'une impulfion primitive qu'elles avoient reçue à l'inftant de leur formation. D'autres enfin penfoient que les Comètes étoient des corps céleftes, dont le mouvement devoit être éternel comme celui des autres Planètes, & affujetti comme elles à des loix conftantes.

Telle avoit été parmi les Anciens, l'opinion de l'École de Pythagore, d'Apollonius le Mindien, d'Hi-

---

(a) Képler avoit été conduit à cette opinion par une analogie fort finguliere. Il voyoit que dans la nature, la plûpart des êtres font doués d'une faculté productive; il trouvoit très-raifonnable que l'atmofphère fut doué d'une pareille faculté. La Terre a fes monftres, ainfi que la Mer; l'air devoit avoir les fiens; & ces monftres étoient les Comètes.

pocrate de Chio, d'Eschyle, de Diogène, de Favorin, d'Artémidore, de Démocrite & de Séneque. « On a cru, dit ce Philosophe, que les Comètes » n'étoient point des Astres, parce qu'elles n'ont » pas la rondeur des autres corps célestes. Ce dé- » faut de rondeur n'est qu'une illusion ; il est dû » uniquement à la lumière qu'elles répandent… Elles » font, comme tous les corps célestes, des ouvrages » éternels de la Nature. La foudre & les éclairs brillent » & s'éteignent ; les Comètes ont leurs routes pref- » crites qu'elles parcourent ; elles s'éloignent de nous, » fans cesser d'exister… Leur marche n'est point vague » comme celle des météores qui font le jouet des » vents… Les étoiles qui embellissent la nuit, dé- » montrent que le Ciel est rempli de Corps célestes… » Ne nous étonnons pas que l'on ignore encore la loi » du mouvement des Comètes, dont les apparitions » font si rares, & qui descendent d'une énorme dif- » tance. Il n'y a pas quinze cents ans que la Grèce » a divisé le Ciel en constellations, & qu'elle connoît » le mouvement des Planètes. Combien de Nations » ignorent encore par quel méchanisme la Lune » s'éclipse à leurs yeux. Un jour viendra que la pof- » térité s'étonnera que nous ayons ignoré des choses » si faciles à découvrir ; on déterminera les orbites » des Comètes, leur nombre, le tems de leurs révo- » lutions. N'envions point à nos descendans les décou- » vertes qu'ils pourront faire, jouissons des vérités que » nous connoissons ».

Chacune des opinions que je viens d'exposer, avoit fes partifans, lorfque la Comère de 1680 vint étonner le Peuple & les Savans. Newton s'occupoit alors de fes fublimes recherches fur le fyftême général de l'Univers. Il ne vit dans cette Comète, qu'un Aftre de plus foumis aux loix qu'il venoit de découvrir ; il en traça l'orbite & fit voir qu'elle décrivoit autour du Soleil, une ellipse qui fe confondoit fenfiblement avec une parabole, dans la partie de la courbe, que l'on pouvoit observer (a).

Cette brillante découverte eut le sort de toutes les nouveautés à qui le tems seul peut imprimer le sceau de la démonstration. Elle trouva des contradicteurs même parmi les Astronomes. M. Cassini, qui dès 1664 avoit adopté un système sur les Comètes, persista à penser qu'elles avoient la Terre pour centre de leurs mouvemens; & M. Jacques Bernouilli proposa un autre système, d'après lequel la Comète de 1680 devoit reparoître au mois de Mai 1719.

Pour terminer irrévocablement cette savante dispute, il falloit avoir le courage d'affronter les calculs les plus pénibles & les plus multipliés. M. Halley osa l'entreprendre, il débrouilla le chaos des anciennes Comètes, & fit voir qu'il n'y en avoit aucune dont les mouvemens ne fussent soumis à la théorie de Newton. Il fit plus; parmi cette multitude de Comètes que la terreur qu'elles ont inspirée nous a transmises, plus encore que l'amour de l'Astronomie, il démontra qu'il y en avoit une dont les retours périodiques paroissoient être d'environ 77 ans. Elle avoit paru en 1682, il osa prédire qu'on la reverroit en 1759, & l'événement a justifié sa prédiction. Il n'est donc plus permis de douter que les Comètes ne soient des Corps célestes, soumis, ainsi que les autres Planètes, aux loix de la pésanteur universelle, & décrivant autour du Soleil, des orbites plus ou moins allongées.

Dès qu'on n'a pu douter que les Comètes ne fussent des Corps semblables aux Planètes, parcourant en tous sens les différentes régions de notre système planétaire, on a cru que quelques-unes pourroient un jour ren-

____

(a) Parmi les Philosophes modernes, Hévélius & Doërfell avoient pensé que les Comètes décrivoient des paraboles dont le Soleil occupoit le foyer, mais sans déterminer la loi de leurs mouvemens dans ces courbes.

contrer la Terre ; que peut être d'autres l'avoient déjà
rencontrée, & avoient occasionné ces bouleversemens
dont on découvroit les vestiges. Cette terreur aussi ancienne que l'époque la plus reculée des connoissances humai-
nes, dont l'origine se perd dans la nuit des tems,
& dont tous les Peuples paroissent avoir été saisis à
l'aspect des Comètes, favorisoit cette opinion. Ainsi
donc, les Comètes, après avoir été long-tems des
signes de la colère céleste, lorsqu'elles furent mieux
connues, devinrent aux yeux de quelques Philosophes
spéculatifs, les agens dont l'Etre suprême se servoit
pour changer la face de l'Univers. C'est ainsi que
Whiston, célèbre Astronome Anglois, prétendit expliquer le déluge, par l'inondation de la queue d'une
Comète, qu'il croit être la même que la Comète
de 1680.

Non-seulement l'Auteur dont nous parlons a tenté
d'expliquer ainsi le déluge ; il pense qu'une Comète, &
peut-être la même, revenant un jour du Soleil, &
rapportant des exhalaisons brûlantes, causera aux Habi-
tans de la Terre, tous les malheurs qui leur sont pré-
dits à la fin du monde, & la *conflagration universelle*
qui doit consumer notre Planète (a).

Si l'on en croit M. de Maupertuis, ces dangers ne
sont pas les seuls que nous courons de la part des
Comètes. Leurs queues, en se mêlant à notre atmosphère, peut y causer des changemens nuisibles aux
Plantes & aux Animaux ; leur attraction peut nous
obliger à tourner autour d'elles ; ou du moins déranger

(a) Newton paroît avoir donné lieu à cette opinion. Suivant
lui, la Comète de 1680 doit avoir éprouvé de la part du Soleil,
une chaleur vingt-huit mille fois plus grande que celle que la
Terre éprouve en été, & elle a dû être deux mille fois plus
chaude qu'un fer rouge. Ce calcul est fondé 1°. sur la comparaison de la chaleur d'un fer rouge, à celle de ce même fer exposé aux ardeurs du Soleil sous la Zône torride ; 2°. sur le principe que l'intensité de la chaleur est en raison inverse du quarré
de la distance du corps échauffé, au foyer du corps brûlant. On
peut douter de la rigueur de ces calculs.

notre orbite, au point d'expofer la Terre aux plus grandes viciffitudes ; tantôt brûlée dans fon périhélie, tantôt glacée par le froid des régions les plus éloignées du Ciel ; leur choc peut occafionner un bouleverfement général fur notre globe, & leur approche, en élevant les eaux de la Mer, peut caufer un déluge univerfel.

D'autres Philofophes ont eu des idées plus confolantes, & M. de Voltaire eft de ce nombre. Frappés de l'harmonie qui règne dans toutes les parties de l'Univers, & donnant tout aux caufes finales, ils ont cru trouver dans la bonté de l'Auteur de la Nature, un préfervatif contre ces craintes.

Telles étoient les opinions le plus généralement répandues fur le danger des Comètes, ou plutôt l'on ne fongeoit guère à leur influence, & l'on fe contentoit de les obferver, lorfque le Mémoire de M. de la Lande vint réveiller l'attention du Public. Pour que l'action d'une Comète fur la Terre, puiffe y produire des bouleverfemens confidérables, il faut fuppofer qu'elle en paffe fort près ; autrement fa vîteffe & la petiteffe de fa maffe, rendroient fon effet infenfible. Il étoit donc intéreffant d'examiner fi parmi les Comètes dont les élémens font connus, il n'en eft aucune qui puiffe approcher de la Terre. C'eft ce que fe propofa M. de la Lande dans un Mémoire deftiné à être lu dans l'Affemblée publique de l'Académie des Sciences, d'après Pâques 1773. Les circonftances ne lui permirent pas d'en faire la lecture ; mais l'objet du Mémoire, communiqué par l'Auteur à quelques Amis, par ceux-ci à d'autres perfonnes, & dénaturé par l'ignorance & par la peur, fe répandit dans le Public. On fe rappelle l'impreffion de terreur qu'il produifit dans la Capitale & dans les Provinces. Pour tranquilifer les efprits, & fe juftifier des affertions qu'on lui imputoit, M. de la Lande publia fon Mémoire (a). La

---

(a) Réflexions fur les Comètes qui peuvent approcher de la

senfation qu'il fit, & l'intérêt de son objet, réveillerent l'attention des Astronomes. Je crus en conséquence que le Public verroit avec plaisir un Ouvrage dans lequel on examineroit les différentes questions relatives aux Comètes qui peuvent approcher de la Terre : non pas d'une manière vague, comme on l'avoit fait jusqu'alors, mais en portant dans cette matière, le flambeau du calcul.

Après avoir exposé en peu de mots l'occasion qui a donné lieu à cet Ouvrage, je passe à son analyse. Il est divisé en onze Sections, que je vais parcourir sommairement. Dans la première Section, je détermine les conditions qui doivent avoir lieu, pour qu'une Comète coupe l'orbite de la Terre. Ce Problème fondamental est résolu pour le cas général d'une trajectoire quelconque, parabolique, hyperbolique ou elliptique. Parmi toutes les Comètes connues, il n'en est aucune qui coupe exactement l'orbite terrestre ; mais il en existe plusieurs, telles que celles de 837, 1618, 1680, 1763, & d'autres encore, qui rempliroient cette condition, si l'on altéroit un peu leurs élémens. Or on sçait que ces élémens ne sont point invariables, & que l'action des Corps qui circulent autour du Soleil, peut y produire des altérations sensibles. Je suppose en conséquence dans la seconde Section, qu'une Comète n'ait pas coupé l'orbite de la Terre, lors d'une précédente apparition, & j'examine quels changemens elle doit éprouver dans ses élémens, pendant l'intervalle des deux apparitions, pour pouvoir couper l'orbite terrestre, lors de la seconde apparition.

Ces recherches m'ont conduit à la réflexion suivante, que je crois trop importante pour la supprimer. Il n'existe aucune Comète connue, qui d'après les élémens établis dans les dernières apparitions, puisse

---

Terre, à Paris chez Gibert. M. de la Lande a lu depuis à l'Académie, en 1774, un Ecrit sur le même sujet.

approcher de la Terre, assez pour y produire un effet nuisible. Ce ne pourroit être qu'en vertu des altérations que subiroient les élémens, que cet événement seroit à redouter. Ce dérangement n'est pas physiquement impossible ; mais il y a loin de la possibilité d'un dérangement quelconque, à la certitude que ce dérangement sera tel qu'il convient, pour occasionner la rencontre, ou une proximité nuisible de la Comète & de la Terre. Pour que l'événement eût lieu, il faudroit que le dérangement suivît une certaine loi donnée, qu'il arrivât dans un certain tems donné, & qu'alors la Terre fût à un certain point donné de son orbite. Il y a donc, si j'ose m'exprimer ainsi, relativement aux Comètes qui n'ont point actuellement les conditions requises pour couper l'orbite de la Terre (& toutes les Comètes connues sont dans ce cas) la probabilité d'un infini du troisième ordre contre l'unité, que l'événement n'aura pas lieu.

Dans la troisième Section, je détermine la distance d'une Comète à la Terre pour un instant quelconque, l'arc qu'elle décrit dans sa trajectoire, pendant le tems qu'elle est à une distance de l'orbite terrestre moindre qu'une quantité assignée, & le *minimum* de cette distance. J'applique les formules aux différentes Comètes connues ; le calcul m'a fait voir que si l'on suppose cette distance d'un million de lieues, il n'y a que sept Comètes qui ayent approché plus près de l'orbite de la Terre ; celles de 837, 1618, 1680, 1702, 1743, 1763 & 1770.

Jusqu'ici j'ai considéré les Comètes, relativement à l'orbite terrestre. Dans la quatrième Section, je considère leurs mouvemens relativement à la Terre elle-même. Je suppose donc qu'à un certain instant assigné, la Terre & la Comète se trouvent respectivement à un certain point donné de leurs orbites, je détermine en conséquence, la durée du tems que la Comète & la Terre sont à des distances respectives plus petites

qu'une diftance affignée, & les conditions qui rendent
cette durée nulle ou la plus grande poffible. Ce Problême envifagé dans fa plus grande généralité, conduiroit, ainfi que je le fais voir, à des formules très-
compliquées. Comme j'ai principalement en vue la
théorie des Comètes, lorfqu'elles paffent fort-près de
la Terre ; j'examine ce que deviennent les formules,
dans la fuppofition que les intervalles de rems foient
affez courts, pour que l'on puiffe regarder les trajectoires de la Terre & de la Comète, comme rectilignes.
Cette confidération, fans rien ôter à l'exactitude de
mes recherches relativement à mon objet, m'a conduit à des réfultats fort fimples.

On connoît la vîteffe de la Terre dans fon orbite ;
on connoît de plus la vîteffe d'une Comète, lorfqu'elle
coupe l'orbite de la Terre. Cette vîteffe eft à celle de
la Terre, comme $\sqrt{2}$ eft à 1. Ces deux élémens une
fois donnés, il eft aifé de fentir que l'intervalle de
tems que la Terre & la Comète peuvent être à une
diftance refpective plus petite qu'une quantité affignée,
dépend de l'angle fous lequel l'orbite de la Comète
coupe celle de la Terre. Une Comète qui, par exemple, iroit dans le même fens que la Terre, feroit évidemment beaucoup plus long-tems à une diftance de
la Terre moindre qu'une quantité donnée, que fi le
mouvement de cette Comète étoit dans une direction
oppofée au mouvement de la Terre. Pour donner une idée
de ce tems relativement à toutes les Comètes poffibles,
j'ai fuppofé la diftance de 13000 lieues, & j'ai appliqué le calcul à fept Comètes, dont trois font directes,
trois rétrogrades, & une eft perpendiculaire à l'orbite
de la Terre. Sans entrer dans aucun détail fur le
réfultat, que l'on peut lire dans l'Ouvrage même, il
fuffit de favoir, que dans les circonftances les plus favorables, une Comète ne pourroit jamais être plus de
2h 32' 2", à une diftance de la Terre moindre que
13000 lieues.

Ces recherches m'ont conduit à la réflexion suivante, que m'a fait naître la lecture de l'Ouvrage de M. d'Alembert, sur la cause des Vents. Dans cet Ouvrage M. d'Alembert démontre que si un noyau sphérique est entouré d'un fluide sur lequel agit un corps fixe & immobile, ce fluide en vertu de l'action de ce corps, doit passer successivement de la figure sphérique qu'il avoit d'abord, à différentes figures elliptiques, dont l'un des axes s'allonge de plus en plus, tandis que l'autre axe diminue ; &, ce qui est remarquable, il trouve que le mouvement des différentes parties du fluide, peut être comparé à celui d'un pendule qu'on tireroit de son repos, pour lui faire décrire de petits arcs circulaires. Il fait voir de plus que le tems des oscillations ne dépend point de la force accélératrice, mais uniquement de la profondeur du fluide ; & il donne des formules pour le déterminer.

J'ai appliqué des nombres aux formules de M. d'Alembert, en supposant la Terre entiérement recouverte d'un fluide, dont la profondeur seroit par-tout d'une lieue. Le calcul m'a fait voir que dans l'hypothèse dont il s'agit, la Comète emploieroit 10h 52′ à produire son effet sur les Marées. Mais les véritables circonstances du Problême sont bien moins favorables à ces grandes perturbations, que les hypothèses soumises au calcul. 1°. La Comète ne répondroit pas toujours perpendiculairement au même point de la Terre, puisqu'indépendamment du mouvement de rotation de la Terre, la Comète auroit un mouvement propre très-rapide. 2°. Les eaux de la Mer n'environnent point tout le globe ; & l'on sçait par l'exemple des Mers méditerranées, qui ne sont presque point sujettes au flux & au reflux, combien cette circonstance diminue l'effet des Marées. 3°. Enfin la Comète ne seroit que très-peu de tems, & beaucoup moins de 10h 52′, à une distance nuisible. Toutes ces raisons réunies me paroissent élever un préjugé légitime contre les grands désordres des Marées produites par l'action des Comètes.

Dans la cinquième Section je donne les principes d'après lesquels on peut calculer la probabilité qu'à un instant quelconque une Comète sera plus près de la Terre qu'une distance donnée. La solution de ce Problême exige des combinaisons délicates. En effet, l'intervalle de tems que la Terre & une Comète peuvent être à une distance respective plus petite qu'une quantité donnée, dépend, ainsi que je l'ai déjà dit, de l'angle sous lequel la trajectoire de la Comète coupe l'orbite de la Terre. Comme les élémens de la Comète sont inconnus, cet angle est lui-même inconnu, & il faut d'abord avoir égard à cette première incertitude. D'ailleurs tous ces angles n'étant pas également probables, il faut faire entrer dans le calcul, le degré de leurs probabilités respectives. Telles sont en peu de mots les difficultés qui se présentent, & que je crois avoir surmontées. Je me propose & je résous la question suivante. *Si l'on sçait que dans le cours d'une année, une Comète dont les élémens sont inconnus, doit couper l'orbite terrestre, déterminer la probabilité, qu'à un instant quelconque pris dans l'année, cette Comète sera plus près de la Terre, qu'une quantité donnée.* Tous les Problêmes de cette nature dépendent du calcul intégral, & demandent autant d'intégrations qu'il y a d'élémens variables; mais on peut les combiner de plusieurs manières différentes. Parmi ces différentes combinaisons, il faut choisir celle qui donne des intégrations possibles, & l'analyse la plus simple. J'ai appliqué la formule au cas où la Comète se trouveroit à une distance de la Terre moindre que 13000 lieues, & je trouve $\frac{1}{752750}$ pour l'expression de la probabilité.

Quelque petite que soit, d'après les méthodes précédentes, la probabilité qu'à un instant donné, notre globe & une Comète puissent se trouver à une distance nuisible, le danger ne seroit point nul, si l'hypothèse dont nous sommes partis, étoit véritable. Mais on ne doit point

oublier que cette hypothèse est fondée sur la condition
qu'il existe une ou plusieurs Comètes dont la trajectoire coupe l'orbite terrestre ; condition contre l'existence de laquelle on peut parier l'infini contre l'unité.
Le danger que nous courons de la part des Comètes,
est donc, si j'ose m'exprimer ainsi, un infiniment petit
du second ordre. J'ai cru devoir insister sur cette
remarque, pour calmer les inquiétudes de quelques
personnes, qui ont conçu des allarmes déplacées à ce
sujet.

Cette Section est terminée par quelques observations
astronomiques, sur l'explication que M. Whiston donne
du déluge. Je fais voir par exemple, que la queue de la
Comète, (la même que celle de 1680) dont M. Whiston fait usage pour expliquer cet événement, ne paroît
pas avoir pu y influer. En effet la grande proximité de la
Comète de 1680, à l'orbite de la Terre, n'a lieu que
dans la branche de sa trajectoire, qu'elle décrit avant
son passage par le périhélie ; tems auquel cette Comète
ne s'étant pas encore approché du Soleil, sa queue n'a
rien de remarquable. Dans la branche au contraire que
la Comète décrit après son passage par le périhélie, la
plus courte distance de cet Astre à l'orbite de la Terre,
est de plus de neuf millions de lieues. Est-il naturel de
penser que l'atmosphère de la Comète, dont la nature
nous est d'ailleurs totalement inconnue, ait pu produire
un si grand désastre à une telle distance ?

Les Sections précédentes embrassent à-peu-près
toutes les questions que l'on peut se proposer sur le
mouvement d'une Comète qui passe fort près de la
Terre, abstraction faite des perturbations qu'elle éprouve
dans ce passage, en vertu de l'attraction de la Terre. Le
calcul de ces perturbations est l'objet des Sections suivantes. Pour résoudre la question dans toute sa rigueur,
il faudroit résoudre le Problême des trois corps dans la
plus grande généralité. L'on sent assez la difficulté de
ce travail, sur-tout si l'on vouloit avoir égard aux plus

légères altérations du mouvement de la Comète ; mais l'excessive petitesse de la masse de la Terre, apporte heureusement dans les calculs, une simplification dont j'ai fait usage. En effet si la Terre & la Comète étoient infiniment petites relativement au Soleil, je démontre que l'on pourroit supposer à la Terre, une sphère d'attraction infiniment peu étendue, telle qu'au-delà de ses limites, la Comète n'éprouveroit que l'action du Soleil, & qu'en-deçà, l'action du Soleil sur la Comète seroit la même que sur la Terre. Cette hypothèse étant rigoureusement vraie dans l'infiniment petit, peut être employée sans erreur sensible pour la Terre & les Comètes, à cause de la petitesse de leurs masses. On sent aisément l'extrême simplicité qu'une pareille supposition doit apporter dans le calcul des perturbations des Comètes par la Terre, puisqu'elle réduit le Problême, à déterminer le mouvement de deux corps, qui s'attirent en raison de leurs masses & réciproquement au quarré de leurs distances.

Je donne d'abord les principes généraux de la théorie du mouvement dans les Sections coniques ; la méthode pour déterminer l'espèce & les dimensions de la trajectoire décrite par un projectile, d'après les circonstances connues de son mouvement, à un point particulier de ces trajectoires. En un mot je résous toutes les questions préliminaires aux objets que je me propose d'examiner dans la suite.

La solution de ces premiers Problêmes, m'a donné lieu de résoudre les deux questions suivantes. Quelle est de toutes les Comètes connues celle qui peut approcher le plus près de la Terre ? Quelle est celle qui a véritablement approché le plus près de notre globe, & dans quel tems le phénomène est-il arrivé ?

Relativement à la première question, il y a grande apparence que la Comète de 1680 est de toutes les Comètes connues, celle qui peut approcher le plus près de la Terre ; je dis grande apparence ; car suivant

mes calculs , la Comète de 837 pourroit encore approcher d'avantage de notre globe. Mais comme cette
Comète n'a été calculée que fur des obfervations informes faites à la Chine dans le neuvième Siècle , il eft
difficile d'avoir une entière confiance dans fes élémens.
Cette plus petite diftance eft d'environ cent foixante
mille lieues.

Quant à la feconde queftion , elle devient intéref-
fante pour notre Siécle , par la folution fingulière qu'elle
préfente. De toutes les Comètes connues , celle qui a
approché le plus près de la Terre , eft conftamment
la Comète de 1770. Le phénomène a eu lieu de nos
jours , le 1 Juillet 1770 , fans qu'il y ait eu la moindre
altération dans la Nature ; & il n'a été remarquable
que pour les Aftronomes. Nous pouvons donc attefter
à nos defcendans , que relativement aux Comètes , nous
nous fommes trouvés dans la circonftance la plus critique que l'Hiftoire avérée de l'Aftronomie nous ait
tranfmife , qu'il ne nous eft arrivé aucun défaftre , &
que fuivant toutes les loix des probabilités , ils n'ont
abfolument rien à redouter de ces corps céleftes. Les
mêmes calculs m'ont appris que les Comètes qui ont
effrayé l'Univers , ne font point celles qui ont approché
le plus près de la Terre ; ce font celles qui ont déployé
de longues queues depuis leur paffage par le périhélie ;
quoique plufieurs de ces Comètes , telle que celle de
1680, fuffent à de très-grandes diftances de notre globe.

Après avoir analyfé ces théories préliminaires , j'examine les perturbations qu'une Comète , qui pafferoit
très-près de la Terre , éprouveroit de la part de notre
Planete. Je fuppofe d'abord la Comète fans maffe , &
je détermine toutes les circonftances de fon mouvement,
le point où elle s'engage dans la fphère d'activité de
la Terre , celui où elle en fort , fa viteffe relative dans
ces deux points , l'efpèce de la Section conique qu'elle
décrit dans la fphère d'attraction , autour de la Terre

confidérée comme immobile, le tems qu'elle y refte, &
les élémens de fa nouvelle orbite, lorfque dégagée de la
fphère d'attraction de la Terre, elle eft rendue à la
feule action du Soleil. Je fuppofe enfin une maffe
quelconque à la Comète, & je fais voir quels changemens cette nouvelle fuppofition apporte dans les
formules.

Pour donner une idée de ce qui arriveroit dans tous
les cas, j'applique le calcul à plufieurs Comètes.
Sans entrer dans aucun détail fur les réfultats que l'on
peut voir dans le corps même de l'Ouvrage, les calculs m'ont appris que fi, par exemple, une Comète
fans maffe tendoit prefque directement au centre de
la Terre en vertu de fon mouvement relatif, les perturbations de fon orbite feroient peu fenfibles, jufques
vers l'inftant où elle approcheroit de l'abfide inférieure
de la trajectoire qu'elle décriroit autour de la Terre.
C'eft à cet inftant que fe feroient les grands changemens dans l'orbite de la Comète ; & ces changemens
pourroient être tels, qu'abftraction faite du choc des
deux corps, l'orbite fut totalement dénaturée.

Ces mêmes formules m'ont donné lieu d'examiner
une queftion qui s'eft préfentée à M. de Maupertuis.
Si l'on en croit cet Auteur « Quelque Comète paffant
» près de la Terre, pourroit tellement altérer fon
» mouvement, qu'elle la rendroit Comète elle-même.
» Au lieu de continuer fon cours dans une région
» uniforme & d'une température proportionnée aux
» différens Animaux qui l'habitent, la Terre expofée
» aux plus grandes viciffitudes, tantôt brûlée dans
« fon périhélie, tantôt glacée par le froid des der-
» nières régions du Ciel, iroit à jamais de maux en
» maux différens, à moins que quelqu'autre Comète
» ne changeât encore fon cours, & ne la rétablît dans
» fa première uniformité.

Heureufement ces dangers font fubordonnés à l'exiftence d'une Comète, qui puisse approcher de la Terre à une distance nuisible; événement contre lequel j'ai déjà fait voir qu'il y avoit une probabilité infinie. Mais quand même on supposeroit cette possibilité moins éloignée, le danger ne seroit peut être pas aussi grand qu'on se l'imagine. En effet une Comète égale en masse à la Terre, & qui en approcheroit de 13000 lieues dans les circonstances les plus favorables à son action, augmenteroit d'après mes calculs, le grand-axe de l'orbite terrestre, de 0, 00441, & par conséquent l'année, de 2^{jours} 10h 16′; variations trop peu considérables pour que leur effet soit nuisible. On peut, à la vérité, augmenter à l'infini, par la pensée, la masse de la Comète, mais plus cette masse sera grande, moins son existence physique paroît probable.

C'étoit une opinion généralement répandue parmi les Arcadiens, que leurs Ancêtres avoient habité la Terre, avant que cet Astre eut un Satellite. Cette opinion nous a été transmise par Lucien. D'ailleurs rien n'est plus formel que le passage d'Ovide dans ses Fastes. A l'occasion de l'Arcadie, ce Poëte s'exprime en ces termes;

> *Orta prior Lunâ, de se si creditur ipsi,*
> *A magno Tellus Arcade nomen habet.*

Quelques Philosophes frappés de ces autorités, ont pensé que la Lune pourroit bien être une Comète, qui ayant passé très-près de la Terre, avoit été obligée de devenir son Satellite. M. de Maupertuis, après avoir détaillé tous les dangers que nous courons suivant lui, de la part des Comètes, donne pour dédommagement de ces dangers, l'acquisition de notre Lune & l'espérance de pouvoir acquérir par la suite de nouveaux Satellites. Cette espérance est à la vérité compensée par la crainte de devenir nous-mêmes Satellites d'une Comète , si sa masse étoit supérieure à celle de notre globe.

J'examine dans la Section huitième , si ces craintes & ces espérances sont fondées. Le calcul m'a fait voir que , relativement à toutes les Comètes de l'espèce de celles que nous connoissons , c'est-à-dire de celles dont la vitesse est à la vitesse de la Terre comme $\sqrt{2}$ est à 1 , lorsqu'elles passent à une même distance du Soleil que notre globe, il n'en est aucune qui puisse devenir Satellite de la Terre. Quelqu'hypothèse que l'on imagine , soit que la Comète perde une partie de son mouvement dans l'atmosphère de la Terre , soit qu'elle vienne la choquer , jamais elle ne pourra circuler autour de notre globe , sur-tout à la même distance & suivant les mêmes loix que la Lune.

Quant aux Comètes dont la vitesse seroit infiniment peu différente de celle de la Terre , si toutefois il en existe , comme la supposition dont nous sommes partis dans les calculs, n'est pas absolument rigoureuse, il nous est impossible de prononcer affirmativement si de pareilles Comètes ne pourroient pas devenir Satellites de la Terre. Ce qu'il y a de sûr , c'est que dans le cas même , ou géométriquement parlant , l'impossibilité n'en paroîtroit pas démontrée , la réunion des circonstances qui devroient se rencontrer pour que cela eût lieu , est telle que l'événement est contre toute probabilité. D'ailleurs une pareille Comète devenue Satellite de la Terre , ne tiendroit presque point à notre globe ; & puisqu'elle auroit circulé primitivement autour du Soleil comme centre de ses mouvemens , lorsque la suite des révolutions rameneroit les mêmes positions respectives de la Terre & de la Comète , elle devroit cesser de tourner autour de la Terre , pour recommencer une nouvelle trajectoire autour du Soleil.

Cette dernière considération , & plusieurs autres
détaillées

détaillées dans mon Ouvrage , semblent démontrer suivant moi , que la Lune n'est point une Comète qui ait circulé autour du Soleil ; tout me paroît au contraire porter l'empreinte d'un arrangement primitif aussi ancien que notre globe. En un mot , je ne serois pas éloigné de penser que, même dans la rigueur géométrique , la Terre ne peut espérer de nouveau Satellite , & qu'elle ne doit pas craindre de devenir Satellite d'une Comète. Je termine cette Section par quelques remarques relatives à un système fameux sur la formation de l'Univers.

Je passe ensuite à la solution de deux questions , qui m'ont paru présenter un objet de curiosité assez singulier ; je veux parler des conditions qui doivent avoir lieu , pour qu'un corps lancé puisse circuler autour d'une sphère d'attraction , à la manière des Satellites ; & de la détermination des trajectoires que les Satellites décriroient autour du Soleil , si leur Planète principale étoit subitement anéantie. Quoique ces questions ne puissent avoir aucune application dans la Nature ; comme cependant les solutions se déduisent facilement des formules détaillées dans les Sections précédentes , je n'ai pas cru devoir les passer sous silence.

On sent assez que les trajectoires que décriroient les Satellites autour du Soleil , seroient des Sections coniques. Mais ces trajectoires seroient - elles des ellipses , des hyperboles , des paraboles ? Le sens du mouvement seroit-il direct ou rétrograde ? Cela dépend du point où le Satellite se trouveroit dans l'orbite qu'il décrit actuellement autour de la Planète principale , à l'instant où cette Planète seroit anéantie. Je fais voir , par exemple , que la Lune & le cinquième Satellite de Saturne , ne pourroient jamais décrire que des ellipses autour du Soleil ; que les Satellites de Jupiter pourroient indifféremment décrire des ellipses , des paraboles ou des hyperboles ; mais que

les feules trajectoires du premier & du fecond Satellite
pourroient être rétrogrades.

Il étoit impoffible de réfoudre les queftions que je
me fuis propofées dans cet Ouvrage , fans faire ufage
de plufieurs équations qui peuvent fervir à calculer les
lieux apparens d'une Comète, d'après les élémens fup-
pofés connus , & les élémens , d'après les lieux obfervés. Le premier Problême ne préfente aucune difficulté. Quant au fecond , Newton le regardoit comme
un des plus difficiles de l'Aftronomie. Je fais voir à
quoi tient la difficulté du Problême confidéré du côté
de l'analyfe ; je donne les équations qui fervent à le
réfoudre généralement ; & pour faciliter autant qu'il
eft en moi, la folution de cette queftion, je mets
ces équations fous toutes les formes qu'elles peuvent
avoir.

La difficulté du Problême des Comètes , confifte
principalement dans l'élimination des variables ; car il
n'a pas été difficile d'avoir les équations qui le
réfolvent. Sans chercher à éliminer les différentes inconnues que renferment les équations , je me fuis
contenté d'en tirer les formules les plus fimples , pour
déterminer directement & avec précifion, l'orbite d'une
Comète , lorfqu'on connoît à-peu-près fes élémens. Je
fais voir enfuite comment on peut conclure de ces
formules , les méthodes en ufage parmi les Aftronomes , pour calculer les Comètes ; les changemens qu'il
faudroit faire à ces réfultats, pour déterminer leurs
mouvemens dans l'ellipfe & dans l'hyperbole ; & enfin
les approximations dont on doit faire ufage , pour
pouvoir employer la méthode directe. Je donne auffi
l'équation à la projection de l'orbite de la Comète
fur l'écliptique , & je calcule fes propriétés

Je termine cet Ouvrage, par la Notice des différentes
Comètes dont on connoît les orbites. L'Hiftoire nous
a confervé la mémoire d'un bien plus grand nombre

de Comètes que celles dont on a déterminé les élémens. On peut consulter à ce sujet le *Theatrum Cometicum* de Lubiénitz ; Ouvrage singulier, dans lequel
l'Auteur a voulu prouver qu'il n'y avoit point eu de
grands désastres, sans Comètes, & de Comètes sans
grands désastres. Des quatre cent quinze Comètes que
Lubiénitz compte à l'époque de 1665, cinquante
avoient paru suivant lui, avant l'Ere chrétienne, &
trois cent soixante-cinq depuis la venue de Jésus-Christ.
Il faut, a la vérité, rabattre un peu de ce calcul ;
car l'Auteur supplée quelquefois au silence des Historiens ; & quand il voit un grand malheur sans
Comète, il en conclut que la Comète a été oubliée,
& il la restitue.

Il ne faut pas croire cependant que toutes les Comètes
dont parle Lubiénitz, soient dans ce cas. La plûpart
sont attestées par des Auteurs dont le témoignage ne
peut être suspect. Plusieurs même de ces Comètes ont
fait époque dans l'Histoire, par les événemens auxquels
elles sont liées ; telles sont celles que l'on vit briller à la
naissance de Mitridate, & à la mort de Jules-César.
D'autres enfin, d'après les circonstances de leurs apparitions, ne sont visiblement que les retours des Comètes, dont on a déterminé depuis les révolutions
périodiques. Telles sont par exemple, les Comètes des
années 1305, 1230, 1005, 930, 550, 399, 323,
la même que celle de 1682. Telles sont, suivant
M. Struick, celles de 1512, 1338, 1165, 990 &
817, la même que l'on a revue depuis en 1686 ;
telles sont, suivant M. Halley, celles des années
1106, 531, la même que la fameuse Comète de
1680, & que celle qui parut à la mort de Jules-
César.

Je n'ai point parlé de toutes ces Comètes. Comme
leurs apparitions sont rapportées d'une manière si
vague, qu'il a été impossible de calculer leurs orbites,

elles ceffent d'être intéreffantes aux yeux des Aftronomes, à qui elles ne laiffent que le regret de ne pouvoir pas les affujettir au calcul. Une Notice de ces
Comètes, en la fuppofant même faite avec toute la
critique poffible, ne pourroit être utile que dans la
fuite des fiécles, pour vérifier fi l'on ne trouveroit
point quelques veftiges des apparitions des Comètes
dont on auroit déterminé les retours périodiques. Encore
faudroit il mettre la plus grande circonfpection dans
les conclufions que l'on feroit tenté de tirer. Quoi
qu'il en foit, je ne fais l'Hiftoire que des Comètes
dont on a pu calculer les élémens ; ce font les feules
qui appartiennent véritablement à l'Aftronomie.

Si l'on ne compte que pour une feule & même
Comète, celles des années 1456, 1531, 1607,
1682 & 1759, ainfi que cela eft démontré ; que
l'on ne compte pareillement que pour une feule
Comète, celles de 1264 & 1556, & celles de 1532
& 1661, ainfi que cela eft très-probable ; on connoît
en tout foixante-trois Comètes dont on ait déterminé
les orbites, en y comprenant la Comète de la préfente année 1774. De ces foixante-trois Comètes,
trente-cinq font directes, & vingt-huit font rétrogrades ; ainfi le rapport des Comètes directes aux
Comètes rétrogrades eft comme cinq eft à quatre.
Neuf ont leurs orbites inclinées depuis 0° jufqu'à 10° ;
fept depuis 10° jufqu'à 20° ; trois depuis 20° jufqu'à
30° ; huit depuis 30° jufqu'à 40° ; cinq depuis 40°
jufqu'à 50° ; cinq depuis 50° jufqu'à 60° ; dix depuis
60° jufqu'à 70° ; neuf depuis 70° jufqu'à 80° ; fept
enfin depuis 80° jufqu'à 90°. Dix feulement ont leurs
diftances périhélies plus grandes que la moyenne
diftance de la Terre au Soleil, cinquante-trois ont leurs
diftances périhélies plus petites.

Si l'on ajoute les inclinaifons de toutes les Comètes,
& que l'on divife cette fomme, par le nombre des

Comètes observées, on aura pour inclinaison moyenne, 46° 16'. En supposant que les Comètes ayent été lancées au hazard dans l'espace, cet angle doit peu différer de 45°, ce qui s'accorde très-bien avec l'observation.

Il paroît donc que dans notre Système planétaire il n'existe point de cause générale qui fasse mouvoir les Corps célestes dans un sens plutôt que dans un autre, ni dans un plan déterminé; que le Plein & les Tourbillons sont inconciliables avec les mouvemens des Comètes; qu'elles n'ont pas de Zodiaque, ainsi que l'avoit pensé un Homme célèbre, qui leur attribuoit celui désigné par les deux Vers suivans,

Antinous, Pegasusque, Andromeda, Taurus, Orion,
Procyon, atque Hydrus, Centaurus, Scorpius, Arcus.

Si donc l'on observe que les Planètes & leurs Satellites se meuvent dans le même sens & à très-peu près dans le même plan, cet effet singulier tient à des causes particulières, qui nous sont inconnues, mais qui sont indépendantes du système général de l'Univers.

J'ai vu des personnes, même éclairées, demander si l'on pourra jamais connoître les révolutions de toutes les Comètes. Quoique ce soit à la Postérité à décider irrévocablement cette question, j'oserois en appeller à la Comète de 1759. Est-il possible de douter que cet Astre ne tourne autour du Soleil en 77 ans? Et si l'on a pu déterminer sa révolution, pourquoi seroit-il impossible de déterminer celle des autres Comètes? La théorie est connue, c'est au tems à faire le reste.

Il ne faut pas croire cependant que la révolution d'une même Comète, soit rigoureusement constante. M. Halley, à l'occasion de la Comète de 1682, avoit remarqué que ses élémens pouvoient être altérés par la proximité de Jupiter; & en annonçant son retour pour 1759, il avoit mis une restriction à son annonce.

M. Clairaut a repris cette théorie dans un excellent Ouvrage, où il soumet au calcul rigoureux la marche de cette Comète. Je m'écarterois de mon sujet, si je voulois donner l'analyse de ce travail, dont l'exécution fait autant d'honneur à la France, que la premiere idée en a pu faire à l'Angleterre. Il suffit de savoir qu'au moyen des calculs les plus pénibles, M. Clairaut est venu à bout de déterminer, à un mois près, la dernière révolution de la Comète.

M. Clairaut méritoit qu'on lui épargnât les dégoûts inséparables d'opérations numériques très multipliées. Il trouva des secours dans le zèle de M. de la Lande. Je fus assez heureux pour pouvoir aussi lui être utile. Au reste, je suis fort éloigné de révendiquer la moindre partie de ce travail. Des calculs numériques & quelques déterminations de Planètes, ne peuvent donner aucun droit à un Ouvrage de génie.

On demande quelquefois, quel est précisément le nombre des Comètes ? On doit sentir qu'il est impossible de répondre à cette question. Quelques Philosophes pensent que ce nombre est infini. Ils se fondent sur ce que presque toutes les Comètes que l'on découvre, sont de nouvelles Comètes. D'autres Philosophes au contraire, croyent que ce nombre est très-limité ; quelques-uns même ont avancé que probablement il ne surpasse pas trois cent, plus ou moins. Cette assertion singulière est fondée sur le raisonnement suivant. *Si depuis quinze ans que l'on observe les Comètes avec plus d'attention, l'on en a découvert jusqu'à quinze, il est probable que l'on en doit découvrir une chaque année ; & comme la révolution moyenne des Comètes dont on a déterminé les périodes, est d'environ trois Siécles, il y a grande apparence que le nombre des Comètes est d'environ trois cent.* L'on sent assez combien il seroit aisé de répondre à ce raisonnement. Le plus sûr, est de nous en tenir à ce que nous savons de certain, sans chercher à pénétrer des secrets, que le tems seul peut dévoiler.

Je termine cette Notice, par des réflexions sur la cause pour laquelle les orbites des Comètes, se confondent sensiblement avec des paraboles, dans les points de leurs trajectoires que l'on observe. Ce phénomène, auquel on ne fait pas grande attention, paroît cependant très-singulier, lorsqu'on le soumet au calcul des probabilités. En effet l'espèce de la trajectoire qu'un projectile décrit autour d'un centre d'attraction, dépend en partie de la vitesse du projectile. Or il y a un nombre infini de degrés de vitesses, qui donnent des hyperboles sensibles aux observations, contre un nombre limité qui donne des orbites approchantes de la parabole vers le périhélie. D'après cette considération, les orbites des Comètes ne devroient donc pas toutes se confondre avec la parabole.

Pour rendre raison de ce phénomène, ne peut-on pas dire que, si primitivement il y a eu des Comètes qui ayent décrit autour de notre Soleil, des hyperboles sensibles, elles ont dû par cela même, totalement disparoître de notre système planétaire, pour se fixer autour des Soleils, qui par les circonstances particulières du mouvement, & leur force attractive plus grande, les auront forcées de circuler autour d'eux dans l'ellipse ? En vertu de ce qui a été démontré dans cet Ouvrage, ces ellipses doivent être fort allongées, relativement aux Comètes qui approchent du Soleil, & conséquemment se confondre sensiblement avec des paraboles, vers le périhélie.

Telle est en peu de mots l'analyse de mon Ouvrage, sur lequel il ne m'appartient point de prononcer. J'attends en silence le jugement du Public ; j'oserai cependant réclamer son indulgence ; j'y ai droit, puisque l'Ouvrage n'a été entrepris que pour le tranquilliser.

ERRATA.

PAGE 21, ligne 20....par une autre Section, *lisez*, pour une autre Section.

Page 47, ligne 3....leur nombre, M., *lis.* leur nombre. M.

Page 108, ligne 12....$\frac{5}{7}r - \frac{1}{2}$, *lis.* $\frac{5}{7}r - \frac{1}{2}$.

Page 130, ligne 11....menée, *lis.* mené.

Page 284, ligne 6....du Sagittaire, d'Antinous, *lis.* du Sagittaire, Antinoüs.

Page 289, ligne 4....de chasse la constellation, *lis.* de chasse, la constellation.

Page 293, ligne 5....quantités, *lis.* quantité.

Page 297, ligne 1....d'Antinous, *lis.* d'Antinoüs.

Page 301, ligne 22...pronostiques, *lis.* pronostics.

Page 303, ligne 5....la Reene, *lis.* le Reene.

Page 304, ligne 13....d'Antinous, *lis.* d'Antinoüs.

Page 312, ligne 6....le Mairan, *lis.* de Mairan.

Page 318, ligne 2...dansr, *lis.* dans la.

Ibid. ligne 3...pou, *lis.* pour.

Page 328, ligne 3...le 12 Juillet, *lis.* le 4 Juillet.

Page 333, ligne 20....7 13 17, *lis.* 7   7 55.

ESSAI
SUR
LES COMÈTES
QUI PEUVENT APPROCHER DE L'ORBITE DE LA TERRE.

SECTION PREMIERE.

Des conditions qui doivent avoir lieu pour qu'une Comète coupe l'Orbite de la Terre ; & de la distance de la Comète au Soleil, lorsqu'elle traverse le Plan de l'Ecliptique.

(1) POUR déterminer quelles conditions doivent avoir lieu pour qu'une Comète coupe l'orbite de la Terre ; & quelle est en général la distance de la Comète au Soleil, lorsqu'elle traverse le plan de l'écliptique ; il faut d'abord déterminer l'équation polaire aux sections coniques par rapport au foyer.

A

Equation polaire à l'Ellipse par rapport au foyer.

(2) Soit a le demi-grand axe A C d'une Ellipse.

F le foyer que je prends pour le pôle de l'Ellipse.

C le centre.

E la distance FC du foyer au centre de l'Ellipse.

P le paramètre du grand axe.

R le rayon vecteur FM.

Z l'angle du rayon vecteur FM avec le grand axe.

r le rayon du cercle sur lequel cet angle est mesuré ; le point A correspondant à l'apside inférieure est l'origine de l'angle.

Si l'on prend une troisième proportionnelle CD à FC & AC, cette troisième proportionnelle, qui aura pour expression $\frac{a^2}{E}$, sera la distance DC de la directrice DE au centre C de l'ellipse. Par la propriété de l'ellipse on a toujours cette proportion ; HM : FM :: AD : AF. Si du point M l'on abaisse sur AF la perpendiculaire MN, on aura en vertu des constructions précédentes, $FN = \frac{R\,\text{cosin. } Z}{r}$; d'ailleurs AF = AC — FC = a — E ; AD = DC — AC = $\frac{a^2}{E}$ — a ; donc HM = AF + AD — FN = a — E + $\frac{a^2}{E}$ — a — $\frac{R\,\text{cosin. } Z}{r}$ = $\frac{r(a^2 - E^2) - ER\,\text{cosin. } Z}{Er}$; donc la proportion HM : FM :: AD : AF, donne R (E cosin. Z + $a\,r$) — r (a^2 — E^2) = 0 ; mais $\frac{a^2 - E^2}{a} = \frac{P}{2}$; puisque par la propriété de l'ellipse $\sqrt{a^2 - E^2}$ = demi-petit axe, & que P est troisième

[3]

proportionnelle au grand axe & au petit axe ; on aura
donc

$$2 R (E \operatorname{cofin.} Z + ar) - arP = 0.$$

C'est l'équation polaire à l'ellipse par rapport au foyer. Fig I.

(3) Dans le cas de l'ellipse si l'on nomme

B la distance FA du foyer à l'apside inférieure,

B′ la distance FB du foyer à l'apside supérieure,

on aura en vertu des constructions précédentes

$$B (a + E) - \frac{aP}{2} = 0 \; ; \; B^2 - 2 a B + \frac{aP}{2} = 0 \; ;$$

$$B^2 + 2 E B - \frac{aP}{2} = 0.$$

$$B' (a - E) - \frac{aP}{2} = 0 \; ; \; B'^2 - 2 a B' + \frac{aP}{2} = 0 \; ;$$

$$B'^2 - 2 E B' - \frac{aP}{2} = 0.$$

Equation polaire à la parabole par rapport au foyer.

(4) Soit comme ci-dessus

B la distance FA du foyer à l'apside inférieure, Fig. II.
& supposons que la courbe soit une parabole. Dans la
parabole la distance AD de la directrice DE au sommet A de la parabole, est égale à la distance AF du
sommet au foyer ; de plus F M = H M ; d'ailleurs H M

$$= AF + AD - FN = 2 AF - FN = 2 B - \frac{R \operatorname{cofin.} Z}{r} \; ;$$

donc $2 B - \dfrac{R \operatorname{cofin} Z}{r} = R$; mais par la propriété de la

parabole $2 B = \dfrac{P}{2}$; donc

$$\frac{P}{2} - \frac{R (\operatorname{cofin.} Z + r)}{r} = 0 \; ;$$

c'est l'équation polaire à la parabole par rapport au foyer.

Equation polaire à l'hyperbole par rapport au foyer.

(5) Soit a le demi-grand axe AC d'une hyperbole, Fig. III.

F le foyer que je prends pour le pole de l'hyperbole,
E la diftance FC du foyer au centre de l'hyperbole,
& confervons toutes les autres définitions.

Si l'on prend une troifième proportionnelle CD à CF
& CA, cette troifième proportionnelle, qui aura pour
expreffion $\frac{a^2}{E}$, fera la diftance CD de la directrice DE
au centre C de l'hyperbole. Par la propriété de l'hyperbole on a toujours cette proportion HM : FM :: DA : AF.
Si du point M l'on abaiffe fur AF la perpendiculaire MN, on aura, en vertu des conftructions précédentes, $FN = \frac{R \cos. Z}{r}$; d'ailleurs $AF = CF - CA$
$= E - a$; $AD = CA - CD = a - \frac{a^2}{E}$; donc $HM =$
$AF + AD - FN = E - a + a - \frac{a^2}{E} - \frac{R \cos. Z}{r} =$
$\frac{r(E^2 - a^2) - E R \cos. Z}{E r}$; donc la proportion $HM : FM$
$:: DA : AF$ donne $R (E \cos Z + ar) - r (E^2 - a^2)$
$= 0$; mais $\frac{E^2 - a^2}{a} = \frac{P}{2}$ donc

$$R (E \cos. Z + ar) - \frac{r a P}{2} = 0 ;$$

c'eft l'équation polaire à l'hyperbole par rapport au foyer.

(6) Dans le cas de l'hyperbole fi l'on nomme

B la diftance FA du foyer à l'apfide inférieure,
comme dans ce cas $\cos. Z = r$; $R = B$, $B = E - a$,
on a

$$B (E + a) - \frac{a P}{2} = 0 ; \quad B^2 + 2 a B - \frac{a P}{2} = 0 ;$$

$$B^2 - 2 B E + \frac{a P}{2} = 0 .$$

*Equation polaire aux fections coniques par rapport
au foyer.*

(7) Puifque ($\S$. 2) l'équation polaire à l'ellipfe par

[5]

rapport au foyer, est $2 R \left(\dfrac{E}{a} \text{cosin.} Z + r \right) - r P = 0$;
que (§. 5) l'équation polaire à l'hyperbole est pareille-
ment $2 R \left(\dfrac{E}{a} \text{cosin.} Z + r \right) - r P = 0$; & que l'équation polaire à la parabole est (§. 4) $2 R (\text{cosin.} Z + r)$
$- r P = 0$; on voit que l'équation générale aux sections
coniques par rapport au foyer, est

$$2 R \left(\dfrac{E}{a} \text{cosin.} Z + r \right) - r P = 0;$$

Dans le cas de l'ellipse a surpasse E; dans le cas de la
parabole $a = E$; dans le cas de l'hyperbole a est moindre que E.

De la condition qui a lieu lorsqu'une Comète coupe l'orbite de la Terre.

(8) Pour déterminer maintenant quelle condition
doit avoir lieu pour qu'une Comète coupe l'orbite de
la Terre; je reprends l'équation aux sections coniques
par rapport au foyer, j'ordonne cette équation par rap-
port à cosin. Z, & j'ai $\text{cosin.} Z = \dfrac{a}{E} \left(\dfrac{P r}{2 R} - r \right)$; je
remarque que dans ce cas R doit être égale à la distance
du point correspondant de l'orbite terrestre au Soleil;
que de plus l'angle Z est égal à la longitude du nœud
moins la longitude du périhélie; ces dernieres quantités doivent être comptées sur l'orbite de la Comète,
ainsi qu'il est d'usage parmi les Astronomes; soit donc

T la distance du point correspondant de l'orbite de
la Terre au Soleil;

On aura

Cosinus (longitude du nœud — longitude du périhélie
comptées sur l'orbite de la Comète) $= \dfrac{a}{E} \left(\dfrac{P r}{2 T} - r \right)$

(9) Cette formule, presqu'aussi simple dans le cas
de l'orbite elliptique, que dans le cas de l'orbite parabolique, résout généralement la question proposée;

mais pour en faire usage, il faudroit que les orbites des Comètes eussent été déterminées en les regardant comme elliptiques. Comme ces orbites n'ont été déterminées qu'en les supposant paraboliques, il faut prendre le cas de la parabole, c'est-à-dire, celui de $\frac{a}{E} = 1$, $\frac{P}{2} =$ 2 × distance périhélie ; on a alors

Cosinus (longitude du nœud — longitude du périhélie comptées sur l'orbite de la Comète)

$$= \frac{2\,r\ \text{Distance périhélie de la Comète}}{T} - r$$

De la distance de la Comète au Soleil, lorsqu'elle traverse le plan de l'Ecliptique.

(10) Pour déterminer la distance d'une Comète au Soleil, lorsqu'elle traverse le plan de l'écliptique, je reprends l'équation du §. 7, & je l'ordonne par rapport à R, en observant que dans ce cas R est la distance de la Comète au Soleil, & Z est la longitude du nœud moins la longitude du périhélie comptées sur l'orbite de la Comète. On a donc

Distance de la Comète au Soleil lorsqu'elle traverse l'écliptique

$$= \frac{r\,\mathrm{P}}{2\left(r + \frac{E}{a}\ \text{cosin. (longit. du nœud — longit. du périhélie.)}\right)}$$

ou dans le cas de la parabole

Distance de la Comète au Soleil lorsqu'elle traverse l'écliptique

$$= \frac{2\,r.\ \text{Distance périhélie de la Comète}}{r + \text{cosin. (longit. du nœud — longit. du périhélie.)}}$$

SECTION SECONDE.

Des changemens que doit éprouver une Comète dans les élémens de son orbite , pour pouvoir couper l'orbite de la Terre.

(11) JE suppose que dans une précédente apparition, une Comète n'ait pas coupé l'orbite de la Terre, on peut demander quels changemens elle doit éprouver dans les élémens de son orbite , pendant l'intervalle des deux apparitions , pour pouvoir couper cette orbite lors de la seconde apparition. On pourroit facilement résoudre ce Problème , en supposant que l'orbite de la Comète est elliptique, & la solution ne seroit guère plus compliquée que dans le cas du parabolisme , ainsi que l'on peut s'en assurer par le calcul. Comme cependant les orbites des Comètes ont toutes été calculées dans cette derniere supposition , je m'en tiendrai à cette hypothèse.

(12) Soit T la distance du point correspondant de l'orbite de la Terre au Soleil.

D la distance périhélie de la Comète lors de la précédente apparition.

dD la variation de cette distance pendant l'intervalle des deux apparitions.

N la longitude du nœud moins celle du périhélie lors de la précédente apparition.

dN la variation de ce dernier élément pendant l'intervalle des deux apparitions.

Il est évident que lors de la seconde apparition , la distance périhélie sera égale à $D + d D$, & que la longitude du nœud moins la longitude du périhélie sera égale à $N + d N$; d'ailleurs pour que la Comète coupe l'orbite de la Terre , on doit avoir

A iv

[8]

Distance de la Comète au Soleil lorsqu'elle traverse l'écliptique $= T$; donc ($\S.$ 10)

$$T \left(r + \text{cosin.} (N + dN) \right) - 2 r (D + dD) = 0.$$

Il faut satisfaire à cette équation pour que la Comète puisse couper l'orbite de la Terre.

(13) On voit que le problême précédent est un problême indéterminé qui a une infinité de solutions. Il y a donc une infinité de circonstances qui peuvent faire qu'une Comète, qui n'a pas coupé l'orbite de la Terre lors de sa précédente apparition , coupe cette même orbite , lors de l'apparition suivante ; mais par la même raison , il y a une infinité d'infinités de circonstances qui s'y opposent. Lors donc que l'on ne connoît pas toutes les causes qui font dévier une Comète de son orbite , & qu'on ne peut pas les soumettre au calcul , il y a à parier un infini contre l'unité , que l'équation du $\S.$ 12 ne sera pas satisfaite ; car on ne doit point perdre de vue qu'il y a infiniment loin entre la possibilité d'une altération quelconque dans les élémens d'une Comète , & la certitude d'un changement tel qu'il satisfasse à l'équation du $\S.$ précédent.

Application des Théories précédentes aux Comètes des années 837 , 1299 , 1596 , 1618 , 1683 , 1739 , 1763 , 1764 , 1680 , 1770 , 1472 , 1701 & 1743.

(14) Je vais maintenant appliquer les Théories précédentes aux Comètes des années 837 , 1299 , 1596 , 1618 , 1683 , 1739 , 1763 , 1764 , 1680 , 1770 , 1472 , 1701 & 1743. Quoique dans l'état actuel , les huit premieres Comètes soient à quelques degrés du nœud , quand elles sont à la hauteur de la Terre , elles pourroient , suivant M. de la Lande , se trouver sur le passage même de la Terre dans leur premiere révolution. J'ai cru devoir joindre à ces huit Comètes celles de 1680 , de 1770 , 1472 , 1701 & 1743 ; autrement on pourroit s'étonner qu'ayant donné les calculs pour

des Comètes qui , ainsi que celle de 1764 , lors de leur plus grande proximité de notre orbite , en étoit encore éloignée de plus de 1189400 lieues , j'euſſe omis cinq Comètes qui ſe ſont beaucoup plus approchées de l'orbite de la Terre.

Comète de 837.

(15) Cette Comète a été calculée par M. Pingré ſur des obſervations faites à la Chine. Voici ſes élémens (Aſtr. de M. de la Lande §. 3089, 2ᵉ édit.)

Nœud aſcendant.........6ˢ 26° 33′
Nœud deſcendant........0 26 33
Périhélie.............9 19 3
Inclinaiſon.............10 ou 12 degrés.
Paſſage au périhélie.........1ᵉʳ. Mars
Diſtance périhélie...... .58000
Sens du mouvement... rétrograde.

(16) Pour déterminer quelle condition auroit dû avoir lieu pour que cette Comète pût rencontrer la Terre lors de ſon paſſage par le nœud aſcendant, je remarque que la poſition du nœud aſcendant vu du Soleil, eſt dans 6ˢ 26° 33. La diſtance de la Terre au Soleil dans la portion correſpondante de ſon orbite, eſt donc celle qui a lieu lorſque la Terre vue du Soleil, eſt dans 6ˢ 26° 33′; ou ce qui revient au même, lorſque le Soleil vu de la Terre, eſt dans 0ˢ. 26° 33′. Cette diſtance eſt de 100479, en ſuppoſant la diſtance moyenne de la Terre au Soleil de 100000. Si l'on porte cette valeur & celle de la diſtance périhélie de la Comète dans la formule du §. 9. On aura

$$\text{Longit. du nœud} - \text{longit. du périhélie} = \begin{cases} 81° & 6′ & 50″ \\ 278 & 53 & 10 \end{cases}$$

Il faudroit donc, pour que cette Comète puiſſe rencontrer la Terre dans le nœud aſcendant, que la longitude du nœud aſcendant moins la longitude du périhélie fût égale à 81° 6′ 50″ ou à 278° 53′ 10″; dans le fait cette différence de longitudes eſt égale à 277° 30′ ; cette Comète ne peut donc rencontrer l'orbite de la Terre dans son nœud ascendant (la distance périhélie restant d'ailleurs la même) que la longitude du nœud ascendant moins la longitude du périhélie n'augmente de 1° 23′ 10″.

(17) La position du nœud descendant de la Comète vu du Soleil, est dans 0ſ 26° 33′. La distance de la Terre au Soleil dans la portion correspondante de son orbite, est donc celle qui a lieu lorsque la Terre vue du Soleil, est dans 0ſ 26° 33′, ou ce qui revient au même lorsque le Soleil vu de la Terre, est dans 6ſ 26° 33′. Cette distance est de 99472. Si l'on porte cette valeur & celle de la distance périhélie de la Comète, dans la formule du §. 9 : on aura

$$\text{Longit. du nœud} - \text{longit. du périhélie} = \begin{cases} 80° & 26′ & 10″ \\ 279 & 33 & 50 \end{cases}$$

Il faudroit donc, pour que cette Comète puisse rencontrer la Terre dans le nœud descendant, que la longitude du nœud descendant moins la longitude du périhélie fût égale à 80° 26′ 10″, ou à 279° 33′ 50″ ; dans le fait la longitude du nœud descendant moins la longitude du périhélie est égale à 97° 30′ ; il ne peut donc être ici question du nœud descendant.

(18) On peut conclure de la seconde formule du §. 10, que si la Comète avoit passé dans son nœud ascendant, le 16 Avril, la Terre étant alors dans le même rayon vecteur, elle auroit été à la distance de la Terre de 2131 parties, telles que la moyenne distance du Soleil en contient 100000 ; c'est-à-dire, à la distance de 736440 lieues, dans l'hypothèse de la parallaxe du Soleil de 8″, 55 ; puisque chaque cent millième de la distance moyenne de la Terre au Soleil, contient 345, 58400 lieues. (Mém. sur le passage de Vénus, par M. de la Lande.) Ce point n'est pas précisément celui de la plus grande approximation de l'orbite de la Terre ; j'apprendrai à le déterminer par la suite.

(19) Nous avons vu que si l'on ne suppose point

d'altération dans les élémens de la Comète de 837, cette Comète ne coupe pas précisément l'orbite de la Terre lors de son passage par le nœud ascendant. Pour déterminer maintenant quelles altérations doivent subir ses élémens pour que le phénomene puisse avoir lieu, je porte les données de cette Comète dans l'équation du §. 12, & j'ai pour condition

$$100479 \left(100000 + \text{cosin.} \; (277° \; 30' \; 0'' + dN) \right)$$
$$- 1 \times 100000 \; (58000 + dD) = 0.$$

(20) Si l'on suppose $dD = 0$; c'est à dire, si l'on ne suppose point d'altération dans la distance périhélie; on aura

$$\text{cosin.} \; (277° \; 30' \; 0'' + dN) = 58000 \times \frac{100000}{100479} - 100000$$
$$= 15447.$$

$$277° \; 30' \; 0'' + dN = \begin{cases} 81° & 6' & 50'', \\ 278 & 53 & 10, \end{cases} \; dN = \begin{cases} - 196° & 13' & 10''. \\ + 1 & 23 & 10. \end{cases}$$

Si l'on suppose $dN = 0$; c'est-à-dire, si l'on ne suppose point d'altération dans la distance du périhélie au nœud, on aura

$$dD = 100479 \times \frac{115052}{100000} - 58000 = - 1203.$$

il faudroit donc dans ce cas, que la distance périhélie de la Comète diminuât d'environ un quarante-huitième de sa grandeur totale.

(21) Je remarquerai relativement à cette dernière Comète, que ses élémens ayant été déterminés d'après des observations faites à la Chine dans le neuvième siècle, on peut douter de l'exactitude scrupuleuse de ces déterminations, avec d'autant plus de fondement, que les observations les plus exactes sur d'autres Comètes, n'ont pas toujours conduit les Astronomes aux mêmes résultats.

Comète de 1299.

(22) Cette Comète a été calculée par M. Pingré sur des observations faites à la Chine, auxquelles on a

joint quelques observations Européennes. Voici ses élémens (Astron. de M. de la Lande, §. 3089, 2ᵉ édit.)

Nœud ascendant. . . . . 3ſ 17° 8′
Nœud descendant 9 17 8
Périhélie. 0 3 20
Inclinaison de l'orbite. 68 57
Passage au périhélie. . . . 31 Mars 7ʰ 38′ 0″
Distance périhélie. 31790
Sens du mouvement. . . rétrograde.

(23) Par des calculs entiérement semblables à ceux
des paragraphes précédens, on trouvera qu'il ne peut
être question du nœud descendant, à cause de la trop
grande différence des élémens. Quant au nœud ascendant, si l'on veut déterminer quelles altérations doivent subir les élémens de la Comète, pour que le
phénomène puisse avoir lieu dans ce nœud, on parviendra à l'équation suivante :

$$98339 \left(100000 + \text{cosin.} (103° 48' 0'' + dN) \right)$$
$$- 2 \times 100000 (31790 + dD) = 0.$$

Dans cette équation si l'on suppose $dD = 0$; c'est-
à-dire, si la distance périhélie ne subit point d'altération, on aura

$$dN = \begin{cases} + 6° \ 54' \ 0''. \\ + 145 \ 30 \ 0. \end{cases}$$

Il faudroit donc que la position de la ligne des nœuds
variât de 6° 54′, relativement au périhélie.

Si l'on suppose $dN = 0$; c'est-à-dire, si l'on ne
suppose point d'altération dans la distance du périhélie
au nœud, on aura

$$dD = + 5651.$$

Il faudroit donc dans ce cas, que la distance périhélie de la Comète augmentât d'environ un sixième
de sa grandeur totale.

Avec les élémens du §. 22, si la Comète avoit passé
dans son nœud le 7 Janvier, la Terre étant alors dans

le même rayon vecteur, elle auroit été à la distance de 5129500 lieues de la Terre.

La remarque du §. 21, relativement à l'incertitude des observations, s'applique également à cette Comète.

Comète de 1596.

(24) Cette Comète a été calculée par M. Pingré, sur les observations manuscrites de Tycho-Brahé. Voici ses élémens (Astr. de M. de la Lande, §. 3089. 2ᵉ édit.)

Nœud ascendant	10ſ	15°	36'	50"
Nœud descendant	4	15	36	50
Périhélie	7	28	30	50
Inclinaison de l'orbite		52	9	45
Passage au périhélie	8 Août 15h 43'			
Distance périhélie	54941			
Sens du mouvement	rétrograde.			

(25) Il ne peut être question du nœud descendant, à cause de la trop grande différence des élémens. Si l'on veut déterminer maintenant quelles altérations doivent subir les élémens, pour que le phénomène puisse avoir lieu dans le nœud ascendant, on aura

$$101333 \left(100000 + \text{cosin.} \left(77° \ 6' \ 0'' + d\,N \right) \right)$$
$$- 2 \times 100000 \left(54941 + d\,D \right) = 0.$$

Dans cette équation, si l'on suppose $d\,D = 0$; c'est-à-dire, si la distance périhélie ne subit point d'altération, on aura

$$d\,N = \begin{cases} + 8° & 3' & 40''. \\ + 197 & 44 & 20. \end{cases}$$

Il faudroit donc que la position de la ligne des nœuds variât de 8° 3' 40", relativement au périhélie.

Si l'on suppose $d\,N = 0$; c'est-à-dire, si l'on ne suppose point d'altération dans la distance du périhélie au nœud, on aura

$$d\,D = + 7036.$$

Il faudroit donc dans ce cas, que la distance périhélie de la Comète augmentât d'environ un huitième de sa grandeur totale.

Avec les élémens du §. 24 , si la Comète avoit passé dans le nœud le 8 Août , la Terre étant alors dans le même rayon vecteur , elle auroit été à la distance de 3975950 lieues de la Terre.

(26) D'après les observations de Mœstlin , M. Halley avoit conclu les élémens suivans :

Nœud ascendant 10ˢ	12°	12′	30″
Nœud descendant.........4	12	12	30
Périhélie . . . . .7 ,	18	16	0
Inclinaison de l'orbite 55	12	0
Passage au périhélie... 10 Août 20h	4′	0″
Distance périhélie....51293
Sens du mouvement.....rétrograde.

Dans ce cas on auroit l'équation suivante :

$$101391 \left(100000 + \text{cosin.} \left(83° 56′ 30″ + d\,N\right)\right)$$
$$- 2 \times 100000 \left(51293 + d\,D\right) = 0.$$

donc si l'on suppose $d\,D = 0$, on aura $d\,N = + 5° 23′ 0″$; & si l'on suppose $d\,N = 0$, on aura $d\,D = + 4753$. Cette dernière hypothèse rapprocheroit davantage les élémens de la Comète, des circonstances où cette Comète pourroit couper l'orbite de la Terre ; mais en même tems elle doit rendre circonspect sur les conclusions, puisque deux excellens Calculateurs ont été conduits à des résultats différens, d'après le choix que chacun d'eux a cru devoir faire d'observations différentes.

Comète de 1618.

(27) La Comète dont il s'agit ici , est la seconde Comète de 1618 ; elle a été calculée par M. Halley. Voici ses élémens (Astr. de M. de la Lande , §. 3089.)

Nœud ascendant.........2ˢ 16°	1′	0″
Nœud descendant.......8 16	1	0
Périhélie............0	2	14	0
Inclinaison de l'orbite........37	34	0

[15]

Paſſage au périhélie ...8 Novembre 12h 32' 0"
Diſtance périhélie 37975
Sens du mouvement... direct.

(28) Il ne peut être queſtion du nœud aſcendant, à cauſe de la trop grande différence des élémens ; quant au nœud deſcendant, ſi l'on veut déterminer quelles altérations doivent ſubir les élémens de la Comète pour qu'elle puiſſe couper l'orbite de la Terre dans ce nœud , on aura

$$101554 \left(100000 + \text{coſin.} \left(253° 47' 0" + d\,N\right)\right)$$
$$- 2 \times 100000 \left(37975 + d\,D\right) = 0.$$

Si l'on ſuppoſe $d\,D = 0$, on aura

$$d\,N = \begin{cases} - 149° 10' 50". \\ + \quad 1 \quad 36 \quad 50. \end{cases}$$

Il faudroit donc que la poſition du nœud variât de $1° 36' 50"$, relativement au périhélie.

Si l'on ſuppoſe $d\,N = 0$, on aura

$$d\,D = - 1379.$$

Il faudroit donc dans ce cas que la diſtance périhélie de la Comète diminuât d'environ un vingt-ſeptième de ſa grandeur totale.

Avec les élémens du §. 27 , ſi la Comète avoit paſſé dans le nœud deſcendant le 7 Juin , la Terre étant alors dans le même rayon vecteur , elle auroit été à la diſtance de 1322500 lieues de la Terre.

Comète de 1683.

(29) Cette Comète a été calculée par M. Halley. Voici ſes élémens : (Aſtr. de M. de la Lande , §. 3089.)

Nœud aſcendant.........5ſ 23° 23' 0"
Nœud deſcendant.......11 23 23 0
Périhélie.................2 25 29 30
Inclinaiſon de l'orbite........83 11 0
Paſſage au périhélie...13 Juillet 2h 59' 0"
Diſtance périhélie....56020.
Sens du mouvement...retrograde.

(30) Il ne peut être question du nœud descendant à cause de la trop grande différence des élémens ; quant au nœud ascendant, si l'on veut déterminer quelles altérations doivent subir les élémens de la Comète, pour qu'elle puisse couper l'orbite de la Terre dans ce nœud, on aura

$$99515 \left(100000 + \text{cosin.} \left(27° 53' 30'' + dN\right)\right)$$
$$- 2 \times 100000 \left(56020 + dD\right) = 0.$$

Si l'on suppose $dD = 0$, on aura

$$dN = \left\{ \begin{array}{l} - 5° \ 7' \ 20''. \\ + 189 \ 20 \ 20. \end{array} \right.$$

Il faudroit donc que la position du nœud variât de $5° 7' 20''$, relativement au périhélie.

Si l'on suppose $dN = 0$, on aura

$$dD = - 5607.$$

Il faudroit donc que la distance périhélie de la Comète diminuât d'environ un dixième de sa grandeur totale.

Avec les élémens du §. 29, si la Comète avoit passé dans le nœud ascendant le 15 Mars, la Terre étant alors dans le même rayon vecteur, elle auroit été à la distance de 2954700 lieues de la Terre.

Comète de 1739.

(31) Cette Comète a été calculée par M. l'Abbé de la Caille. Voici ses élémens : (Astron. de M. de la Lande, §. 3089. 2ᵉ édit.)

Nœud ascendant.......6ˢ 27° 25' 14"
Nœud descendant.......0 27 25 14
Périhélie............3 12 38 40
Inclinaison.............55 42 44
Passage au périhélie...17 Juin 1ᶜʰ 9' 0"
Distance périhélie...67358.
Sens du mouvement....rétrograde.

(32) Il ne peut être question du nœud ascendant, à cause

cauſe de la trop grande différence des élémens. Quant au nœud deſcendant, ſi l'on veut déterminer quelles altérations doivent ſubir les élémens de la Comète, pour qu'elle puiſſe couper l'orbite de la Terre dans ce nœud, on aura

$$99449 \left(100000 + \text{coſin.} \left(184^\circ\ 46'\ 34'' + d\,\mathrm{N} \right) \right)$$
$$- 1 \times 100000 \left(67358 + d\,\mathrm{D} \right) = 0.$$

Si l'on ſuppoſe $d\,\mathrm{D} = 0$, on aura

$$d\,\mathrm{N} = \begin{cases} + 5^\circ\ 59'\ 26''. \\ - 215\ \ 32\ \ 34. \end{cases}$$

Il faudroit donc que la poſition du nœud variât de $5^\circ\ 59'\ 26''$, relativement au périhélie.

Si l'on ſuppoſe $d\,\mathrm{N} = 0$, on aura

$$d\,\mathrm{D} = - 4950.$$

Il faudroit donc que la diſtance périhélie de la Comète diminuât d'environ un quatorzième de ſa grandeur totale.

Avec les élémens du §. 31, ſi la Comète avoit paſſé dans le nœud deſcendant le 20 Octobre, la Terre étant alors dans le même rayon vecteur, elle auroit été à la diſtance de 2727000 lieues de la Terre.

Comète de 1763.

(33) Cette Comète a été calculée par M. Pingré. Voici ſes élémens : (Aſtron. de M. de la Lande, §. 3089.)

  Nœud aſcendant . . . . 11ſ 26ⁿ 29′ 29″
  Nœud deſcendant 5   26   29   29
  Périhélie 2   25   0   48
  Inclinaiſon 73   39   29
  Paſſage au périhélie . . . 1 Novembre 21h 6′ 29″
  Diſtance périhélie . . . . . 49842.
  Sens du mouvement . . . . . direct.

(34) La poſition des nœuds de cette Comète, relativement au périhélie, eſt telle, qu'il faut faire le

calcul pour chacun de ces nœuds. Si l'on veut déterminer quelles altérations doivent subir les élémens de la
Comète pour qu'elle puisse couper l'orbite de la Terre
dans le nœud ascendant, on aura

$$100332 \left(100000 + \text{cosin.} \left(271° \; 28' \; 41'' + dN \right) \right)$$
$$- 2 \times 100000 \left(49842 + dD \right) = 0.$$

Si l'on suppose $dD = 0$, on aura

$$dN = \begin{cases} - 181° & 6' & 29''. \\ - 1 & 50 & 53. \end{cases}$$

Il faudroit donc que la position du nœud ascendant
variât de 1° 50' 53", relativement au périhélie.

Si l'on suppose $dN = 0$, on aura

$$dD = + 1618.$$

Il faudroit donc que la distance périhélie de la Comète augmentât d'environ un trente-unième de sa
grandeur totale.

Avec les élémens du §. 33, si la Comète avoit passé
dans le nœud ascendant le 19 Septembre, la Terre
étant alors dans le même rayon vecteur, elle auroit
été à la distance de 1090300 lieues de la Terre.

(35) Relativement au nœud descendant, on aura

$$99633 \left(100000 + \text{cosin.} \left(91° \; 28' \; 41'' + dN \right) \right)$$
$$- 2 \times 100000 \left(49842 + dD \right) = 0.$$

Si l'on suppose $dD = 0$, on aura

$$dN = \begin{cases} - 1° & 28' & 41''. \\ + 178 & 31 & 19. \end{cases}$$

Il faudroit donc que la position du nœud descendant
variât de 1° 28' 41" relativement au périhélie.

Si l'on suppose $dN = 0$, on aura

$$dD = - 1310.$$

Il faudroit donc que la distance périhélie de la Comète
diminuât d'un trente-huitième de sa grandeur totale.

Avec les élémens du §. 33, si la Comète avoit passé
dans le nœud descendant le 17 Mars, la Terre étant

alors dans le même rayon vecteur, elle auroit été à la distance de 928590 lieues de la Terre.

Nous remarquerons ici que la Comète de 1763 a la propriété de pouvoir également approcher de la Terre, dans le nœud ascendant & dans le nœud descendant.

Comète de 1764.

(36) Cette Comète a été calculée par M. Pingré. Voici ses élémens : (Astr. de M. de la Lande, §. 3089.)

Nœud ascendant . . . . 3ˢ 19° 20′ 6″
Nœud descendant 9 19 20 6
Périhélie 0 16 11 48
Inclinaison 53 54 19
Passage au périhélie . . . 12 Février 10h 29′ 0″
Distance périhélie . . . 56418.
Sens du mouvement . . . rétrograde.

(37) Il ne peut être question du nœud ascendant, à cause de la trop grande différence des élémens. Quant au nœud descendant, si l'on veut déterminer quelles altérations doivent subir les élémens de la Comète, pour qu'elle puisse couper l'orbite de la Terre dans ce nœud, on aura

$$101650\big(100000 + \text{cosin.}\,(273°\ 8′\ 18″ + d\,N)\big)$$
$$- 2 \times 100000\,(56418 + d\,D) = 0.$$

Si l'on suppose $d\,D = 0$, on aura

$$d\,N = \begin{cases} -189° & 27′ & 10″. \\ + 3 & 10 & 44. \end{cases}$$

Il faudroit donc que la position du nœud variât de 3° 10′ 44″ relativement au périhélie.

Si l'on suppose $d\,N = 0$, on aura

$$d\,D = -2810.$$

Il faudroit donc que la distance périhélie de la Comète diminuât d'environ un vingtième de sa grandeur totale.

Avec les élémens du §. 36, si la Comète avoit passé

pat le nœud defcendant le 11 Juillet, la Terre étant
alors dans le même rayon vecteur, elle auroit été à la
diftance de 184000 lieues de la Terre.

Comète de 1680.

(38) Cette Comète, la plus fameufe de celles que
l'on ait obfervées & que l'on croit la même que celle
qui parut à la mort de Jules Céfar, a été calculée par
M. Halley. Voici fes élémens : (Aftr. de M. de la
Lande, §. 3089.)

$$
\begin{array}{lllll}
\text{Nœud afcendant} & 9^{s} & 2^{o} & 2' & 0'' \\
\text{Nœud defcendant} & 3 & 2 & 2 & 0 \\
\text{Périhélie} & 8 & 22 & 39 & 39 \\
\text{Inclinaifon} & & 60 & 56 & 0 \\
\text{Paffage au périhélie} & 18 \text{ Décembre } 0^{h} & 15' & 0'' \\
\text{Diftance périhélie} & 612, 5. \\
\text{Sens du mouvement} & \text{direct.}
\end{array}
$$

M. de la Lande penfe que cette Comète *n'eft point
du nombre de celles qui peuvent influer fur la Terre,
quoique Whifton ait voulu la donner pour caufe du déluge* ; il obferve feulement que *fuivant M. Halley,
le 11 Novembre 1680, elle n'étoit guère éloignée que
comme la Lune.* Voyons ce que le calcul va nous
apprendre.

(39) Il ne peut être queftion du nœud afcendant,
à caufe de la trop grande différence des élémens.
Quant au nœud defcendant, fi l'on veut déterminer
quelles altérations doivent fubir les élémens de la Comète, pour qu'elle puiffe couper l'orbite de la Terre
dans ce nœud, on aura

$$98327 \left(100000 + \text{cofin.} \left(189^{o}\ 22'\ 30'' + dN\right)\right)$$
$$- 2 \times 100000 \left(612, 5 + dD\right) = 0.$$

Si l'on fuppofe $dD = 0$, on aura

$$dN = \begin{cases} - 18^{o} & 25' & 45'' \\ - 0 & 19 & 15 \end{cases}$$

[21]

Il suffiroit donc que la position du nœud variât de 19′ 15″ relativement au périhélie.

Si l'on suppose $d\,N = 0$, on aura

$$d\,D = + 43 , 8.$$

Il suffiroit donc que la distance périhélie de la Comète augmentât d'environ 15137 de nos lieues.

Avec les élémens du §. 38 , si la Comète avoit passé par le nœud descendant le 24 Décembre au lieu du 11 Novembre , la Terre étant alors dans le même rayon vecteur , elle auroit été à la distance de 2269500 lieues de notre Globe.

(40) Suivant M. Halley , cette Comète , lors de sa plus grande proximité de l'orbite de la Terre , n'en étoit éloignée que d'environ 84000 lieues. Suivant moi , si cette Comète avoit passé par le nœud en même tems que la Terre , elle en eût encore été éloignée de 2269500 lieues ; le nœud n'est donc pas l'endroit de la plus grande approximation de la Comète & de l'orbite de la Terre , ainsi que je l'ai déjà remarqué. Quoique je réserve par une autre Section , la méthode générale par laquelle on peut déterminer cette plus grande proximité , voici une méthode particuliere , dont on pourra faire usage pour la Comète de 1680 , & pour toutes celles qui seroient dans le même cas. En effet, si l'on fait attention que la ligne des nœuds de cette Comète ne fait avec le grand axe , sur le plan de l'orbite de la Comète , qu'un angle de 9° 22′ 30″ ; que de plus , à cause de la petitesse de la distance périhélie , l'orbite étoit presque rectiligne , on pourra considérer cette Comète comme ayant parcouru une espece de ligne droite , presque parallèle à la ligne des nœuds , & infiniment peu éloignée du plan de l'écliptique ; de sorte que lorsqu'elle se sera trouvée à la même distance que la Terre relativement au Soleil , elle aura passé très-peu au-dessus de l'écliptique , & conséquemment très-près de l'orbite terrestre , quoi-

qu'elle fût encore à quelque distance du nœud. Il faut donc déterminer généralement la distance de la Comète au point correspondant de l'orbite terrestre , mesurée dans le plan perpendiculaire à l'écliptique.

(41) Soit D la distance périhélie de la Comète.

> R son rayon vecteur.
>
> β la longitude du nœud ascendant moins la longitude du périhélie.
>
> u l'angle du rayon vecteur avec la ligne des nœuds. Cet angle doit être compté sur le plan de l'orbite de la Comète , en partant du nœud ascendant.
>
> T la distance du point correspondant de l'orbite terrestre , au Soleil.
>
> Δ la distance de la Comète au point correspondant de l'orbite terrestre, mesurée dans le plan perpendiculaire à l'écliptique.

Il est aisé de voir que l'équation à la parabole du §. 4 se transformera dans la suivante ;

$$R\left(r + \operatorname{cosin.}(u + \beta)\right) - 2rD = 0.$$

Maintenant , si du lieu de la Comète on abaisse une perpendiculaire sur la ligne des nœuds , cette perpendiculaire aura pour expression $\dfrac{R \sin. u}{r}$; d'ailleurs la perpendiculaire abaissée de la Comète sur le plan de l'écliptique , s'exprimera par $\dfrac{R \sin. u \sin. (\text{inclin. orbite})}{r}$; & la distance du pieds de cette perpendiculaire au Soleil sur le plan de l'écliptique , aura pour expression

$$\frac{R}{r}\sqrt{\left(r^2 - \frac{\sin^2 u \times \sin^2 (\text{inclin. de l'orbite})}{r^2}\right)}.$$

Donc en général , soit F un angle tel que $\sin. F = \dfrac{\sin. u \times \sin. (\text{inclin. de l'orbite})}{r}$, comme la distance Δ de la Comète à l'orbite de la Terre , est l'hypothénuse d'un triangle rectangle , dont l'un des côtés

est $T - \dfrac{R \times \text{cosin. } F}{r}$, & dont l'autre côté est $\dfrac{R \text{ sin. } F}{r}$;
on aura

$$\Delta = \surd \left(T^2 + R^2 - \frac{2\,TR\,\text{cosin. } F}{r} \right);$$

R étant d'ailleurs déterminée par l'équation

$$R \left(r + \text{cosin. } (u + \beta) \right) - 2\,r\,D = 0.$$

(42) Dans le cas où la distance de la Comète au Soleil est égale à celle de la Terre au Soleil; puisque $T = R$, on déterminera la valeur de l'angle u au moyen de l'équation

$$T \left(r + \text{cosin. } (u + \beta) \right) - 2\,r\,D = 0;$$

& l'on aura

$$\Delta = T \, \surd 2 \times \surd \left(\frac{r - \text{cosin. } F}{r} \right) = \frac{2\,T \text{ sin. } \frac{1}{2} F}{r}.$$

Si l'on vouloit calculer dans l'orbite elliptique, le calcul ne présenteroit aucune difficulté, il ne s'agiroit que de déterminer l'angle u au moyen de l'équation

$$2\,T \left(\frac{E}{a} \text{ cosin. } (u + \beta) + r \right) - r\,P = 0;$$

dans laquelle a est le demi-grand axe, E la distance du foyer au centre de l'ellipse, & P le paramètre du grand axe.

(43) Comme l'on ignore les points de l'orbite de la Comète, où sa distance au Soleil est égale à celle de la Terre au Soleil, on fera un premier calcul, dans lequel on supposera $T = 100000$, c'est-à-dire T égal à la moyenne distance du Soleil à la Terre. Ce calcul donnera deux valeurs de u, qui seront les points approchés de l'orbite de la Comète, dans lesquels sa distance au Soleil égale la distance de la Terre au Soleil. Par la supposition le point correspondant de l'orbite de la Terre est dans le plan perpendiculaire à

l'écliptique ; mené par la Comète. Si donc l'on nomme u' l'angle du rayon correspondant de l'orbite terrestre avec la ligne des nœuds de la Comète , (cet angle doit être compté sur l'écliptique en partant du nœud ascendant de la Comète) ; à cause du triangle sphérique rectangle formé par l'écliptique, par le plan de l'orbite de la Comète, & par le cercle perpendiculaire à l'écliptique, passant par la Comète , on aura

$$\text{Tang. } u' = \text{Tang. } u \times \frac{\text{cosin. (inclin orbite.).}}{r}$$

On déterminera donc les angles u' correspondans aux angles u ; on fera ensuite un nouveau calcul , dans lequel on donnera successivement à T les valeurs correspondantes aux deux angles u' , u' , trouvés ci-dessus , & l'on déterminera les véritables angles u , u , u' , u' , qui satisfont à la question ; ainsi que les distances correspondantes de la Comète à l'orbite de la Terre. Les exemples vont éclaircir cette matiere.

(44) Relativement à la Comète de 1680 , $\beta = 9° 22' 30''$; $D = 612, 5$; l'inclinaison de l'orbite $= 60° 56' 0''$. Supposons d'abord $T = 100000$; si l'on porte ces valeurs dans l'équation du §. 42 , on aura

$$r + \text{cosin.} (u + 9° 22' 30'') - 2 \times 612, 5 = 0.$$

donc $u = 161° 38' 50''$, $u = 179° 36' 10''$;

les valeurs correspondantes de u' sont,

$$u' = 170° 50' 40'' , \quad u' = 179° 48' 20''.$$

Les points de l'orbite terrestre correspondans aux points de l'orbite de la Comète , où la distance de la Comète au Soleil est égale à la moyenne distance de la Terre au Soleil , sont donc à $\begin{cases} 170° & 50' & 40'' \\ 179 & 48 & 20 \end{cases}$ du nœud ascendant de la Comète ; ils sont donc situés dans $\begin{cases} 2^s 22° & 52' & 40'' \\ 3 \quad 1 & 50 & 20 \end{cases}$ vus du Soleil.

Les véritables distances de la Terre au Soleil , dans ces points de l'orbite , sont respectivement 98392 & 98327 ; je fais un second calcul, dans lequel je suppose $T = 98392$, & j'ai

$$98392 \left(r + \text{cof.} (u + 9° 22' 30'') \right)$$
$$- 2 \times 100000 \times 612,5 = 0 ;$$
$$u = 161° 34' 30'' ; \quad F = 16° 2' 14'' ; \quad \tfrac{1}{2} F = 8° 1' 7''.$$
$$\Delta = 27446 = 9485100 \text{ lieues.}$$

je suppose enfin $T = 98327$, & j'ai

$$98327 \left(r + \text{cof.} (u + 9° 22' 30'') \right)$$
$$- 2 \times 100000 \times 612,5 = 0 ;$$
$$u = 179° 40' 45'' ; \quad F = 16' 50'' ; \quad \tfrac{1}{2} F = 8' 25''.$$
$$\Delta = 481,5 = 166390 \text{ lieues.}$$

(45) La Comète de 1680 a donc passé très-près de l'orbite de la Terre , & je ne sçai pourquoi M. de la Lande ne l'a pas comprise dans le nombre des Comètes qui peuvent approcher de notre Globe, puisqu'elle a plus qu'aucune autre , les propriétés qu'il leur suppose. J'observerai aussi que les distances Δ ne sont pas précisément le *minimum* de distance de la Comète & de l'orbite de la Terre. La nature du Problême fait voir cependant que le véritable *minimum* ne doit pas beaucoup différer de la quantité trouvée ci-dessus ; & l'on doit regarder la méthode comme très propre à donner une idée approchée du *minimum* de distance. J'ajouterai qu'elle servira à faciliter la solution rigoureuse du Problême. Relativement à la Comète de 1680 je trouve un *minimum* de distance plus grand que M. Halley ; cela vient de ce que j'ai employé une parallaxe du Soleil plus petite que celle dont il a fait usage.

Comète de 1770.

(46) Cette Comète a été calculée par M. Pingré. Voici ses élémens : (Astron. de M. de la Lande, §. 3089.)

$$
\begin{aligned}
&\text{Nœud ascendant} \ldots\ldots\ldots 4^s\ 19°\ 39'\ 5'' \\
&\text{Nœud descendant} \ldots\ldots 10\ \ 19\ \ 39\ \ 5 \\
&\text{Périhélie} \ldots\ldots\ldots\ldots 11\ \ 25\ \ 27\ \ 16 \\
&\text{Inclinaison} \ldots\ldots\ldots\ldots\ldots\ \ \ 1\ \ 44\ \ 30 \\
&\text{Passage au périhélie} \ldots\ 9\ \text{Août}\ 0^h\ 16'\ 54'' \\
&\text{Distance périhélie} \ldots\ 63687,8. \\
&\text{Sens du mouvement} \ldots \text{direct.}
\end{aligned}
$$

(47) Cette Comète n'est pas du nombre de celles qui puissent rencontrer la Terre centre à centre dans le nœud. En effet, relativement au nœud descendant, le seul que l'on doive considérer ici, à cause de la trop grande différence des élémens, on a l'équation suivante.

$$101267 \left(100000 + \text{cosin.}\,(324°\ 11'\ 49'' + d\,N) \right)$$
$$- 2 \times 100000\,(63688 + d\,D) = 0.$$

Cette équation ne peut être satisfaite dans le cas de $d\,D = 0$, qu'en supposant un dérangement de $39°\ 15'\ 19''$ dans la position du nœud relativement au périhélie ; supposition peu probable. Mais si l'on fait attention que le plan de l'orbite de cette Comète n'est incliné que de $1°\ 44'\ 30''$ sur l'écliptique, on pourra la considérer comme parcourant un plan infiniment peu incliné sur l'écliptique ; de sorte que lorsqu'elle se sera trouvée à la même distance que la Terre relativement au Soleil, elle aura passé très-près de l'orbite terrestre, quoique fort éloignée de ses nœuds. Voyons ce que le calcul va nous apprendre.

(48) Relativement à la Comète de 1770, $\beta = 144°\ 11'\ 49''$, $D = 63687,8$; l'inclinaison de l'orbite $= 1°\ 44'\ 30''$. Si l'on suppose d'abord $T = 100000$, & que l'on porte ces valeurs dans l'équation du §. 42,

on aura

$$r + \cos. (u + 144° 11' 49'') - 2 \times 63687,8 = 0;$$

d'où l'on tire $u = 141° 41' 21''$, $u = 289° 55' 1''$.

Les valeurs correspondantes de u' sont $u' = 141° 42' 10''$, $u' = 289° 54' 40''$.

Les points de l'orbite terrestre, correspondans aux points de l'orbite de la Comète, où la distance de la Comète au Soleil est égale à la moyenne distance de la Terre au Soleil, sont donc à $\begin{cases} 141° 42' 10'' \\ 289\ 54\ 40 \end{cases}$ du nœud ascendant de la Comète; ils sont donc situés dans $\begin{cases} 9^s\ 11°\ 21'\ 15'' \\ 2\ \ \ 9\ \ 33\ 45 \end{cases}$ vus du Soleil.

Les véritables distances de la Terre au Soleil vers ces points de l'orbite, sont respectivement 101680 & 98535. Je fais un second calcul, dans lequel je suppose $T = 101680$, & j'ai

$$101680 \left(r + \cos. (u + 144° 11' 49'') \right)$$
$$- 2 \times 100000 \times 63687, 8 = 0.$$

$u = 140° 26' 31''$; $F = 1° 6' 33''$; $\frac{1}{2}F = 0° 33' 16'' \frac{1}{2}$.

$\Delta = 1968 = 680210$ lieues.

Je suppose enfin $T = 98535$ & j'ai

$$98535 \left(r + \cos. (u + 144° 11' 49'') \right)$$
$$- 2 \times 100000 \times 63687, 8 = 0.$$

$u = 288° 47' 1''$, $F = 1° 38' 56''$, $\frac{1}{2}F = 49' 28''$.

$\Delta = 2836 = 979935$ lieues.

(49) On voit par-là que la Comète de 1770 a passé deux fois très-près de l'orbite de la Terre; la première fois avant son passage par le nœud descendant, & lorsqu'elle en étoit encore éloignée d'environ $39° \frac{1}{2}$; la seconde fois, avant son passage par le nœud ascendant, & lorsqu'elle étoit encore éloignée d'environ $71°$. Par un hazard assez singulier, au commencement de Juillet

1770 , la Terre s'est trouvée très-près du point correspondant de son orbite lors de la première circonstance.

(50) Je ne vois pas de raison pour exclure cette Comète du nombre de celles qui peuvent approcher de l'orbite de la Terre ; en effet, pour qu'elle pût rencontrer notre orbite , il suffiroit que son inclinaison diminuât de 1° 44 30 ; & comme il s'agit ici de possibilités , je ne vois pas que ce changement soit moins possible que tout autre.

(51) Les Comètes qui , ainsi que celle de 1770 , se meuvent dans des plans peu inclinés à l'écliptique , me patoissent donc constituer une classe à part , dont il faut calculer les approximations , indépendamment de ce qui arrive dans les nœuds. On ne connoît que neuf Comètes , dont l'inclinaison soit moindre que 10° ; celles de 1231, 1472, 1585, 1678, 1702, 1743, 1760, 1766 , 1770. Relativement aux Comètes de 1585 & 1678 , les distances périhélies surpassent le rayon de l'orbite de la Terre ; nous venons de voir ce qui a lieu pour la Comète de 1770 ; je me suis assuré par le calcul que les Comètes de 1231, 1760 & 1766 ne peuvent pas approcher assez près de l'orbite terrestre, pour mériter une attention particulière : il reste donc à examiner les Comètes de 1472 , 1702 & 1743.

Comète de 1472.

(52) Cette Comète , une des plus fameuses de celles que l'Histoire de l'Astronomie nous ait transmises, a été calculée par M. Halley. Voici ses élémens : (Astr. de M. de la Lande , §. 3089.)

Nœud ascendant	9ˢ 11°	46′	20″	
Nœud descendant	3 11	46	20	
Périhélie	1 15	33	30	
Inclinaison de l'orbite	5	20	0	
Passage au périhélie	28 Février 22ʰ 32′ 0″			
Distance périhélie	54272.			
Sens du mouvement	rétrograde.			

(53) Relativement à cette Comète, on trouvera par des calculs analogues à ceux des §. précédens.

$$u = \begin{cases} 37° & 55' & 20'', \\ 207 & 58 & 16, \end{cases} \quad F = \begin{cases} 3° & 16' & 28'', \\ 2 & 29 & 56, \end{cases}$$

$$\Delta = \begin{cases} 5785 \\ 4298 \end{cases} = \begin{cases} 1999200 \text{ lieues.} \\ 1485400 \text{ lieues.} \end{cases}$$

La Comète de 1472 a donc passé deux fois assez près de l'orbite de la Terre ; la première fois, avant son passage par le nœud descendant, & lorsqu'elle en étoit encore éloignée d'environ 28° ; la seconde fois avant son passage par le nœud ascendant, lorsqu'elle en étoit éloignée d'environ 38 degrés.

Comète de 1702.

(54) Cette Comète a été calculée par M. l'Abbé de la Caille. Voici ses élémens : (Astr. de M. de la Lande, §. 3089.)

$$
\begin{array}{llrrr}
\text{Nœud ascendant} \dots\dots\dots & 6^{s} & 9° & 25' & 15'' \\
\text{Nœud descendant} \dots\dots\dots & 0 & 9 & 25 & 15 \\
\text{Périhélie} \dots\dots\dots\dots\dots & 4 & 18 & 41 & 3 \\
\text{Inclinaison de l'orbite} \dots\dots & & 4 & 30 & 0 \\
\text{Passage au périhélie} \dots & 13 \text{ Mars } & 14^{h} & 2' & 0'' \\
\text{Distance périhélie} \dots\dots & 64590. \\
\text{Sens du mouvement} \dots & \text{direct.}
\end{array}
$$

(55) On trouvera relativement à cette Comète,

$$u = \begin{cases} 22° & 44' & 16'', \\ 237 & 20 & 40, \end{cases} \quad F = \begin{cases} 1° & 44' & 16'', \\ 3 & 47 & 18, \end{cases}$$

$$\Delta = \begin{cases} 3052 \\ 6518 \end{cases} = \begin{cases} 1054650 \text{ lieues.} \\ 2252500 \text{ lieues.} \end{cases}$$

La Comète de 1702 a donc passé deux fois assez près de l'orbite de la Terre. La première fois, avant son passage par le nœud ascendant, lorsqu'elle en étoit encore éloignée d'environ 12 degrés ; la seconde fois, après son passage par le nœud, lorsqu'elle s'en étoit éloignée d'environ 23 degrés. Je croirois que cette

Comète ainsi que la précédente, doit être mise au nombre de celles qui peuvent approcher de l'orbite de la Terre.

Comète de 1743.

(56) Cette Comète, la première des deux Comètes observées en 1743, a été calculée par M. Struick. Voici ses élémens : (Astron. de M. de la Lande, §. 3089.)

$$
\begin{aligned}
&\text{Nœud ascendant} \ldots \ldots \ldots 2\text{s } 8^\circ \ 10' \ 48'' \\
&\text{Nœud descendant} \ldots \ldots 8 \quad 8 \quad 10 \quad 48 \\
&\text{Périhélie} \ldots \ldots \ldots \ldots 3 \quad 2 \quad 58 \quad 4 \\
&\text{Inclinaison} \ldots \ldots \ldots \ldots 2 \quad 15 \quad 50 \\
&\text{Passage au périhélie} \ldots . \ 10 \ \text{Janvier } 21^h \ 24' \ 57'' \\
&\text{Distance périhélie} \ldots . \ 83811 , 5. \\
&\text{Sens du mouvement} \ldots . \ \text{direct.}
\end{aligned}
$$

(57) On trouvera relativement à cette Comète,

$$
u = \begin{cases} 70^\circ & 32' & 12'', \\ 338 & 40 & 50 , \end{cases} \quad
F = \begin{cases} 2^\circ & 8' & 4'', \\ 0 & 49 & 23 , \end{cases}
$$

$$
\Delta = \begin{cases} 3678 \\ 1422 \end{cases} = \begin{cases} 1271000 \ \text{lieues.} \\ 491430 \ \text{lieues.} \end{cases}
$$

La Comète de 1743 a donc passé deux fois très-près de l'orbite de la Terre. La première fois avant son passage par le nœud ascendant, & lorsqu'elle en étoit encore éloignée d'environ 21 degrés ; la seconde fois après son passage par ce nœud & lorsqu'elle s'en étoit éloignée d'environ 71°. Je ne vois pas de raison pour exclure cette Comète du nombre de celles qui pourroient approcher de l'orbite de la Terre , puisqu'une diminution de 2° 15′ 50″ dans l'inclinaison de l'orbite, lui feroit couper l'écliptique.

(58) J'ai appliqué le calcul à toutes les autres Comètes, dont on connoît les élémens ; & je me suis assuré qu'il n'y en a aucune qui puisse approcher de l'orbite de la Terre, aussi près, que celles dont on vient de voir les résultats. Il y en a cependant, dont les nœuds ne sont pas infiniment plus éloignés de la

poſition qui leur feroit couper l'orbite terreſtre , que celles que l'on a calculées ci-deſſus. Telle eſt , par exemple , la Comète de 1771 , relativement à laquelle il ne faudroit ſuppoſer qu'une altération de 7° dans la poſition des nœuds , pour qu'elle coupât l'orbite de la Terre dans le nœud deſcendant. La Table ſuivante pourra faciliter cette vérification. La première colomne renferme la diſtance périhélie de la Comète , évaluée en parties telles que le rayon de l'orbite de la Terre en contient 100000 ; dans les ſeconde & troiſième colomnes ſont contenues les anomalies correſpondantes aux points de la trajectoire , ou la diſtance de la Comète au Soleil égale 100000.

| | *Anomalies de la Comète lorſque ſa diſtance au Soleil égale 100000.* | | | | |
Diſtances périhélies.	D.	M.	S.	D.	M.	S.
5000	154	9	30	205	50	30
10000	143	7	50	216	52	10
15000	134	25	30	225	34	30
20000	116	52	10	233	7	50
25000	120	0	0	240	0	0
30000	113	34	40	246	25	20
35000	107	27	30	252	32	30
40000	101	32	10	258	27	50
45000	95	44	30	264	15	30
50000	90	0	0	270	0	0
55000	84	15	30	275	44	30
60000	78	27	50	281	32	10
65000	72	32	30	287	27	30
70000	66	25	20	293	34	40
75000	60	0	0	300	0	0
80000	53	7	50	306	52	10
85000	45	34	30	314	25	30
90000	36	52	10	323	7	50
95000	25	50	30	334	9	30
100000	0	0	0	360	0	0

(59) La Table du §. précédent, fondée fur l'équation polaire à la parabole, eft commode pour vérifier fi une Comète donnée eft dans le cas de couper l'orbite terreftre dans fes nœuds. Soit par exemple la Comète de 1769, dont la longitude du nœud afcendant eft de 5ˢ 25° 0′ 43″ ; celle du nœud defcendant de 11ˢ 25° 0′ 43″ ; celle du périhélie de 4ˢ 24° 5′ 54″, & la diftance périhélie de 12376. Je vois d'abord que la longitude du nœud afcendant moins celle du périhélie eft de 30° 54′ 49″, que la longitude du nœud defcendant moins celle du périhélie eft de 210° 54′ 49″ ; mais comme par la Table précédente, pour une diftance périhélie de 12376, l'anomalie de la Comète, lorfque fa diftance au Soleil égale 100000, eft d'environ 210 degrés ; je vois que le nœud defcendant eft à environ 9 degrés du point où il devroit être, pour que la Comète pût couper l'orbite de la Terre.

(60) Il n'exifte aucune Comète connue, qui d'après les élémens établis dans les dernières apparitions, puiffe approcher de la Terre affez pour y produire un effet nuifible. Ce ne pourroit être qu'en vertu des altérations que fubiroient les élémens, que cet événement feroit à redouter. Ce dérangement n'eft pas abfolument impoffible, mais il y a loin de la poffibilité d'un dérangement quelconque, à la certitude que ce dérangement fera tel qu'il convient pour occafionner la rencontre, ou une proximité nuifible de la Comète & de la Terre. Pour que l'événement eût lieu, il faudroit que le dérangement fuivît une certaine loi donnée, qu'il arrivât dans un certain tems donné, & qu'alors la Terre fût à un certain point donné de fon orbite. Il y a donc relativement aux Comètes, qui n'ont pas actuellement les conditions requifes, & dont le plan de l'orbite eft incliné fur l'écliptique, la probabilité d'un infini du troifième ordre contre l'unité,

que

que cela n'arrivera pas. Quant aux Comètes qui auroient actuellement les conditions requises, ou dont les orbites seroient situées dans le plan de l'écliptique, la probabilité est moins éloignée. Supposons en effet les orbites couchées sur le plan de l'écliptique, & la distance périhélie plus petite que la distance de la Terre au Soleil; comme la Comète coupe nécessairement l'orbite terrestre dans chacune de ses révolutions, il suffit que la Terre se trouve alors au point correspondant de son orbite, pour que les deux Astres se rencontrent. La probabilité d'un infini du troisième ordre contre l'unité, est donc réduite à la probabilité d'un infini du premier ordre. Au reste, il me paroît impossible de déterminer si cet événement aura jamais lieu; ce qu'il y a de sûr, c'est qu'il est infiniment peu probable; & plus on examine la question, plus on voit qu'il n'y a rien à ajouter à ce qu'a dit M. Halley. *Collisionem verò vel contactum tantorum corporum ac tantâ vi motorum (quod quidem manifestum est minimè esse impossibile) avertat Deus optimus maximus.*

(61) Les Problèmes que l'on vient de résoudre pour la Terre, se résolvent avec la même facilité pour les autres Planètes, en faisant toutefois les changemens convenables dans les formules. J'observerai même que, comme l'on connoît le lieu du nœud des Planètes sur l'écliptique, & l'inclinaison de leurs orbites, on peut facilement réduire aux plans des différentes orbites des Planètes, la position des orbites des Comètes déterminée par rapport à la Terre; il ne s'agit que de résoudre le triangle sphérique formé par l'écliptique, l'orbite de la Planète & l'orbite de la Comète; triangle dans lequel on connoît l'inclinaison des orbites de la Comète & de la Planète sur l'écliptique, ainsi que la distance du nœud de la Planète au nœud de la Comète comptée sur l'écliptique.

SECTION TROISIÈME.

*Détermination de la distance d'une Comète à la Terre
à un instant quelconque, du minimum de cette
distance, & de l'arc que la Comète décrit dans sa
trajectoire pendant le tems qu'elle est à une distance
de l'orbite de la Terre, plus petite qu'une quantité
donnée.*

(62) JE dois déterminer maintenant la distance d'une
Comète à la Terre à un instant quelconque, le *minimum* de cette distance, & l'arc que la Comète décrit
dans sa trajectoire pendant le tems qu'elle est à une
distance de l'orbite de la Terre plus petite qu'une
quantité donnée. J'appliquerai cette théorie aux Comètes
de 837, 1618, 1680, 1702, 1743, 1763 & 1770.

*De la distance d'une Comète à la Terre à un instant
quelconque.*

(63) Soit R le rayon vecteur de la Comète.

I l'angle d'inclinaison du plan de l'orbite
de la Comète sur l'écliptique.

u l'angle du rayon vecteur de la Comète
avec la ligne des nœuds ; cet angle doit
être compté sur le plan de l'orbite de
la Comète en partant du nœud ascendant.

T le rayon vecteur de la Terre.

u' l'angle du rayon vecteur de la Terre
avec la ligne des nœuds ; cet angle doit
être compté sur l'écliptique, en partant
du nœud ascendant de la Comète.

r le rayon du cercle sur lequel les angles
u & u' sont comptés.

Δ la distance de la Comète à la Terre ;
& conservons toutes les autres définitions des §. 41 & 41.

Si du lieu de la Comète dans le plan de son orbite, on abaisse une perpendiculaire sur la ligne des nœuds, cette perpendiculaire aura pour expression $\dfrac{R \times \sin. u}{r}$; & la distance du Soleil au point où la ligne des nœuds est coupée par cette perpendiculaire, s'exprimera par $\dfrac{R \times \cos\text{inus } u}{r}$. Par la même raison, si du lieu de la Terre dans l'écliptique on abaisse une perpendiculaire sur la ligne des nœuds, cette perpendiculaire aura pour expression $\dfrac{T \sin. u'}{r}$, & la distance du Soleil au point où la ligne des nœuds est coupée par cette perpendiculaire, s'exprimera par $\dfrac{T \times \cos. u'}{r}$; d'ailleurs la perpendiculaire abaissée de la Comète sur le plan de l'écliptique, aura pour expression $\dfrac{R \times \sin. u \times \sin. I}{r^2}$, & la distance perpendiculaire de la projection de la Comète sur l'écliptique, à la ligne des nœuds, s'exprimera par $\dfrac{R \times \sin. u \times \cos. I}{r^2}$; mais

$$\Delta^2 = \left(\frac{T \sin. u'}{r} - \frac{R \sin. u \cos. I}{r^2} \right)^2$$
$$+ \left(\frac{T \cos. u'}{r} - \frac{R \cos. u}{r} \right)^2 + \frac{R^2 \sin^2. u \sin^2. I}{r^2} ;$$

donc

$$\Delta = \sqrt{\left(T^2 + R^2 - \frac{2\,T\,R}{r} \left(\frac{\cos. u \cos. u'}{r} \right.\right.}$$
$$\left.\left. + \frac{\sin. u \sin. u' \cos. I}{r^2} \right) \right).$$

Si dans cette valeur l'on élimine R au moyen de l'équation

$$2 R \left(\frac{E}{a} \cos. (u + \beta) + r \right) - r P = 0,$$

ou

$$R \left(\cos. (u + \beta) + r \right) - 2 r D = 0,$$

suivant que l'on voudra calculer dans l'ellipse ou dans la parabole, & que l'on donne à T, u, u', I, les valeurs convenables, on aura la distance de la Comète à la Terre.

Du minimum *de distance de la Comète à la Terre.*

(64) Je suppose que l'on connoisse la position de la ligne des nœuds de la Comète, & l'inclinaison de son orbite ; je vais déterminer quelles devroient être les positions respectives de la Terre & de la Comète, chacune dans son orbite, pour que ces corps fussent à la plus petite distance possible. Pour y parvenir, je différencie l'expression de Δ ; & j'ai

$$\left(R - \frac{T}{r} \left(\frac{\text{cos. } u' \times \text{cos. } u}{r} + \frac{\text{sin. } u \times \text{sin. } u' \text{ cos. I}}{r^2} \right) \right) d R$$

$$- \frac{T R}{r} \left(\frac{\text{sin. } u' \times \text{cosin. } u \times \text{cosin. I}}{r^3} - \frac{\text{sin. } u \text{ cosin. } u'}{r^2} \right) d u$$

$$+ \left(T - \frac{R}{r} \left(\frac{\text{cos. } u \times \text{cos. } u'}{r} + \frac{\text{sin. } u \times \text{sin. } u' \times \text{cos. I}}{r^2} \right) \right) d T$$

$$- \frac{T R}{r} \left(\frac{\text{sin. } u \times \text{cos. } u' \times \text{cos. I}}{r^3} - \frac{\text{sin. } u' \times \text{cosin. } u}{r^2} \right) d u' = 0.$$

(65) Soit maintenant

β' la longitude du nœud ascendant de la Comète moins la longitude du périhélie de la Terre.

a' le demi-grand axe de l'orbite terrestre,

E' la demi-excentricité de cette orbite,

P' le paramètre de l'orbite de la terre,

& conservons d'ailleurs toutes les autres définitions précédentes. Relativement à la Terre on a l'équation

$$(1) \quad 2 T \left(\frac{E'}{a'} \text{cosin. } (u' + \beta') + r \right) - r P' = 0.$$

Cette équation différenciée donne

$$(2) \; r d T \left(r + \frac{E'}{a'} \text{cos.} (u' + \beta') \right) - \frac{E'}{a'} T \text{sin.} (u' + \beta') d u' = 0.$$

Relativement à la Comète, on a pareillement les équations suivantes.

$$(3)\quad 2\,\mathrm{R}\left(\frac{\mathrm{E}}{a}\,\mathrm{cofin.}\,(u+\beta)+r\right)-r\,\mathrm{P}=0,$$

$$(4)\quad r\,d\,\mathrm{R}\left(r+\frac{\mathrm{E}}{a}\,\mathrm{cof.}\,(u+\beta)\right)-\frac{\mathrm{E}}{a}\,\mathrm{Rfin.}\,(u+\beta)\,d\,u=0.$$

(66) Au moyen des équations (2) & (4) du §. précédent, j'élimine les valeurs de $d\,\mathrm{R}$ & de $d\,\mathrm{T}$ dans l'équation du §. 64, je fais nuls féparément les coéficiens de $d\,u$ & de $d\,u'$; & j'ai

$$(1)\quad \left(\mathrm{T}-\mathrm{R}\left(\frac{\mathrm{cofin.}\,u\times\mathrm{cofin.}\,u'}{r^{2}}+\frac{\mathrm{fin.}\,u\times\mathrm{fin.}\,u'\times\mathrm{cofin.}\,\mathrm{I}}{r^{2}}\right)\right)$$
$$\times\left(\frac{\mathrm{E}'}{a'}\,\mathrm{fin.}\,(u'+\beta')\right)-\mathrm{R}\left(r+\frac{\mathrm{E}'}{a'}\,\mathrm{cofin.}\,(u'+\beta')\right)$$
$$\times\left(\frac{\mathrm{fin.}\,u\times\mathrm{cofin.}\,u'\times\mathrm{cof.}\,\mathrm{I}}{r^{3}}-\frac{\mathrm{fin.}\,u'\times\mathrm{cofin.}\,u}{r^{2}}\right)=0;$$

$$(2)\quad \left(\mathrm{R}-\mathrm{T}\left(\frac{\mathrm{cofin.}\,u\times\mathrm{cofin.}\,u'}{r^{2}}+\frac{\mathrm{fin.}\,u\times\mathrm{fin.}\,u'\times\mathrm{cof.}\,\mathrm{I}}{r^{3}}\right)\right)$$
$$\times\left(\frac{\mathrm{E}}{a}\,\mathrm{fin.}\,(u+\beta)\right)-\mathrm{T}\left(r+\frac{\mathrm{E}}{a}\,\mathrm{cofin.}\,(u+\beta)\right)$$
$$\times\left(\frac{\mathrm{fin.}\,u'\times\mathrm{cofin.}\,u\times\mathrm{cofin.}\,\mathrm{I}}{r^{3}}-\frac{\mathrm{fin.}\,u\times\mathrm{cof.}\,u'}{r^{2}}\right)=0.$$

Ces équations, ainfi que les équations (1) & (3) du §. précédent, doivent être fatisfaites pour que la Comète & la Terre foient à la plus petite diftance.

(67) Si l'on regarde l'orbite de la Terre comme circulaire (& cette approximation eft fuffifante pour le Problême dont il s'agit, ainfi qu'on pourra le conftater par la fuite) ; comme dans ce cas $\mathrm{E}'=0$, l'équation (1) du § 66 deviendra

$$(1)\quad \mathrm{Sin.}\,u\times\mathrm{cofin.}\,u'\times\mathrm{cofin.}\,\mathrm{I}-r\,\mathrm{fin.}\,u'\times\mathrm{cof.}\,u=0.$$

Cette dernière équation convient à un triangle sphérique rectangle, dans lequel u est l'hypothénuse, u' le côté adjacent à l'angle droit, & I l'inclinaison de l'hypothénuse sur le côté u'. Le *minimum* de distance de la Comète & de la Terre, dans l'hypothèse de l'orbite terrestre circulaire, ne peut donc avoir lieu que lorsque la Comète & la Terre se trouvent à la fois dans un plan perpendiculaire à l'écliptique ; mais cette condition n'est pas suffisante ; il faut de plus que l'équation (2) du §. 66 soit satisfaite. Si l'on combine cette équation avec l'équation (1) du présent paragraphe, on parviendra au résultat suivant ;

$$\frac{E}{a} \times \left(R - \frac{T \cos u}{\cos u'} \right) \times \frac{\sin (u+\beta)}{r + \frac{E}{a} \cos (u+\beta)} + \frac{T \sin u \cos u' \sin^2 I}{r^4} = 0;$$

mais $\left(\S. 65 \text{ éq.} (3) \right)\ R = \dfrac{rP}{2\left(r + \frac{E}{a} \cos (u+\beta) \right)}$; d'ailleurs

si l'on nomme

$$F \text{ un angle tel que } \sin F = \frac{\sin u \sin I}{r},$$

on aura $\cos u' = \dfrac{r \cos u}{\cos F}$; donc

$$\frac{\frac{E}{a} \times r^4 \cos F \sin (u+\beta)}{\frac{E}{a} r^2 \cos^2 F \sin (u+\beta) + \left(r + \frac{E}{a} \cos (u+\beta) \right) \sin u \cos u \sin^2 I} \times \frac{P}{2\left(r + \frac{E}{a} \cos (u+\beta) \right)} - T = 0,$$

(68) Au lieu de supposer la trajectoire de la Comète elliptique, si on la supposoit parabolique ; comme

dans ce cas $a = $ E ; P $= 4 \times$ diſtance périhélie $= 4$ D ;
l'équation du §. précédent deviendroit

$$\frac{r^4 \, \text{coſin. F ſin. } (u + \beta)}{r^2 \cos^2. \text{F. ſin. } (u + \beta) - (r + \text{coſ. } (u + \beta)) \, \text{ſin. } u \, \text{coſ. } u \, \text{ſin}^2. \text{I}} \times \frac{2 \, \text{D}}{r + \text{coſin. } (u + \beta)} - \text{T} = 0 ;$$

équation qui a lieu lorſque la Comète & la Terre
ſont à leur plus petite diſtance, & que l'on réſoudra
par les méthodes ordinaires d'approximation. La valeur
correſpondante de la diſtance des centres eſt

$$\Delta = \sqrt{\left(\text{T}^2 + \text{R}^2 - 2 \, \text{T} \, \frac{\text{R coſin. F}}{r} \right)}.$$

(69) Lorſque les quantités T & R approchent d'être
égales, l'expreſſion précédente de Δ préſente quelque
difficulté dans le calcul, à cauſe de la trop grande
préciſion qu'elle exige. Pour éviter cet inconvénient,
ſoit

t la quantité dont le rayon vecteur de la Comète eſt
plus petit que celui de la Terre.

A cauſe de R $=$ T $- t$, l'expreſſion de Δ deviendra

$$\Delta = \sqrt{\left(2 \, \text{T} \, \text{R} \left(\frac{r - \text{coſ. F}}{r} \right) + t^2 \right)}$$

$$= \sqrt{\left(\frac{4 \, \text{T} \, \text{R ſin}^2. \frac{1}{2} \text{F}}{r^2} + t^2 \right)}.$$

De l'arc que la Comète décrit dans sa trajectoire, pendant le tems qu'elle est à une distance de l'orbite de la Terre, plus petite qu'une quantité donnée.

(70) Pour déterminer l'arc que la Comète décrit dans sa trajectoire, pendant le tems qu'elle peut approcher de l'orbite de la Terre plus près que d'une quantité donnée, je remarque que si l'on suppose l'orbite de la Terre circulaire, les points extrêmes de la trajectoire de la Comète où elle cesse d'être à la distance donnée, sont situés dans des plans perpendiculaires à l'écliptique ; je reprends donc la valeur de Δ du §. 68, qui convient à des distances qui ont cette propriété, & j'ai en général, en nommant Δ la distance donnée,

$$R^2 - \frac{2\,T\,R\,\mathrm{cosin.}\,F}{r} + T^2 - \Delta^2 = 0 ;$$

mais $R = \dfrac{2\,D\,r}{r + \mathrm{cos.}\,(u + \beta)}$; donc

$$\left(\frac{r + \mathrm{cos.}\,(u + \beta)}{r} \right)^2 \times \left(\frac{T^2}{r} - \frac{\Delta^2}{r} \right) + \frac{4\,D^2}{r}$$
$$- \frac{4\,T\,D\,\mathrm{cos.}\,F\,(r + \mathrm{cos.}\,(u + \beta))}{r^3} = 0 ;$$

équation qui détermine les points extrêmes de l'arc de la trajectoire décrit par la Comète, pendant le tems qu'elle est à une distance de l'orbite de la Terre plus petite qu'une quantité donnée ; & que l'on résoudra par les méthodes ordinaires d'approximation.

(71) Dans le cas où l'on voudroit supposer la trajectoire de la Comète elliptique, l'équation du §. précédent deviendroit

$$\frac{\left(r + \dfrac{E}{a}\,\mathrm{cos.}\,(u + \beta) \right)^2}{r^2} \times \left(\frac{T^2}{r} - \frac{\Delta^2}{r} \right) + \frac{P^2}{4\,r}$$
$$- \frac{T\,P\,\mathrm{cosin.}\,F\,\left(r + \dfrac{E}{a}\,\mathrm{cos.}\,(u + \beta) \right)}{r^3} = 0.$$

Application des théories précédentes , aux Comètes de 837, 1618, 1680, 1702, 1743, 1763 & 1770.

(72) Je vais appliquer maintenant les théories précédentes aux Comètes de 837, 1618, 1680, 1702, 1743, 1763 & 1770. J'ai choisi ces Comètes parce que ce sont celles qui d'après les élémens qu'on leur connoît, peuvent approcher de notre globe plus près que d'un million de lieues.

Comète de 1680.

(73) Pour déterminer le point particulier où cette Comète & la Terre auroient pu être à leur plus petite distance, j'ai recours à l'équation du §. 68.

Comme je sçais *à priori*, que les valeurs qui satisfont au Problême, ne peuvent être fort différentes de celles correspondantes au nœud , si l'inclinaison est très-grande, ou aux points de l'orbite de la Comète, dans lesquels sa distance au Soleil est égale à celle de la Terre , si l'inclinaison est petite ; je commence par essayer ces deux points. On avoit en général pour la Comète de 1680, $\beta = 9° \; 22' \; 30''$, $D = 612,5$, $I = 60° \; 56' \; 0''$; d'ailleurs relativement à son nœud descendant $T = 98327$, $u = 180°$, $F = 0$, $u + \beta = 189° \; 22' \; 30''$; donc sin. $u = 0$; cosin. $F = r$; $r +$ cosin. $(u + \beta) = 1336$; l'équation devient donc dans ce cas

$$91691 - 98327 = - 6636 = 0.$$

Relativement au point où la distance de la Comète au Soleil étoit égale à la distance correspondante du point de l'orbite de la Terre au Soleil , on avoit $u = 179° \; 40' \; 45''$, $u + \beta = 189° \; 3' \; 15''$, $F = 16' \; 50''$, $r +$ cosin. $(u + \beta) = 1246$; l'équation devient donc

$$+ 98348 - 98327 = + 21 = 0.$$

Je fais maintenant la proportion suivante ,

$$- 6636 - 21 : 180° - 179° \; 40' \; 45'' :: 21 : x ;$$

d'où je tire $x = -4''$; c'est la valeur qu'il faut sous-
traire de 179° 40′ 45″ pour avoir le point de l'orbite
de la Comète où cet astre a le plus approché de l'orbite
de la Terre. Cet angle est donc de 179° 40′ 49″, compté
du nœud ascendant de la Comète. La longitude du
point correspondant de l'orbite de la Terre, est (§. 67
éq. (1)) de 179° 50′ 41″, comptée pareillement du
nœud ascendant de la Comète; c'est-à-dire de 3ˢ 1°
52′ 41″.

La valeur de R correspondante est de 98315 parties
telles que la moyenne distance de la Terre au Soleil
en contient 100000; celle de t est de $+ 12$; celle
de F est de 16′ 46″; & la valeur de Δ est de 479,6
parties, ou de 165740 lieues. Le *maximum* d'approximation de cette Comète à l'orbite de la Terre, est donc à
19′ 15″ du nœud descendant & à 4″ seulement du
point où sa distance au Soleil est égale à celle de la
Terre au Soleil; la distance est un peu plus petite que
celle du §. 44.

(74) Pour trouver maintenant l'arc que la Comète a
décrit dans sa trajectoire pendant le tems qu'elle s'est
approchée plus près que d'un million de lieues de
l'écliptique, j'ai recours à l'équation du §. 70.

Je remarque que puisque Δ égale un million de lieues,
& que la moyenne distance de la Terre au Soleil, que
j'ai supposée égale à 100000 parties, contient 34558400
lieues, on a la proportion suivante,

$$34558400 : 100000 :: 1000000 : \Delta \, ;$$

donc $\Delta = 2893,65 ; \dfrac{\Delta^2}{r} = 83,732.$

Dans le cas de la Comète de 1680

$$T = 98327 ; \ 2\,D = 1225 ; \ \text{donc}$$

$$\frac{T^2}{r} = 96682, \left(\frac{T^2}{r} - \frac{\Delta^2}{r} \right) = 96598, \frac{4\,D^2}{r} = 15,007.$$

J'essaie successivement plusieurs valeurs de u, peu

différentes de 179° 40′ 49″, qui répond au *minimum*
de diſtance de la Comète & de l'orbite de la Terre, &
je vois que les quantités ſuivantes $u = 179°\ 33′\ 0″$
$u = 179°\ 48′\ 47″$, rendent nulle l'équation du §. 70 ;
ce ſont donc celles qui ſatisfont au Problême. Ces
longitudes ſont comptées du nœud aſcendant de la
Comète. Si l'on ajoute aux valeurs de u, u, la longitude
du nœud aſcendant, on verra que l'arc décrit par la
Comète dans ſa trajectoire pendant qu'elle étoit à une
diſtance de l'orbite de la Terre plus petite qu'un
million de lieues, eſt compris entre $3^{\mathrm{f}}\ 1°\ 33′\ 0″$
& $3^{\mathrm{f}}\ 1°\ 50′\ 47″$.

Comète de 837.

(75) Par des calculs analogues à ceux des paragraphes précédens, on trouvera que le *maximum* d'approximation de cette Comète à l'orbite de la Terre,
eſt à 1° 20′ 0″ du nœud aſcendant, & à 3′ 8″ du
point où ſa diſtance au Soleil eſt égale à celle de la
Terre au Soleil. Cette longitude eſt de $6^{\mathrm{f}}\ 27°\ 53′\ 0″$
ſur l'orbite de la Comète ; la longitude du point correſpondant de l'orbite de la Terre, eſt de $6^{\mathrm{f}}\ 27°\ 51′\ 42″$,
comptée ſur l'écliptique. Le *minimum* de diſtance de
la Comète à l'orbite terreſtre, eſt de 406, 4 parties,
ou de 140460 lieues. Quant à l'arc décrit par la
Comète dans ſa trajectoire, pendant le tems qu'elle
s'eſt approchée de l'écliptique plus près que d'un
million de lieues, il eſt compris entre $6^{\mathrm{f}}\ 26°\ 5′\ 2″$ &
$6^{\mathrm{f}}\ 29°\ 54′\ 22″$ ſur l'orbite de la Comète.

Cette Comète eſt célèbre dans l'Hiſtoire, par la
terreur qu'elle inſpira à Louis le Débonnaire. Suivant Mézerai, ce Prince foible & ſuperſtitieux, con-
ſulta à ce ſujet tous les Aſtrologues de ſon Empire,
fonda des Monaſtères, & mourut deux ans après de la
frayeur que lui cauſa une Eclipſe totale de Soleil.

Comète de 1618.

(76) Le *maximum* d'approximation de cette Comète à l'orbite de la Terre, est à 181° 20′ 5″ du nœud ascendant, & à 16′ 45″ du point où sa distance au Soleil est égale à celle de la Terre au Soleil. Cette longitude est de 8ſ 17° 21′ 5″ sur l'orbite de la Comète. La longitude du point correspondant de l'orbite de la Terre, est de 8ſ 17° 4′ 28″ sur l'écliptique. La valeur de Δ est de 1452 parties ou de 501620 lieues. L'arc décrit par la Comète dans sa trajectoire pendant le tems qu'elle s'est approchée de l'écliptique plus près que d'un million de lieues, est compris entre 8ſ 16° 25′ 25″ & 8ſ 18° 9′ 40″ sur l'orbite de la Comète.

Comète de 1702.

(77) Le *minimum* de distance de cette Comète à l'orbite de la Terre, est à 22° 22′ 15″ du nœud ascendant, & à 22′ 1″ du point où sa distance au Soleil est égale à celle de la Terre au Soleil. Cette longitude est de 7ſ 1° 47′ 30″ sur l'orbite de la Comète. La longitude du point correspondant de l'orbite de la Terre, est de 7ſ 1° 43′ 45″ sur l'écliptique. La valeur de Δ est de 2997 parties ou de 1035700 lieues. Quoique cette Comète n'ait pas approché précisément d'un million de lieues de l'orbite de la Terre, comme cependant elle étoit sur la limite, je n'ai pas cru devoir la passer sous silence.

Comète de 1743.

(78) Le point où cette Comète s'est approchée le plus près de l'orbite de la Terre, est à 338° 55′ 45″ du nœud ascendant, & à 14′ 55″ du point où sa distance au Soleil est égale à la distance de la Terre au Soleil. Cette longitude est de 1ſ 17° 6′ 33″ sur l'orbite de la Comète. La longitude du point correspondant

de l'orbite de la Terre est de 1ſ 17° 7′ 28″ sur l'écliptique. Le *minimum* de distance de la Comète à l'orbite terrestre, est de 1404 parties ou de 485330 lieues. L'arc décrit par la Comète dans sa trajectoire, pendant le tems qu'elle étoit à une distance de l'orbite de la Terre moindre qu'un million de lieues, est compris entre 1ſ 13° 37′ 10″ & 1ſ 20° 30′ 14″ sur l'orbite de la Comète.

Comète de 1763.

(79) Comme cette Comète peut approcher de l'orbite de la Terre plus près que d'un million de lieues, vers le nœud ascendant & vers le nœud descendant, il faut calculer pour ces deux circonstances.

Vers le nœud ascendant, le *maximum* d'approximation de la Comète à l'orbite de la Terre, est à 359° 4′ 16″ du nœud, & à 55′ 10″ du point où la distance de la Comète au Soleil est égale à celle de la Terre au Soleil. Cette longitude est de 11ſ 25° 33′ 45″ sur l'orbite de la Comète. La longitude du point correspondant de l'orbite de la Terre, est de 11ſ 26° 13′ 48″ sur l'écliptique. Le *minimum* de distance de la Comète à l'orbite de la Terre, est de 1222 parties, ou de 767930 lieues. L'arc décrit par la Comète dans cette partie de sa trajectoire, pendant le tems qu'elle étoit à une distance de l'orbite de la Terre moindre qu'un million de lieues, est compris entre 11ſ 24° 31′ 8″ & 11ſ 26° 17′ 3″ sur l'orbite de la Comète.

Vers le nœud descendant, le *maximum* d'approximation de la Comète à l'orbite de la Terre, est à 179° 11′ 33″ du nœud ascendant, & à 40′ 14″ du point où la distance de la Comète au Soleil est égale à celle de la Terre au Soleil. Cette longitude est de 5ſ 25° 41′ 2″ sur l'orbite de la Comète. La longitude du point correspondant de l'orbite de la Terre est de 5ſ 26° 15′ 51″ sur l'écliptique. Le *minimum* de distance de la Comète à l'orbite de la Terre est de 1831 parties, ou de 632660 lieues. L'arc décrit par la Comète dans cette partie de sa trajectoire, pendant le tems qu'elle étoit à une distance de l'orbite de la Terre moindre qu'un million de lieues, est compris entre 5ˢ 24° 53′ 7″ & 5ˢ 26° 35′ 17″ sur l'orbite de la Comète.

Comète de 1770.

(80) Cette Comète, ainsi que la précédente, peut approcher de la Terre plus près que d'un million de lieues, dans deux circonstances différentes. On trouvera d'abord un *maximum* d'approximation de cette Comète, à 140° 29′ 52″ du nœud ascendant. Cette longitude est de 9ˢ 10° 8′ 57″ sur l'orbite de la Comète. La longitude du point correspondant de l'écliptique, est de 9ˢ 10° 9′ 45″. Le *minimum* de distance de la Comète à l'orbite de la Terre, est de 1965 parties, ou de 679120 lieues. L'arc décrit par la Comète dans cette portion de sa trajectoire, pendant le tems qu'elle étoit à une distance de l'orbite de la Terre moindre qu'un million de lieues, est compris entre 9ˢ 8° 36′ 34″ & 9ˢ 11° 41′ 36″ sur l'orbite de la Comète.

On trouvera un second *maximum* d'approximation de cette Comète à l'orbite de la Terre, à 288° 47′ 1″ du nœud ascendant. Cette longitude est de 2ˢ 8° 26′ 6″ sur l'orbite de la Comète. La longitude du point correspondant de l'écliptique, est de 2ˢ 8° 26′ 36″. Le *minimum* de distance de la Comète à l'orbite de la Terre, est de 2836 parties, ou de 979935 lieues. L'arc décrit par la Comète dans cette portion de sa trajectoire, pendant le tems qu'elle étoit à une distance de l'orbite de la Terre moindre qu'un million de lieues, est compris entre 2ˢ 7° 56′ 41″ & 2ˢ 8° 51′ 16″ sur l'orbite de la Comète.

(81) Parmi les 62 Comètes, dont les élémens ont été déterminés d'après leurs dernières apparitions, je n'en connois point d'autres qui puissent approcher de l'orbite de la Terre plus près que d'un million de

lieues. Il y a probablement un plus grand nombre
de Comètes dans ce cas ; mais il est impossible
de dire quel est exactement leur nombre, M. de
la Lande pense que ce nombre peut être réduit à
quarante ; il se fonde sur le raisonnement suivant.
» Si depuis quinze ans, qu'on observe les Comètes
» avec plus d'attention, l'on en a découvert jusqu'à
» quinze, il est probable qu'il en existe dans le systè-
» me solaire plus de trois cents ; en effet, l'on
» peut supposer les révolutions des Comètes de
» trois siecles plus ou moins ; & comme la huitième
» partie des Comètes connues, peut approcher très-
» près de la Terre, la huitième partie des Comètes
» qui restent à découvrir , auront cette propriété ».
Quant à moi, je croirois qu'il en est des Comètes
comme des jeux de hazard , dans lesquels les événemens passés , lorsqu'ils sont en petit nombre, ne peuvent donner que de bien foibles lumières sur les chances
futures.

(82) On peut ajouter aux sept Comètes que je viens
de calculer, celles de 1299, 1472, 1596, 1683,
1739, 1759, 1760, 1764, 1769, 1771 ; ce sont celles
qui, après les sept précédentes Comètes , approchent
le plus de l'orbite de la Terre. Comme leur plus petite
distance de l'orbite terrestre surpasse un million de
lieues, je me suis contenté de les indiquer , sans entrer
dans des détails à leur égard. Je remarquerai seulement que le *minimum* de distance de la Comète de
1764 à l'orbite de la Terre , est de 1189400 lieues,
dans 9ˢ 21° 10′ 44″ comptés sur l'orbite de la Comète.

SECTION QUATRIÈME.

De la durée du tems que la Comète & la Terre font à des distances respectives plus petites qu'une distance assignée, & des conditions qui rendent cette durée nulle, ou la plus grande possible.

(83) JE me propose de déterminer dans cette Section, la durée du tems que la Comète & la Terre font à des distances respectives plus petites qu'une distance assignée, & les circonstances qui rendent cette durée nulle, ou la plus grande possible. La question dont il s'agit, est différente de celle résolue dans la Section précédente ; en effet, j'ai déterminé uniquement dans cette Section, l'arc décrit par la Comète dans sa trajectoire, pendant le tems qu'elle est à une distance de l'orbite de la Terre plus petite qu'une quantité donnée. Le mouvement simultané de la Terre n'entroit pour rien dans cette considération. Dans la question dont il s'agit, il faut au contraire combiner les mouvemens de la Terre & de la Comète. Il est évident que l'on peut résoudre généralement le problème proposé, au moyen de l'équation du §. 63 , combinée avec les équations aux orbites de la Comète & de la Terre, & avec les équations aux aires simultanées décrites par ces deux Astres. En effet, si l'on jette les yeux sur l'expression de Δ du §. 63 , on verra que cette expression renferme les variables Δ , T, R, u, u'. Les équations aux orbites de la Terre & de la Comète, donneront le moyen d'éliminer d'abord les quantités T & R, on aura donc la valeur de Δ exprimée en u & u'. La relation entre les aires simultanées

donnera

donnera enfin une équation entre u & u', ainsi que je le ferai voir par la suite ; la quantité Δ sera donc exprimée toute en u, ou toute en u' ; si donc l'on donne à Δ une valeur quelconque, on aura les valeurs de u ou de u' qui répondent à cette distance de la Terre & de la Comète, & conséquemment la différence des racines fera connoître le tems dont il s'agit.

Comme cette analyse conduiroit à des résultats très-compliqués, que d'ailleurs je n'ai en vue que des circonstances particulières du Problème, voici une méthode qui peut s'appliquer à tous ces cas. La seule condition qui restreigne la solution, est de supposer le tems des phénomènes assez court, pour que l'on puisse substituer aux véritables trajectoires de la Terre & de la Comète, des trajectoires rectilignes. La solution du Problème dépend de plusieurs questions incidentes; je vais les résoudre successivement.

De la distance de la Comète à la Terre dans l'hypothèse des trajectoires rectilignes.

(84) J'imagine que l'on connoisse la position respective de la Terre & de la Comète à un certain instant donné, je me propose de déterminer la distance de la Terre & de la Comète dans les instans voisins. Pour y parvenir, soit

> T le rayon vecteur de la Terre à un certain instant déterminé.
>
> R le rayon vecteur de la Comète au même instant.
>
> b l'angle du rayon vecteur T de la Terre, avec la ligne des nœuds à l'instant donné ; cet angle doit être compté sur le plan de l'écliptique, en partant du nœud ascendant.

D

b' l'angle du rayon vecteur R de la Comète,
avec la ligne des nœuds à l'inftant donné.
Cet angle doit être compté fur le plan de
l'orbite, en partant du nœud afcendant.

w le mouvement de la Terre dans fon orbite,
correfpondant à une feconde de tems.

w' le mouvement de la Comète dans fon orbite,
correfpondant à une feconde de tems.

x le nombre de fecondes horaires écoulées
depuis l'époque d'où l'on part, jufqu'à un
autre inftant quelconque.

I l'inclinaifon du plan de l'orbite de la Comète
fur l'écliptique.

r le finus total.

A l'angle de la tangente à l'orbite de la Terre
pour l'inftant donné, avec la perpendiculaire
à la ligne des nœuds, menée fur l'écliptique.

A' l'angle de la tangente à l'orbite de la Comète
pour l'inftant donné, avec la perpendiculaire à la ligne des nœuds, menée fur le
plan de cette orbite.

Δ la diftance de la Comète & de la Terre.

D'après les définitions précédentes, il eft évident
qu'à l'inftant d'où l'on part, la diftance de la
Terre au point où la perpendiculaire à la ligne des
nœuds menée par la Terre fur l'écliptique, rencontre
cette ligne des nœuds, s'exprime par $\dfrac{\mathrm{T\ fin.}\ b}{r}$; il eft
également évident que la diftance du Soleil, à l'inter-
fection de cette perpendiculaire avec la ligne des
nœuds, s'exprime par $\dfrac{\mathrm{T\ cofin.}\ b}{r}$. Par une raifon analogue, la diftance correfpondante de la Comète, au
point où la perpendiculaire à la ligne des nœuds,
menée par la Comète fur fon orbite, rencontre cette

ligne des nœuds, s'exprime par $\dfrac{R \sin. b'}{r}$, & la distance du Soleil, à l'intersection de cette perpendiculaire avec la ligne des nœuds, a pour expression
$\dfrac{R \cos. b'}{r}$. Considérons maintenant le mouvement de
la Comète & de la Terre dans chacune des tangentes
aux orbites, tangentes dont j'ai nommé A, A', les
angles avec les perpendiculaires respectives à la ligne
des nœuds. Après un instant x, la Terre aura parcouru dans sa trajectoire rectiligne l'espace $\mathrm{u} x$; mais
comme cette trajectoire est inclinée de l'angle A sur la
perpendiculaire à la ligne des nœuds, menée sur
l'écliptique, l'espace $\mathrm{u} x$ se décomposera dans les deux
suivans, $\dfrac{\mathrm{u} x \sin. A}{r}$, $\dfrac{\mathrm{u} x \cos. A}{r}$; le premier sera la distance de la Terre à la perpendiculaire à la ligne des
nœuds, menée sur l'écliptique; le second sera la
quantité dont la Terre aura avancé dans la direction de
cette perpendiculaire. Par des raisons analogues, après
le même instant x, la Comète aura parcouru dans sa
trajectoire rectiligne, l'espace $\mathrm{u}' x$, qui se décompose
dans les deux suivans, $\dfrac{\mathrm{u}' x \sin. A'}{r}$, $\dfrac{\mathrm{u}' x \cos. A'}{r}$. Le premier est la distance de la Comète à la perpendiculaire
à la ligne des nœuds, menée sur le plan de la Comète;
& le second est la quantité dont la Comète est avancée
dans la direction de cette perpendiculaire. L'inclinaison
du plan de l'orbite de la Comète sur l'écliptique,
n'affecte pas les quantités perpendiculaires à cette dernière ligne; mais si l'on projette sur l'écliptique le lieu
de la Comète dans son orbite, on aura évidemment
pour expression de la distance perpendiculaire de la
Comète à l'écliptique, $\left(\dfrac{R \sin. b'}{r} + \dfrac{\mathrm{u}' x \cos. A'}{r} \right) \times \dfrac{\sin. I}{r}$;

& la distance de la ligne des nœuds à la projection de la Comète sur l'écliptique, s'exprimera par
$\left(\dfrac{R \sin. b'}{r} + \dfrac{n'x \cos. A'}{r}\right) \times \dfrac{\cos. I}{r}$; donc

$$\Delta^2 = \left(\frac{R \cos. b'}{r} - \frac{n'x \sin. A'}{r} - \frac{T \cos. b}{r} + \frac{nx \sin. A}{r}\right)^2$$

$$+ \left(\left(\frac{R \sin. b'}{r} + \frac{n'x \cos. A'}{r}\right) \times \frac{\cos. I}{r} - \frac{T \sin. b}{r} - \frac{nx \cos. A}{r}\right)^2$$

$$+ \left(\frac{R \sin. b'}{r} + \frac{n'x \cos. A'}{r}\right)^2 \times \frac{\sin^2. I}{r}.$$

(85) Si les trajectoires de la Comète & de la Terre
étoient dans le même plan, comme alors $\sin. I = 0$ &
$\cos. I = r$, l'expression précédente deviendroit

$$\Delta^2 r = r(n^2 x^2 + n'^2 x^2) - 2\,nn'\,x^2 \cos. (A' - A)$$
$$+ 2 R n' x \sin. (b' - A') + 2 T n x \sin. (b - A)$$
$$- 2 R n x \sin. (b' - A) - 2 T n' x \sin. (b - A')$$
$$- 2 R T \cos. (b - b') + r(R^2 + T^2).$$

*Détermination de l'instant où la Comète & la Terre
font à une distance donnée, dans l'hypothèse des
trajectoires considérées comme rectilignes.*

(86) Pour déterminer à quel instant la Comète &
la Terre seront à une certaine distance donnée, il est
évident qu'il ne s'agit que de résoudre l'équation du
§. 84 par rapport à x, en entendant par Δ la distance
donnée. Soit donc

$$Mr = v^2 + v'^2 - 2\,vv'\left(\frac{\text{cof. } A' \times \text{cof. } A \times \text{cof. } I}{r^3} + \frac{\text{fin. } A' \times \text{fin. } A}{r^2}\right);$$

$$S = + \frac{v' R \text{ fin. } (b' - A')}{M r^2} + \frac{v\, T \text{ fin. } (b - A)}{M r^2}$$

$$- \frac{R\, v}{M r^2}\left(\frac{\text{cofin. } A \times \text{fin. } b' \times \text{cofin. } I}{r^2} - \frac{\text{fin. } A \times \text{cofin. } b'}{r}\right)$$

$$- \frac{T\, v'}{M r^2}\left(\frac{\text{cofin. } A' \times \text{fin. } b \times \text{cofin. } I}{r^2} - \frac{\text{fin. } A' \times \text{cofin. } b}{r}\right);$$

$$Q^2 = \frac{R^2}{Mr} + \frac{T^2}{Mr} - \frac{\Delta^2}{Mr}$$

$$- \frac{2\,T R}{M r}\left(\frac{\text{fin. } b' \times \text{fin. } b \times \text{cofin. } I}{r^2} + \frac{\text{cofin. } b' \times \text{cofin. } b}{r^2}\right).$$

On résoudra la question proposée, au moyen de l'équation suivante ;

$$x^2 + 2\,S\,x + Q^2 = 0.$$

Du minimum *de distance de la Comète & de la Terre, dans l'hypothèse des trajectoires considérées comme rectilignes.*

(87) Puisqu'il s'agit de déterminer l'instant où la Comète & la Terre sont à leur plus petite distance, les inconnues du Problême sont x & Δ. Dans l'équation $x^2 + 2\,S\,x + Q^2 = 0$, la seule quantité Q renferme la variable Δ ; si donc l'on différencie cette équation en regardant x & Q comme variables, & que l'on fasse $d\,Q = 0$; la méthode de *maximis & minimis* donnera pour condition du Problême $x = - S$. On aura la valeur correspondante de Δ en portant la valeur précédente de x dans l'expression générale du §. 84.

De l'intervalle de tems, pendant lequel la Comète & la Terre font à des diftances moindres qu'une quantité affignée ; & des conditions qui rendent cet intervalle nul, ou le plus grand poffible.

(88) Il eft facile de déterminer l'intervalle de tems, pendant lequel la Comète & la Terre font à des diftances refpectives moindres qu'une diftance affignée. Soit y ce tems exprimé en fecondes horaires ; puifque les deux valeurs de x du §. 86 expriment les inftans auxquels la Comète & la Terre font à la diftance affignée, la différence de ces deux racines eft évidemment l'expreffion du tems intermédiaire, pendant lequel la Terre & la Comète font à des diftances moindres que la diftance affignée ; on aura donc pour équation du Problême

$$y = 2 \sqrt{\left(S^2 - Q^2 \right)}.$$

(89) Si l'on veut déterminer quelles conditions doivent avoir lieu pour que la Terre & la Comète foient le plus long-tems qu'il eft poffible, à des diftances moindres qu'une diftance affignée, on différencieta l'équation du §. précédent, & l'on fera $dy = 0$; ce qui donne pour condition du Problême

$$S\,dS - Q\,dQ = 0.$$

Sans faire le calcul indiqué ci-deffus, il eft aifé de voir *à priori* qu'une des circonftances les plus favorables à cette dernière queftion, eft celle où la Comète & la Terre fe rencontreroient centre à centre dans le nœud ; on a alors $R = T$; $b = 0$, $b' = 0$, fin. $b = 0$, cofin. $b = r$, fin. $b' = 0$, cofin. $b' = r$.

(90) Puifque $y = 2 \sqrt{\left(S^2 - Q^2 \right)}$; fi l'on fuppofe $y = 0$; on aura

$$S^2 - Q^2 = 0.$$

C'eſt la condition qui rend nul l'intervalle de tems, pendant lequel la Comète & la Terre ſont à des diſtances moindres qu'une quantité aſſignée. La Comète & la Terre ne ſeront donc qu'un inſtant à la diſtance aſſignée.

Quelle doit être la diſtance de la Terre à la ligne des nœuds au moment où la Comète traverſe l'écliptique, pour que la Terre & la Comète puiſſent ſe trouver un inſtant à une diſtance donnée.

(91) L'uſage de l'équation du §. précédent priſe généralement, conduiroit à des réſultats compliqués : voici un Problême utile pour l'objet que nous nous propoſons, & que l'on réſout avec la plus grande facilité. Il s'agit de déterminer quelle doit être la diſtance de la Terre à la ligne des nœuds, au moment où la Comète traverſe l'écliptique, pour que la Terre & la Comète puiſſent ſe trouver un inſtant à une diſtance donnée. La ſeule reſtriction du Problême eſt de ſuppoſer l'angle b aſſez petit pour que l'on puiſſe avoir coſin. $b = r - \dfrac{\sin^2. b}{2\,r}$, & négliger dans chaque terme les plus hautes puiſſances de ſin. b relativement aux plus baſſes. On pourra auſſi, pour la facilité des calculs, ſuppoſer la trajectoire de la Terre perpendiculaire à la ligne des nœuds, quoique cette ſuppoſition ne ſoit pas indiſpenſablement néceſſaire pour la ſimplicité des réſultats.

(92) Puiſque l'on prend pour époque des mouvemens, l'inſtant où la Comète eſt dans ſon nœud, on a $b' = 0$; ſin. $b' = 0$, coſin. $b' = r$; d'ailleurs dans les ſuppoſitions du §. précédent, $A = 0$; ſin. $A = 0$, coſin. $A = r$, coſin. $b = r - \dfrac{\sin^2. b}{2\,r}$.

Si l'on porte ces valeurs dans les expreſſions de M, S, Q, du §. 86, on aura

$$Mr = u^2 + u'^2 - \frac{2\,uu'\,\text{cosin.}\,A'\,\text{cosin.}\,I}{r^2};$$

$$S = -\frac{u\,\text{sin.}\,A'(R-T)}{Mr^2} + \frac{u'T\,\text{sin.}\,b}{Mr^2} - \frac{u'T\,\text{cos.}\,A'\,\text{cos.}\,I\,\text{sin.}\,b}{Mr^4};$$

$$Q^2 = \frac{(R-T)^2}{Mr} - \frac{\Delta^2}{Mr} + \frac{RT\,\text{sin}^2.\,b}{Mr^3};$$

mais pour que la Comète & la Terre puissent être un instant à une distance donnée, on doit avoir (§. 90) $S^2 - Q^2 = 0$.

Soit donc

$$Fr = \frac{T\left(MRr - T\left(u - \frac{u'\,\text{cos.}\,A'\,\text{cos.}\,I)^2}{r^2}\right)\right)}{r};$$

$$G = \frac{u'T\,\text{sin.}\,A'\left(u - \frac{u'}{r}\times\frac{\text{cos.}\,A'\,\text{cos.}\,I}{r}\right)\times(R-T)}{Fr^3};$$

$$H = \frac{M(\Delta^2 - (R-T)^2)}{Fr} + \frac{u'^2\,\text{sin}^2.\,A'(R-T)^2}{Fr^4};$$

on aura

$$\text{sin.}\,b = -G \pm \sqrt{(G^2 + Hr)};$$

équation qui déterminera la distance demandée. L'expression seroit encore plus simple si l'on supposoit $R = T$.

(93) Si l'on veut connoître à quel instant la Comète & la Terre seront à la distance donnée, on portera les valeurs précédentes de sin. b dans l'expression de S, & l'on aura, pour résoudre la question, $x + S = 0$.

Les lieux de la Terre correspondans aux valeurs de x, seront les points extrêmes de l'arc de l'écliptique, dont la Comète peut approcher plus près que la distance donnée.

(94) Pour résoudre les questions précédentes, il n'est

pas indifpenfable que l'époque des mouvemens foit l'inftant où la Comète eft dans fon nœud. En effet, on peut fe rappeller que les Comètes dont le plan de l'orbite eft peu incliné fur l'écliptique , quoique fort éloignées de l'orbite de la Terre dans le nœud , s'en rapprochent à une certaine diftance du nœud. On peut donc vouloir déterminer , pour ce genre de Comètes, quelle doit être la diftance de la Terre à un certain plan perpendiculaire à l'écliptique lorfque la Comète paffe par ce plan , pour que la Terre & la Comète puiffent fe trouver à une diftance donnée. J'ai pris pour terme de comparaifon le plan perpendiculaire à l'écliptique, attendu que j'ai démontré précédemment que c'eft dans un plan de cette efpèce que la plus courte diftance de la Comète à l'orbite de la Terre, a lieu. Nous fuppoferons auffi que la diftance donnée de la Comète à la Terre , eft peu différente de celle qui auroit lieu , fi la Comète & la Terre fe trouvoient en même tems dans le plan perpendiculaire à l'écliptique.

(95) Si dans les expreffions de M, S, Q du §. 86 , l'on fubftitue à fin. $(b-A)$ fa valeur, on aura

$$Mr = u^2 + u'^2 - 2uu'\left(\frac{\cos. A' \cos. A \cos. I}{r^3} + \frac{\sin. A' \sin. A}{r^2}\right);$$

$$S = \frac{u'R \sin. (b'-A')}{Mr^2} + \frac{uT \sin. b \cos. A}{Mr^3} - \frac{uT \sin. A \cos. b}{Mr^3}$$

$$- \frac{Ru}{Mr^2}\left(\frac{\cosin. A \sin. b' \cosin. I}{r^2} - \frac{\sin. A \cosin. b'}{r}\right)$$

$$- \frac{Tu'}{Mr^2}\left(\frac{\cosin. A' \sin. b \cosin. I}{r^2} - \frac{\sin. A' \cosin. b}{r}\right);$$

$$Q^2 = + \frac{R^2}{Mr} + \frac{T^2}{Mr} - \frac{\Delta^2}{Mr}$$

$$- \frac{2TR}{Mr}\left(\frac{\sin. b' \sin. b \cosin. I}{r^3} + \frac{\cosin. b' \cosin. b}{r^2}\right).$$

Dans ces dernières valeurs, b est l'angle du rayon vecteur de la Terre avec la ligne des nœuds à l'instant donné; supposons que cet angle, au lieu d'être celui qui devroit avoir lieu, pour que la Comète & la Terre fussent à la fois dans un certain plan perpendiculaire à l'écliptique, en diffère d'une petite quantité db; il faudra, dans les expressions précédentes, substituer à l'angle b l'angle $b + db$; mais (Trigon. rectiligne)

$$\mathrm{sin.}\,(b+db) = \frac{\mathrm{sin.}\,b \times \mathrm{cosin.}\,db}{r} + \frac{\mathrm{sin.}\,db \times \mathrm{cosin.}\,b}{r},$$

$$\mathrm{cosin.}\,(b+db) = \frac{\mathrm{cosin.}\,b \times \mathrm{cosin.}\,db}{r} - \frac{\mathrm{sin.}\,b \times \mathrm{sin.}\,db}{r};$$

si donc l'on substitue ces valeurs dans les expressions de M, P, Q, elles deviendront

$$Mr = u^2 + u'^2 - 2uu'\left(\frac{\mathrm{cos.}\,A' \times \mathrm{cos.}\,A \times \mathrm{cos.}\,I}{r^3} + \frac{\mathrm{sin.}\,A' \times \mathrm{sin.}\,A}{r^2} \right);$$

$$\begin{aligned}
S ={}& \frac{r\mathrm{R}\,\mathrm{sin.}\,(b'-A')}{\mathrm{M}\,r^2} + \frac{r\mathrm{T}\,\mathrm{sin.}\,(b-A)\,\mathrm{cos.}\,db}{\mathrm{M}\,r^3} + \frac{r\mathrm{T}\,\mathrm{cos.}\,(b-A)\,\mathrm{sin.}\,db}{\mathrm{M}\,r^3} \\[4pt]
& - \frac{\mathrm{R}\,u}{\mathrm{M}\,r^3}\left(\frac{\mathrm{cosin.}\,A \times \mathrm{sin.}\,b' \times \mathrm{cosin.}\,I}{r^2} - \frac{\mathrm{sin.}\,A \times \mathrm{cos.}\,b'}{r} \right) \\[4pt]
& - \frac{\mathrm{T}\,u'}{\mathrm{M}\,r^3}\left(\frac{\mathrm{cos.}\,A' \times \mathrm{sin.}\,b \times \mathrm{cos.}\,I}{r^2} - \frac{\mathrm{sin.}\,A' \times \mathrm{cos.}\,b}{r} \right)\mathrm{cos.}\,db \\[4pt]
& - \frac{\mathrm{T}\,u'}{\mathrm{M}\,r^3}\left(\frac{\mathrm{cos.}\,A' \times \mathrm{cos.}\,b \times \mathrm{cos.}\,I}{r^2} + \frac{\mathrm{sin.}\,A' \times \mathrm{sin.}\,b}{r} \right)\mathrm{sin.}\,db;
\end{aligned}$$

$$\begin{aligned}
Q^2 ={}& \frac{\mathrm{R}^2}{\mathrm{M}\,r} + \frac{\mathrm{T}^2}{\mathrm{M}\,r} - \frac{\Delta^2}{\mathrm{M}\,r} \\[4pt]
& - \frac{2\,\mathrm{T}\,\mathrm{R}}{\mathrm{M}\,r^3}\left(\frac{\mathrm{sin.}\,b' \times \mathrm{sin.}\,b \times \mathrm{cos.}\,I}{r^2} + \frac{\mathrm{cos.}\,b' \times \mathrm{cos.}\,b}{r} \right)\mathrm{cos.}\,db \\[4pt]
& - \frac{2\,\mathrm{T}\,\mathrm{R}}{\mathrm{M}\,r^3}\left(\frac{\mathrm{sin.}\,b' \times \mathrm{cos.}\,b \times \mathrm{cos.}\,I}{r^2} - \frac{\mathrm{cos.}\,b' \times \mathrm{sin.}\,b}{r} \right)\mathrm{sin.}\,db;
\end{aligned}$$

expressions qui, dans la supposition de $S^2 - Q^2 = o$, & de cosin. $db = r$, ne conduiront qu'à une équation du second degré par rapport à sin. db. Le cas des

Comètes , dont le plan des orbites eſt peu incliné ſur l'écliptique , n'eſt donc pas plus compliqué que celui des Comètes qui peuvent approcher de l'orbite de la Terre dans les nœuds.

Déterminations préliminaires aux uſages des équations précédentes.

(96) Avant de paſſer aux uſages des équations précédentes , il eſt indiſpenſable de déterminer les angles A , A' , c'eſt-à-dire les angles des Tangentes aux orbites ſoit de la Comète ſoit de la Terre , avec les perpendiculaires à la ligne des nœuds , menées ſur les plans des orbites. Pour y parvenir , ſoit

> R le rayon vecteur.
>
> u l'angle du rayon vecteur , avec la ligne que l'on prend pour l'origine des angles. Cet angle ſe nomme ordinairement l'angle traverſé.
>
> r le rayon du cercle , ſur lequel on meſure l'angle traverſé.
>
> θ l'angle de la tangente à la courbe , avec le rayon vecteur.

Dans toute courbe décrite par rapport à un pôle , on démontre généralement en Géométrie que l'on a les équations ſuivantes.

$$\text{Tang.}\,\theta = \frac{R\,du}{dR}\ ;\ \sin.\,\theta = \frac{R\,r\,du}{\sqrt{\left(r^2\,dR^2 + R^2\,du^2\right)}}\ ;$$

$$\cos.\,\theta = \frac{r^2\,dR}{\sqrt{\left(r^2\,dR^2 + R^2\,du^2\right)}}\ .$$

Je ne donne point ici de démonſtration de ces propoſitions , que l'on doit regarder comme des Lemmes. Appliquons ces principes aux ſections coniques.

(97) Nous avons vu que l'équation polaire aux ſections coniques par rapport au foyer , en prenant

pour l'origine des angles traverſés le nœud aſcendant, eſt

$$2\,R\left(\frac{E}{a}\,\mathrm{coſin.}\,(u+\beta)+r\right)-r\,P = 0.$$

P eſt le paramêtre de la ſection , a le demi-grand axe , E la diſtance du foyer au centre de la ſection , β la différence entre la longitude du nœud aſcendant & celle du périhélie. Si l'on différencie cette équation , & que l'on ſubſtitue dans les équations du §. précédent , on aura

$$\mathrm{Tang.}\,\theta = \frac{P\,r^2}{\frac{2\,E}{a}\,R\,\mathrm{ſin.}\,(u+\beta)}\,;$$

$$\mathrm{ſin.}\,\theta = \frac{P\,r^2}{\sqrt{\left(P^2 r^2 + \frac{4\,E^2}{a^2}\,R^2\,\mathrm{ſin^2.}\,(u+\beta)\right)}}\,;$$

$$\mathrm{coſin.}\,\theta = \frac{\frac{2\,E}{a}\,R\,r\,\mathrm{ſin.}\,(u+\beta)}{\sqrt{\left(P^2 r^2 + \frac{4\,E^2}{a^2}\,R^2\,\mathrm{ſin^2.}\,(u+\beta)\right)}}\,.$$

On n'oubliera pas , que relativement à la parabole $E = a$, & que $P = 4 \times$ diſtance périhélie $= 4\,D$.

(98) L'angle θ que l'on vient de déterminer , eſt l'angle de la Tangente à l'orbite, avec le rayon vecteur. L'angle de cette Tangente avec la perpendiculaire au rayon vecteur, eſt donc égal à $\theta - 90°$; donc ſi l'on évalue ſucceſſivement l'angle θ , par rapport à l'orbite de la Terre & à celle de la Comète , & que l'on nomme , comme dans le §. 84 , b l'angle du rayon vecteur de la Terre avec la ligne des nœuds , b' l'angle du rayon vecteur de la Comète avec la ligne des nœuds, à l'époque des mouvemens , on aura

$$A = \theta - 90° + b ; \quad A' = \theta - 90° + b'.$$

(99) Il eſt évident que relativement à la Terre, on

peut évaluer l'angle θ auffi facilement que pour la Comète ; en effet, fi l'on conferve les définitions du §. 65, on aura pour la Terre l'équation fuivante ;

$$2\,T\left(\frac{E'}{a'}\,\text{cofin.}\,(u'+\beta')+r\right)-r\,P'=0;$$

dans laquelle $\frac{E'}{a'}=0,016802$, $P'=199944$. Lors donc que dans chaque cas particulier l'on connoîtra β' & u', on déterminera le rayon vecteur T, & l'angle θ, par le moyen de l'équation du §. 97. Si l'on fait attention cependant, que dans tous les cas, l'angle θ differe très-peu de $90°$: on pourra s'épargner des calculs, en fuppofant toujours $A = b$.

(100) On fçait en général que la vîteffe tangentielle d'une Comète parabolique, lorfqu'elle eft à une diftance du Soleil égale à la diftance de la Terre au Soleil, eft à la vîteffe de la Terre $: : \sqrt{2} : 1$. On fçait auffi que le moyen mouvement angulaire de la Terre eft pour un jour de $59', 1388$, auquel répond un arc de $1720, 32$ parties, dans un cercle dont le rayon $=100000$; l'arc parcouru par la Terre dans une feconde de tems, contient donc $0,0199111$ parties, & l'arc décrit par la Comète dans fon orbite pendant le même tems, lorfqu'elle eft à la même diftance du Soleil que la Terre, eft de $0,0281586$ parties ; ce font les valeurs que nous donnerons à n & à n' dans les recherches fuivantes.

Du figne des quantités qui entrent dans les formules.

(101) Dans les formules, x eft pofitive fi l'époque dont on part précede l'inftant pour lequel on calcule ; x eft négative dans le cas contraire.

L'angle I d'inclinaifon de l'orbite de la Comète fur l'écliptique, eft mefuré dans un cercle décrit fur un plan perpendiculaire à l'écliptique & à l'interfection de l'écliptique avec le plan de l'orbite de la Comète. Les

angles d'inclinaison font comptés en partant de l'interfection de ce cercle avec l'orbite de la Terre. Relativement aux Comètes rétrogrades, l'angle eft entre 90°
& 180°, & par conféquent fon cofinus eft négatif;
relativement aux Comètes directes, ce cofinus eft
pofitif.

Les quantités *n*, *n'* font toujours pofitives.

L'angle b eft compté fur l'écliptique en partant du
nœud dont il s'agit dans le cas particulier que l'on confidere; & en allant dans le fens du mouvement de la
Terre. Son finus doit être évalué en conféquence; &
le figne dépend de l'efpèce de l'angle.

L'angle b' eft compté fur le plan de l'orbite de la
Comète, en partant du nœud dont il s'agit, & en
allant dans le fens du mouvement de la Comète; fon
finus doit être évalué en conféquence; & le figne dépend de l'efpèce de l'angle.

Ces deux dernières remarques ne s'appliquent qu'aux
valeurs de M, S, Q, F, G, H, du §. 92, dans la
formation defquelles on a fubftitué le rayon à cofin. b,
& à cofin. b'; car dans les expreffions complettes de
M, S, Q, du §. 86, dans lefquelles on a laiffé fub-
fifter cofin. b, cofin. b', comme il n'eft pas plus queftion du nœud que de tout autre point, les angles b, b',
doivent être comptés du nœud afcendant, & leurs
finus & cofinus doivent être évalués en conféquence.

L'angle u eft compté fur le plan de l'orbite de la
Comète, en partant du nœud afcendant, & en allant
dans le fens du mouvement de la Comète.

Dans les Comètes directes, b eft égal à la longitude
du nœud afcendant moins la longitude du périhélie.

Dans les Comètes rétrogrades, b eft égal à la longitude du périhélie moins la longitude du nœud
afcendant.

L'efpèce de l'angle b fera complettement déterminée, en ayant attention au figne de tangente b &
de cofinus b du §. 97.

On se rappellera relativement aux questions dont il s'agit, qu'en général pour un angle compris entre $0°$ & $90°$, le sinus le cosinus & la tangente sont positifs.

Que pour l'angle compris entre $90°$ & $180°$, le sinus est positif, le cosinus négatif, & la tangente négative.

Que pour l'angle compris entre $180°$ & $270°$, le sinus & le cosinus sont négatifs, & la tangente positive.

Que pour l'angle compris entre $270°$ & $360°$, le sinus est négatif, le cosinus positif, & la tangente négative.

Application des Théories précédentes à une Comète qui auroit les mêmes élémens que celle de 1764, à l'exception de la longitude du périhélie, & qui couperoit d'ailleurs l'orbite de la Terre dans son nœud descendant.

(102) Supposons une Comète qui auroit les élémens suivans.

Nœud ascendant.......... 3ʳ 19° 20′ 6″
Nœud descendant 9 19 20 6
Périhélie 0 13 1 4
Inclinaison 53 54 20
Distance périhélie ..... 56418.
Sens du mouvement .... rétrograde.

Il est évident §. 37, que cette Comète pourroit rencontrer la Terre dans le nœud descendant ; supposons donc les mouvemens tellement arrangés, que ce phénomène ait effectivement lieu ; on aura $R = T = 101650$; $\beta = 263° 40′ 58″$, $u = 180°$; $u + \beta = 83° 40′ 58″$, $b' = 0$. Par la supposition, l'orbite de la Comète est parabolique, & sa distance périhélie est de 56418 parties telles que la moyenne distance de la Terre au Soleil en contient 100000 ; donc $\frac{E}{a} = 1$, $P = 225672$, $\theta = 48° 9′ 31″$, $A' = 318° 9′ 31″$; d'ailleurs cosin. $I = -$ cosin. $53° 54′ 20″$. Donc relativement à cette Comète $M r = 168,1511$.

(103) Imaginons maintenant que l'on veuille déterminer quelle devroit être la distance de la Terre à la ligne des nœuds au moment que la Comète traverse l'écliptique, pour que la Terre & la Comète puissent se trouver un instant à une distance de 13000 lieues; puisque dans l'hypothèse de la parallaxe du Soleil de $8''$, 55, chaque cent millième de la distance moyenne de la Terre au Soleil contient 345, 58400 lieues (§. 18), 13000 lieues contiennent 37, 6175 cent millièmes de cette distance; donc $\Delta = 37,6175$; donc (§. 92.)

$$Mr = 168,1511, \quad Fr = 64,017, \quad G = 0, \quad H = 0,037169,$$
$$\sin. b = \pm \sin. 2' 6''.$$

On voit par-là que si au moment où la Comète est dans le nœud, la distance de la Terre à la ligne des nœuds surpassoit $2' 6''$, la Terre & la Comète ne pourroient se trouver un instant à la distance de 13000 lieues. Il faudroit donc que les mouvemens de la Comète & de la Terre fussent tellement combinés, que le passage de la Comète par le nœud arrivât tandis que la Terre parcourroit dans son orbite, l'arc compris entre $9^s 19^\circ 18' 0''$, & $9^s 19^\circ 22' 12''$; cet arc est de $4' 12''$. J'ai choisi la distance de 13000 lieues, parce que c'est celle à laquelle M. de la Lande paroît s'arrêter dans son Mémoire, pour évaluer les désordres des Marées.

(104) Si l'on supposoit les mouvemens de la Comète & de la Terre tellement combinés, qu'elles se rencontrassent centre à centre dans le nœud, & que l'on voulut examiner, abstraction faite du choc de ces deux corps, & des perturbations de leurs orbites; c'est-à-dire dans l'hypothèse d'une pénétration parfaite sans altération de mouvement, combien de tems la Comète & la Terre seroient à des distances respectives moindres que 13000 lieues; comme alors, à cause de $\sin. b = 0$ & de $R - T = 0$, $S = 0$ & $Q^2 = -8,4156$, la formule du §. 88 donnera pour expression de ce tems,

$$y = 1835'' = 30' 35''.$$

Application

Application des mêmes Théories , à sept Comètes, dont trois directes , trois rétrogrades , & une perpendiculaire à l'orbite de la Terre.

(105) Jusqu'ici nous n'avons considéré qu'une seule Comète, celle qui auroit des élémens semblables à ceux de la Comète de 1764 , & qui d'ailleurs couperoit l'orbite de la Terre dans son nœud ; mais il est évident que cette simple discussion ne peut donner une idée complette de ce qui arriveroit dans tous les cas. Pour acquérir des lumières à ce sujet, je vais discuter sommairement sept Comètes , dont trois seroient directes , trois rétrogrades , & dont une seroit perpendiculaire à l'orbite de la Terre. Je supposerai successivement les angles de l'orbite de la Comète avec l'orbite de la Terre, de 0°, 30°, 60°, 90°, 120°, 150°, 180°; & je déterminerai pour tous ces cas , quelle doit être la distance de la Terre à la ligne des nœuds , au moment où la Comète est dans le nœud, pour que la Comète & la Terre puissent être un instant à une distance de 13000 lieues. Je déterminerai aussi combien de tems ces Astres seroient à des distances respectives moindres que 13000 lieues, dans l'hypothèse où ils se rencontreroient centre à centre, & que leurs mouvemens ne fussent point altérés. Il est superflu d'avertir qu'il n'y a aucune Comète dans ce cas , & que tout ce que je vais dire est purement hypothétique.

(106) Les calculs sont faciles à exécuter. En effet, dans le cas dont il s'agit, $R = T = r$; de plus, si l'on compare l'expression $\dfrac{\text{cosin. A' cosin. I}}{r}$, avec la relation entre l'hypothénuse & les côtés d'un triangle sphérique rectangle, on verra que cette expression est celle du cosinus de l'hypothénuse d'un triangle de cette espèce , dans lequel A' & I sont les côtés adjacens à l'angle droit.

La quantité $\dfrac{\text{cosin. A}'\,\text{cosin. I}}{r}$ est donc l'expression du cosinus de l'angle de la trajectoire de la Comète, consi-
dérée comme rectiligne, avec la trajectoire de la Terre,
considérée pareillement comme rectiligne ; & consé-
quemment $r^2 - \dfrac{\text{cosin}^2.\ \text{A}'\ \text{cosin}^2.\ \text{I}}{r^2}$ est l'expression du
quarré du sinus du même angle, ainsi qu'il est facile
de le vérifier, en se figurant le triangle sphérique
rectangle, dont l'un des côtés mesure l'inclinaison des
plans des orbites de la Terre & de la Comète, dont
l'autre côté mesure l'angle de la trajectoire de la
Comète, considérée comme rectiligne, avec la perpendiculaire à la ligne des nœuds, menée sur le plan
de l'orbite de la Comète, & dont l'hypothénuse est
égale à l'angle formé dans le nœud par les deux trajectoires rectilignes de la Terre & de la Comète.

Si l'on fait les substitutions indiquées, dans les équations du §. 92, & que l'on nomme

    L l'angle de la trajectoire de la Comète avec la
        trajectoire de la Terre ;

on aura dans le cas dont il s'agit

$$M r = n^2 + n'^2 - \frac{2\,n n'\,\text{cosin. L}}{r} ;$$

$$S = \frac{n\,\text{T sin. } b}{M r^2} - \frac{n'\,\text{T sin. } b\,\text{cosin. L}}{M r^3} ;$$

$$Q^2 = - \frac{\Delta^2}{M r} + \frac{\text{T}^2 \sin^2 b}{M r^3} ;$$

$$F r = \frac{n'^2\,\text{T}^2\,\sin^2.\ \text{L}}{r^4} ;\quad G = 0 ;\quad H = \frac{M \Delta^2}{F r} .$$

Maintenant à sin. L & à cosin. L substituons successivement sin. $0°$, cosin. $0°$; sin. $30°$, cosin. $30°$; sin. $60°$,
cosin. $60°$; sin. $90°$, cosin. $90°$; sin. $120°$, cosin. $120°$;
sin. $150°$, cosin. $150°$; sin. $180°$, cosin. $180°$; & les
questions proposées seront résolues.

(107) Si l'on fait les calculs indiqués, on parviendra aux résultats suivans.

Angles de la trajectoire de la Comète avec l'orbite de la Terre.	Distances de la Terre au nœud, à l'instant où la Comète traverse l'éclipti que, pour que la Comète & la Terre puissent être un moment à la distance de 13000 lieues.	Nombre de secondes de tems que la Comète & la Terre seront à des distances respectives plus petites que 13000 lieues, en supposant qu'elles se rencontrent dans le nœud, & qu'il n'y ait point d'altération dans leurs mouvemens.
0°.........	....	..........9122″
30.........	...$\pm$ 0° 1′ 21″ ...	5093
60.........	...$\pm$ 0 1 20 ...	3000
90.........	...$\pm$ 0 1 35	2182
120.........	...$\pm$ 0 2 13 ...	1798
150.........	...$\pm$ 0 4 16 ...	1619
180.........	....	1565

Au lieu du nœud si l'on ajoute avec leurs signes les deux arcs dont l'un est précédé du signe plus & l'autre du signe moins, on déterminera l'arc dans lequel doit se trouver la Terre à l'instant que la Comète traverse l'écliptique, pour que la Comète & la Terre puissent être un moment à la distance de 13000 lieues. Cet arc est de 2′ 41″ pour l'angle de 30°.

(108) On peut remarquer que la formule du §. 92, par laquelle nous avons déterminé quelle doit être la distance de la Terre au nœud à l'instant où la Comète traverse l'écliptique, pour que la Comète & la Terre soient un moment à une distance donnée, suppose l'angle b assez petit pour que cosinus b puisse être égalé à $r - \frac{\sin^2 . b}{2 r}$; si donc le résultat donnoit un angle b assez grand, pour que la condition ne pût avoir lieu, on auroit fait une supposition incohérente. Dans la Table du §. 107, les résultats qui répondent aux

angles de 30°, de 60°, de 90°, de 120°, & de 150°, ne sont pas dans ce cas ; mais si l'on avoit supposé les angles de la trajectoire de la Comète avec l'orbite de la Terre, peu différens de 0° ou de 180°, on seroit tombé dans l'inconvénient que l'on vient de relever. Il faudroit alors résoudre le Problême en employant les véritables trajectoires de la Terre & de la Comète, ainsi que nous l'avons indiqué §. 83 ; & les calculs ne pourroient manquer de conduire à des équations d'un degré fort élevé ; heureusement ces cas sont infiniment rares. En effet, pour que l'on pût supposer nul ou de 180° l'angle de la trajectoire de la Comète avec l'orbite de la Terre, il faudroit que la trajectoire de la Comète fût située dans le plan de l'orbite de la Terre, & que de plus son approximation à l'orbite terrestre arrivât dans le périhélie ; deux circonstances dont la réunion est unique. Pour s'assurer par le calcul, quelle est à-peu-près la limite des angles de la trajectoire de la Comète avec l'orbite terrestre, qui permettent de faire usage de la formule du §. 92 ; je reprends l'équation de ce paragraphe dans l'hypothèse de $R = T = r$, & je parviens au résultat suivant, $\sin^2 . b - Hr = 0$; dans cette équation, je substitue à Hr sa valeur, en observant, (§. 106.) que $\dfrac{\cos . A' \cos . I}{r}$ est le cosinus de l'angle de la trajectoire de la Comète avec la trajectoire de la Terre ; je nomme L cet angle, & j'ai

$$r'^2 \sin^2 . b \cos^2 . L - 2 \Delta^2 r r' r \cos . L + \Delta^2 r^2 (r^2 + r'^2) - r'^2 r^2 \sin^2 . b = 0.$$

Dans cette équation, je suppose $\sin . b = 30'$ (c'est la dernière valeur à laquelle je fais répondre $\cos . b = r$

$$- \frac{\sin^2 . b}{2 r})$$ & je conclus

$$L = \begin{cases} 0° & 43' & 10''. \\ 175 & 47 & 10. \end{cases}$$

La formule du §. 92 peut donc être employée pour

toutes les Comètes , relativement auxquelles l'angle de
la trajectoire avec l'orbite de la Terre , seroit compris
entre 0° 43′ 10″ & 175° 47′ 10″ ; c'est-à-dire pour la
totalité morale des Comètes. J'observerai ici que des
Comètes , dont l'angle de la trajectoire avec l'orbite
terrestre seroit de 0° 43′ 10″ ou de 175° 47′ 10″ ,
& qui de plus rencontreroient la Terre dans le nœud ,
ne seroient que 9116″ ou 1566″ de tems , à des distances de notre globe plus petites que 13000 lieues.

(109) Si l'on jette les yeux sur la Table du §. 107 ,
il sera aisé de se convaincre que le nombre de secondes
horaires qu'une Comète & la Terre peuvent être à
des distances respectives plus petites que 13000 lieues ,
dépend de l'angle de la trajectoire de la Comète avec
l'orbite terrestre ; en général , ce tems ne peut surpasser
9122″ dans les circonstances les plus favorables ; dans
tout autre cas il est beaucoup moindre. Pour une Comète
perpendiculaire à l'orbite de la Terre , ce tems n'est
déjà plus que de 36′ 22″ ; & comme il y a autant à
parier qu'une Comète inconnue sera rétrograde que
directe , on voit combien il est probable qu'une Comète
sera moins d'une heure , à une distance de notre
globe plus petite que 13000 lieues , lors même qu'on
lui supposeroit , contre toute probabilité , des élémens
qui lui feroient rencontrer la Terre.

Remarque sur les Marées.

(110) Ce seroit naturellement le lieu de calculer ici
les désordres que la présence instantanée d'une Comète,
qui approcheroit de 13000 lieues de notre globe , occa-
sionneroit dans l'atmosphère & dans les Marées. Ce travail me paroît offrir beaucoup de difficultés. J'observerai
seulement que l'effet de l'action d'une pareille Comète
sur les eaux de la Mer , ne peut être assigné que d'après
un calcul qui embrasseroit toutes les circonstances du
Problème ; & que toute expression de cet effet, dans
lequel on en aura obmis quelques-unes , sans être assuré

de l'influence qu'elles peuvent avoir fur l'objet mefuré, ne doit être confidérée que comme l'expreſſion vague d'un effet dont on n'a d'ailleurs qu'une idée également vague. M. le Chevalier Borda s'eſt occupé de cet objet. Il eſt à defirer que la difficulté du fujet ne nous prive pas de fes recherches. Que n'a-t-on pas lieu d'attendre de la fineſſe & de la pénétration de ce célèbre Géomètre?

Application d'un principe de M. d'Alembert à la queſtion préſente.

(111) Je ne puis paſſer fous filence la remarque fuivante que m'a fait naître la lecture de l'Ouvrage de M. d'Alembert, fur la Cauſe des Vents. Dans cet Ouvrage M. d'Alembert démontre que fi un noyau fphérique eſt entouré d'un fluide, fur lequel agit un corps fixe & immobile ; ce fluide, en vertu de l'action de ce corps fixe & immobile, doit paſſer fucceſſivement de la figure fphérique qu'il avoit d'abord, à différentes figures elliptiques, dont l'un des axes s'allonge de plus en plus, tandis que l'autre axe diminue ; & ce qui eſt remarquable, il trouve que le mouvement des différentes parties du fluide peut être comparé à celui d'un pendule qu'on tireroit de fon repos pour lui faire décrire de petits arcs circulaires. Or, de même qu'un pendule, lorfqu'il eſt arrivé à fon point de repos, paſſe au-delà en vertu de la vîteſſe qu'il a acquife, pour retomber enfuite de nouveau, de même auſſi lorfque la furface du fluide, qui s'éloigne de plus en plus de la courbe circulaire, a acquis la figure qu'elle auroit dû avoir d'abord pour reſter en équilibre, elle doit néceſſairement paſſer au-delà de ce terme, & continuer de s'élever d'une quantité à-peu près égale à celle dont elle s'eſt déjà élevée ; après quoi le fluide retombera & s'abaiſſera. M. d'Alembert fait voir de plus que le tems des ofcillations ne dépend point de la force accélératrice ; mais uniquement

de la profondeur du fluide ; de sorte, que quoique
ces oscillations soient d'autant plus grandes que la
force accélératrice est plus grande, la durée des oscillations est cependant toujours la même, comme il
arrive dans les pendules cicloïdaux.

Soit en un mot

ϵ le rayon du noyau sphérique ;

ι la profondeur du fluide qui entoure ce noyau
   sphérique ;

$\dfrac{m}{n}$ le rapport de la circonférence du cercle au
   diamètre ;

δ le nombre de pieds qu'un corps grave parcourt pendant la première seconde de sa
   chûte, en vertu de la force centrale qui
   agit à l'extrémité ϵ du rayon du noyau
   sphérique.

M. d'Alembert démontre que l'on a l'expression
suivante.

Durée d'une oscillation du fluide évaluée en secon-
des horaires $= \dfrac{m}{n} - \dfrac{\epsilon}{2\sqrt{(3\delta\iota)}}$.

Appliquons le calcul à cette formule.

(112) Supposons un fluide qui environne la Terre,
& dont la profondeur soit par-tout d'une lieue. Puisque le rayon de la Terre contient 1432, $\frac{1}{2}$ lieues, si
l'on réduit ι & ρ en pieds, à raison de 13692 pieds
par lieue, comme d'ailleurs $\delta = 15, 1$ pieds, l'expres-
sion $\dfrac{m}{n} \dfrac{R}{2\sqrt{(3\delta^3)}}$ deviendra $\dfrac{355}{113} \times \dfrac{1432,5 \times 13692}{2\sqrt{(3 \times 15, 1 \times 13692)}}$

$= \dfrac{355}{113} \times \dfrac{1432,5 \sqrt{(13692)}}{2\sqrt{(3 \times 15,1)}} = 39120''$. La Comète,
dans l'hypothèse dont il s'agit, emploiera donc 10h
52′ 0″ à produire son effet quel qu'il soit sur les Marées.

Mais les véritables circonstances du Problême sont bien moins favorables à ces grandes perturbations, que les hypothèses soumises au calcul. 1°. La Comète ne répond pas toujours au même point de la Terre, puisqu'indépendamment du mouvement de rotation de la Terre, la Comète a un mouvement propre très-rapide. 2°. Les eaux de la Mer n'environnent point tout le globe, & l'on sçait par l'exemple des Mers méditerranées qui ne sont presque point sujettes au flux & au reflux, combien cette circonstance diminue l'effet des Marées. 3°. Enfin la Comète ne seroit que très-peu de tems (§. 107.) & beaucoup moins que 10^h 52′ 0″, à une distance nuisible. Toutes ces raisons réunies me paroissent élever un préjugé légitime contre les grands désordres des Marées produites par l'action des Comètes.

(113) Je terminerai cette Section, en observant que de nos jours, au commencement de Juillet 1770, une Comète a passé très près de la Terre. Elle étoit environ à neuf fois la distance de la Lune. Cet événement n'a occasionné aucun mouvement sensible dans l'Atmosphère & dans les Marées, aucun derangement dans le mouvement de la Lune ; & il n'a été remarquable que pour les Astronomes. Je sçai qu'il y a loin de cette distance, à celle de 13000 lieues ; mais on ne peut saisir avec trop d'empressement, l'occasion de rassurer par des exemples, sur la présence d'un phénomène dont le nom seul inspiroit la terreur dans les siècles d'ignorance.

SECTION CINQUIÈME.

*Des principes d'après lesquels on peut calculer la
probabilité qu'à un instant quelconque une Comète
sera plus près de la Terre qu'une distance donnée.*

(114) JE suppose que l'on sache uniquement que
dans le cours d'une année, une Comète doit couper
l'orbite terrestre, sans connoître d'ailleurs les élémens
de la Comète ; je me propose de déterminer les principes d'après lesquels on peut calculer la probabilité
qu'a un instant quelconque pris dans l'année, cette
Comète sera plus près de la Terre qu'une quantité
donnée. On verra ensuite ce que l'on doit penser de
cette hypothèse.

(115) Pour résoudre la question proposée, on se
rappellera que j'ai donné (§. 88.) une méthode pour
déterminer l'intervalle de tems pendant lequel la
Comète & la Terre sont à des distances moindres
qu'une quantité assignée, en supposant connue la distance de la Terre au nœud au moment que la Comète
traverse l'écliptique. J'ai pareillement déterminé
(§. 92.) la distance de la Terre à la ligne des nœuds
de la Comète, pour que le phénomène ait lieu un
seul instant. Soit donc A B une ligne qui repré- Fig.IV.
sente le développement de l'écliptique, c'est-à-dire
le chemin total de la Terre pendant une année.
Sur cette droite A B, je prends un point O à volonté
que je suppose celui où la Comète traverse l'écliptique.
Comme je ne connois point les élémens de la Comète,
& par conséquent l'angle de sa trajectoire avec l'orbite
de la Terre, je fais une première supposition, dans laquelle je donne par exemple à cet angle la valeur de
90° ; je calcule dans cette supposition (§. 92 & 106) la

Fig.IV. diſtance de la Terre au nœud , pour que la Comète
& la Terre puiſſent être un inſtant à la diſtance donnée.
Sur la droite A B , je prends de part & d'autre du
point O , les diſtances O p , O P , qui ſoient à A B
comme 360° ſont à l'arc b déterminé par la formule
du §. 92.

Il eſt évident , d'après cette conſtruction , que ſi à
l'inſtant où la Comète traverſe l'écliptique en O , la
Terre eſt aux points P ou p de ſon orbite , la Comète
ſera un inſtant à la diſtance donnée de la Terre ; ſi la
Terre eſt au-delà des points p , P , par rapport au point
O, la Comète ne pourra point atteindre à cette diſtance;
ſi au contraire la Terre eſt en-deçà des points P , p , la
Comète ſera plus ou moins long-tems à une diſtance
de la Terre moindre que la quantité aſſignée , & l'intervalle de tems ſera déterminé par la valeur de y du
§. 88. Suppoſons maintenant qu'entre les points O , p ,
O , P , on prenne ſucceſſivement différens autres points
P', P'', &c. ; que l'on calcule les valeurs de y' , y'' , correſpondantes ; que par les points P' , P'' , &c. , l'on
éleve enfin les perpendiculaires P' M' , P'' M'' , &c. ,
telles que l'on ait P' M' : P' N' :: y' : 86400'' ; P'' M'' ;
P'' N'' :: y'' : 86400'' , &c. ; & que ſur A B l'on acheve
le parallélograme A B B' A' , tel que A A' , B B' ſoient
égaux à P' N' , P'' N'' , &c. ; il eſt clair que ſi l'angle
de la trajectoire de la Comète avec l'orbite de la Terre
étoit réellement de 90° , le rapport du tems où la
Comète peut être dans l'année , à une diſtance de la
Terre , plus grande que la diſtance donnée , au tems où
la Comète pourroit être à une diſtance plus petite ,
ſeroit exprimé par le rapport de la différence des
ſurfaces A A' B' B , p M'' M' P , à l'aire de la courbe
p M'' M' P. Et comme il n'y a point de raiſon pour
qu'un inſtant quelconque pris au hazard , ſoit plutôt
compris dans un tems que dans un autre , la probabilité
demandée ſeroit exprimée par le même rapport. Mais
par la ſuppoſition , les élémens de la Comète , & par

conséquent l'angle de sa trajectoire avec l'orbite de la ^{Fig. IV.}
Terre, sont inconnus; il faut donc épuiser successive-
ment les différens angles possibles de la trajectoire de la
Comète avec l'orbite terrestre, & prendre un résultat
moyen entre tous les calculs.

(116) On peut conclure de cette analyse, que la
solution rigoureuse du Problème n'est pas aussi facile
qu'on pourroit se l'imaginer. On voit également que
les calculs seroient fort simplifiés si l'on connoissoit
d'avance l'angle de la trajectoire de la Comète avec
l'orbite de la Terre.

(117) Indépendamment de l'angle de la trajectoire
de la Comète avec l'orbite terrestre, si l'on connoissoit
de plus la position du nœud, l'analyse seroit différente. En effet, dans ce cas, la position du point O
seroit déterminée. La probabilité précédente ne s'appliqueroit donc qu'à l'instant de l'année correspondant
au point de l'orbite terrestre où se trouve le nœud. La
probabilité diminueroit ensuite relativement aux différens points P'', P', &c. ; de sorte que, par exemple, la
probabilité pour le point P' seroit à la probabilité totale,
comme l'aire $P' M' P$ est à l'aire totale $p M'' M' P$.
Par-delà les points P, p, la probabilité est absolument
nulle.

Application de l'analyse , à l'évaluation de quelques
cas particuliers des aires précédentes.

(118) Quoique mon but ne soit pas d'appliquer
l'analyse à toutes les questions que l'on peut se proposer sur les aires des courbes précédentes, & que d'ailleurs les méthodes ordinaires d'approximation pour les
quadratures, résolvent toutes ces questions avec une
exactitude suffisante, cependant je ne puis me refuser
de considérer le cas particulier où la Comète couperoit
l'orbite de la Terre dans son nœud. Ce cas réunit la
singularité la plus remarquable , aux facilités les plus

Fig.IV. grandes de la part du calcul. Il fervira en même tems à développer l'efprit de la méthode.

(119) Le Problême dont il s'agit dépend de deux intégrations fucceffives ; en effet , il faut d'abord avoir le rapport de l'aire $p\,M''\,M'\,P$, au parallélograme $A\,A'\,B'\,B$, en fuppofant que l'angle de la trajectoire de la Comète avec l'orbite de la Terre foit conftant. Il faut enfuite fuppofer variable l'angle de la trajectoire de la Comète avec l'orbite de la Terre , multiplier l'intégrale trouvée ci-deffus , par la différencielle de cet angle , intégrer de nouveau en regardant comme variables les quantités qui dépendent de l'angle , & divifer cette nouvelle intégrale par tout l'arc dont l'angle de la trajectoire de la Comète avec l'orbite de la Terre peut varier. Le calcul développera ces idées.

Evaluation de la furface du parallélograme $A\,A'\,B'\,B$.

(120) Il eft facile d'évaluer la furface du parallélograme $A\,A'\,B'\,B$; en effet , d'après les conftructions précédentes , la ligne $A\,B$ repréfente le chemin de la Terre pendant une année , & $B\,B'$ peut être fuppofé égal au chemin de la Terre dans fon orbite pendant la durée d'un jour. Soit

T le rayon de l'orbite terreftre ;

$\dfrac{m}{n}$ le rapport de la circonférence du cercle au diamètre ;

on aura $A\,B = \dfrac{2\,m}{n} \times T$. Quant à $B\,B'$, fi l'on fuppofe en nombres ronds , le tems de la révolution de la Terre de 365 jours $\frac{1}{4}$, on aura

$$B\,B' = \frac{1}{365,25} \times \frac{2\,m}{n} T = \frac{1}{182,62} \frac{m}{n} T \; ; \; \text{donc}$$

$$\text{Parallélograme } A\,A'\,B'\,B = \frac{1}{91,31} \frac{m^2}{n^2} T^2.$$

Evaluation de l'aire p M″ M′ P , *en suppofant* Fig. IV.
donné l'angle de la trajectoire de la Comète avec
l'orbite de la Terre.

(121) Pour évaluer maintenant d'une manière
analogue , l'aire p M″ M′ P , en suppofant d'abord
connu l'angle de la trajectoire de la Comète avec
l'orbite de la Terre, je remarque que fi l'on nomme

    b la diftance de la Terre au nœud de la Comète,
        à l'inftant où cet Aftre coupe l'écliptique;
    x le mouvement de la Terre dans fon orbite,
        correfpondant à une feconde de tems;
    x' le mouvement de la Comète dans fon orbite,
        correfpondant à une feconde de tems;
    Δ la diftance donnée de la Comète à la Terre ;
    L l'angle de la trajectoire de la Comète avec
        l'orbite de la Terre ;

puifque (§. 120.) la quantité B B′ qui répond à un
jour ou à 86400 fecondes horaires $= \dfrac{1}{182,62} \times \dfrac{mT}{n}$;
& que de plus (§. 88 , 92 & 106.)

$$P'M' : P'N' \text{ ou } BB' :: 2\sqrt{(S^2 - Q^2)} : 86400$$

$$:: \frac{2\sqrt{\left(x^2 r + x'^2 r - 2xx'\cos L\right)\Delta^2 r^3 - r'^2 T^2 \sin^2 . L \sin^2 . b}}{r\left(x^2 r + x'^2 r - 2xx'\cos L\right)} : 86400;$$

les ordonnées P′ M′ , &c. à la courbe p M″ M′ P ,
auront pour expreffion

$$\frac{mT}{n} \times \frac{\sqrt{\left(x^2 r + x'^2 r - 2xx'\cos L\right)\Delta^2 r^3 - r'^2 T^2 \sin^2 . L \sin^2 . b}}{91,31 \times 86400\, r\left(x^2 r + x'^2 r - 2xx'\cos L\right)}.$$

L'aire totale de la courbe p M″ M′ P a donc pour expreffion

$$\frac{2mT}{n}\int \frac{\sqrt{\left(x^2 r + x'^2 r - 2xx'\cos L\right)\Delta^2 r^3 - r'^2 T^2 \sin^2 . L \sin^2 . b}\; db}{91,31 \times 86400\, r\left(x^2 r + x'^2 r - 2xx'\cos L\right)}.$$

(122) Pour intégrer cette quantité, je la mets sous la forme suivante ;

Aire de la courbe $p\,\mathrm{M}''\,\mathrm{M}'\mathrm{P} = \dfrac{2\,\xi}{\sigma}\displaystyle\int d\,b\,\sqrt{(a^2 - \sin^2. b)}.$

Dans cette expression

$$\frac{\xi}{\sigma} = \frac{m}{n} \times \frac{x'\,\mathrm{T}^2\,\sin.\,\mathrm{L}}{91,31 \times 86400\,r\,(x^2 r + x'^2 r - 2xx'\,\cos.\,\mathrm{L})}\ ;$$

$$a^2 = \frac{(x^2 r + x'^2 r - 2xx'\,\cos in.\,\mathrm{L})\,\Delta^2\,r^3}{x'^2\,\mathrm{T}^2\,\sin^2.\,\mathrm{L}}.$$

J'observe que puisque dans le cas que je considère, (§. 108) b ne surpasse jamais $30'$ de degré, b & $\sin. b$ peuvent être pris indifféremment l'un pour l'autre ; la quantité $\dfrac{2\,\xi}{\sigma}\displaystyle\int d\,b\,\sqrt{(a^2 - \sin^2. b)}$ peut donc être mise sous la forme suivante $\dfrac{2\,\xi}{\sigma}\displaystyle\int d\,\sin. b\,\sqrt{(a^2 - \sin^2. b)}$; mais on démontre en Géométrie que $\int . d\,\sin. b\,\sqrt{(a^2 - \sin^2. b)}$ représente la surface d'un quart de cercle dont a est le rayon ; donc $\dfrac{2\,\xi}{\sigma}\displaystyle\int d\,\sin. b\,\sqrt{(a^2 - \sin^2. b)}$ représente la surface d'un demi-cercle dont a est le rayon, mul- tipliée par $\dfrac{\xi}{\sigma}$; ou, ce qui revient au même, la surface d'un cercle dont le rayon est a, multipliée par $\frac{1}{2} \times \dfrac{\xi}{\sigma}.$

D'après les constructions précédentes ,

$$\frac{1}{2} \times \frac{\xi}{\sigma} = \frac{m}{n} \times \frac{x'\,\mathrm{T}^2\,\sin.\,\mathrm{L}}{182,62 \times 86400\,r\,(x^2 r + x'^2 r - 2xx'\,\cos.\,\mathrm{L})}\ ;$$

$$a = \frac{\Delta\,r\,\sqrt{(r\,(x^2 r + x'^2 r - 2xx'\,\cos in.\,\mathrm{L}))}}{x'\,\mathrm{T}\,\sin.\,\mathrm{L}}\ ;$$

& par conséquent la surface du cercle dont le rayon est a a pour expression $\dfrac{m}{n} \times \dfrac{\Delta^2\,r^3\,(x^2 r + x'^2 r - 2xx'\,\cos in.\,\mathrm{L})}{x'^2\,\mathrm{T}^2\,\sin^2.\,\mathrm{L}}$

L'aire de la courbe $p\,\mathrm{M''\,M'\,P}$ est donc égale à

$$\frac{m^2}{n^2} \times \frac{\Delta^2 r^2}{182,62 \times 86400\, n' \sin. L}.$$

(123) Si l'angle de la trajectoire de la Comète avec l'orbite de la Terre étoit connu, cette première intégration suffiroit, & la probabilité demandée seroit exprimée par le rapport de $\dfrac{m^2}{n^2} \times \dfrac{\Delta^2 r^2}{182,62 \times 86400\, n' \sin. L}$

à $\dfrac{m^2}{n^2} \times \left(\dfrac{T^2}{91,31} - \dfrac{\Delta^2 r^2}{182,62 \times 86400\, n' \sin. L} \right)$, ou si l'on veut,

par le rapport de $\dfrac{m^2}{n^2} \times \dfrac{\Delta^2 r^2}{182,62 \times 86400\, n' \sin. L}$ à $\dfrac{m^2}{n^2} \times \dfrac{T^2}{91,31}$;

car le terme $\dfrac{\Delta^2 r^2}{182,62 \times 86400\, n' \sin. L}$ est infiniment petit

par rapport à $\dfrac{T^2}{91,31}$; la probabilité demandée auroit donc pour expression

$$\frac{\Delta^2 r^2}{2 \times 86400\, n'\, T^2 \sin. L}.$$

Mais l'angle sous lequel la trajectoire d'une Comète inconnue doit couper l'orbite de la Terre, est inconnu ; il faut donc passer à la seconde intégration, & supposer variable l'angle de cette trajectoire avec l'orbite de la Terre.

(124) Nous observerons ici que lorsque la distance Δ est donnée, ainsi que l'angle de la trajectoire de la Comète avec l'orbite de la Terre, la probabilité est absolument la même, soit que la Comète soit directe, soit qu'elle soit rétrograde. Cette singularité méritoit d'être remarquée. En effet, le rayon du cercle dont nous avons évalué la surface §. 122, n'est pas le même dans le cas d'une Comète rétrograde que dans le cas d'une Comète directe, puisqu'en

général le rayon de ce cercle est exprimé par

$$\frac{\Delta\, r \sqrt{\left(r\left(z^2 r + z'^2 r - 2\, z\, z'\, \text{cosin.}\, L\right)\right)}}{z'\, T\, \sin.\, L}\ ,$$

& que pour une Comète directe cosinus L est positif, tandis que pour une Comète rétrograde cosinus L est négatif. Cette différence d'expression sembloit donc promettre au premier coup d'œil une probabilité différente ; mais ces surfaces ont un multiplicateur $\frac{1}{2} \times \frac{\xi}{\sigma}$ qui diffère dans les deux cas, & qui rétablit l'égalité des résultats.

Méthode pour avoir égard à l'incertitude de l'angle sous lequel la trajectoire de la Comète doit couper l'orbite de la Terre.

(125) Si l'on multiplie l'expression de la probabilité du §. 123, par $\frac{d\,L}{\lambda}$; (λ est une quantité que l'on doit regarder comme constante dans l'intégration ; c'est l'arc correspondant aux différens angles L que l'on aura considérés dans l'intégration) ; on aura à intégrer une quantité de la forme suivante $\dfrac{\Delta^2 r^2}{2 \times 86400\, z'\, \lambda\, T^2} \times \displaystyle\int \frac{d\,L}{\sin.\, L}.$ Mais on démontre en Géométrie que

$$\int \frac{d\,L}{\sin.\, L} = \text{Log.}\left(\frac{\text{Tang.}\, \frac{1}{2}\, L}{r}\right) + C\ ;$$

la quantité qu'il s'agit d'évaluer sera donc exprimée par

$$\frac{\Delta^2 r^2}{2 \times 86400\, z'\, \lambda\, T^2} \times \left(\text{Log.}\left(\frac{\text{Tang.}\, \frac{1}{2}\, L}{r}\right) + C\right).$$

C est une constante ajoutée en intégrant, & qu'il faut déterminer d'après les circonstances du Problême. Je n'insisterai pas davantage sur cette analyse, parce que je crois essentiel de considérer une nouvelle condition.

Solution des questions précédentes , en ayant égard à la différente probabilité des différens angles sous lesquels la trajectoire de la Comète peut couper l'orbite de la Terre.

(126) J'ai supposé dans l'analyse précédente , que tous les angles sous lesquels la trajectoire de la Comète peut couper l'orbite de la Terre , sont également probables ; cette supposition ne me paroît point exacte.

Pour le démontrer , soit

    I l'inclinaison du plan de l'orbite de la Comète
        sur l'écliptique ;

    A′ l'angle de la Tangente à la trajectoire de la
        Comète , avec la perpendiculaire à la ligne
        des nœuds menée sur le plan de l'orbite de
        la Comète ;

    D la distance périhélie de la Comète.

Nous avons vu (§. 106.) que le cosinus de l'angle de la trajectoire de la Comète considérée comme rectiligne , avec la trajectoire de la Terre considérée pareillement comme rectiligne , a pour expression de son quarré $\dfrac{\cos^2. A' \cos^2. I}{r^2}$, expression qui se trans-

forme dans la suivante $\dfrac{D \cos^2. I}{r}$. En effet si l'on jette les yeux sur l'équation à la parabole du §. 41 , & que l'on fasse attention que dans le cas dont il s'agit le rayon vecteur de la Comète $= r$, que de plus l'angle du rayon vecteur avec la ligne des nœuds est nul , on verra que l'équation du §. 41 deviendra

$r + \cos. (\text{angle de la ligne des nœuds avec le grand-axe}) - 2 D = 0.$

Donc (trigonométrie rectiligne)

$\cos^2. \frac{1}{2} (\text{angle de la ligne des nœuds avec le grand-axe}) - r D = 0.$

Mais la ligne des nœuds peut être regardée comme un rayon vecteur particulier ; de plus, par une propriété de la parabole , $\frac{1}{2}$ (angle du rayon vecteur avec le grand-axe) $=$ angle de la Tangente avec la perpendiculaire au rayon vecteur ; donc cosin². $\frac{1}{2}$ (angle de la ligne des nœuds avec le grand-axe) $=$ cosin². A' $=$ D r ; donc $\dfrac{\text{cosin}^2. \text{A}' \text{cosin}^2. \text{I}}{r^2} = \dfrac{\text{D cosin}^2. \text{I}}{r}$.

Si l'on suppose maintenant que toutes les inclinaisons des plans des orbites cométaires sur l'écliptique sont également probables, ainsi que toutes les distances périhélies , il est aisé de voir que tous les angles de la trajectoire de la Comète avec la trajectoire de la Terre , ne sont pas également probables. On voit, par exemple, que la supposition de l'angle nul est la moins probable de toutes , puisqu'elle ne peut avoir lieu qu'autant qu'à la fois D & cosinus I égalent r , circonstance unique. Quant aux autres angles , il s'en faut beaucoup que la probabilité soit la même pour tous.

(127) Il me paroît facile de représenter d'une manière générale les différentes probabilités de ces angles. En effet dans l'expression du cosinus de l'angle de la trajectoire de la Comète avec l'orbite de la Terre du §. précédent si l'on substitue à D & à cosin. I les valeurs suivantes , D $= r - x$, cosin. I $= r - y$; & soit comme ci-dessus

     L l'angle de la trajectoire de la Comète avec l'orbite de la Terre,

on aura

$$(y - r)^2 \times (x - r) + r \, \text{cosin}^2. \text{L} = 0.$$

Fig. V. Maintenant , si l'on considère les quantités x & y comme deux coordonnées de courbe , il est aisé de constater que l'équation précédente est une équation à une hyperbole cubique , dont l'origine des coordonnées est située dans la droite C D inclinée de 45° sur les asimptotes C G, C M , à une distance C D de l'intersection C des asimptotes telle que C G $=$ G D $= r$.

Si l'on donne à L différentes valeurs, on aura diffé- Fig. V.
rentes hyperboles, dont l'origine des coordonnées
sera située au même point D, mais dont les sommets A
seront différens; & le rapport des différentes aires
$D \, a \, A \, a'$, représente la probabilité des différens angles L.

(128) Prenons les deux suppositions extrêmes, celle
de cosin. $L = r$, & celle de cosin. $L = o$. Dans le
premier cas le sommet A de l'hyperbole tombe sur le
point D, & l'aire $D \, a \, A \, a'$ est nulle; dans le second
cas la courbe se confond avec les deux asimptotes
C G, C M; & l'aire est égale au rectangle $D G C M = r^2$.
Cette recherche démontre que l'angle le plus probable
est celui de 90°, puisque l'aire correspondante est la
plus grande. Cette probabilité diminue ensuite à
mesure que l'angle s'éloigne de 90°, & elle est nulle
lorsque l'angle est de 0°. Il est facile dans tous les
cas, d'avoir le rapport des probabilités; il ne s'agit
que d'évaluer le rapport des différentes aires hyperboliques $D \, a \, A \, a'$, au rectangle $D G C M$.

(129) La probabilité du §. 125 a été calculée dans
l'hypothèse que les différens angles L sont tous aussi
probables que l'angle de 90°. Les recherches précédentes ont fait voir que cette supposition n'est pas
exacte, il faut donc avoir égard à cette nouvelle considération. Soit

$\mu \, r$ l'aire des différentes hyperboles;
il n'est question, avant de passer à l'intégration du §. 125,
que de multiplier la quantité $\dfrac{\Delta^2 r^2}{2 \times 86400 \sqrt{T^2 \sin. L}}$ par $\dfrac{\mu \, r}{r^2}$;
c'est-à-dire, par le rapport de l'aire de l'hyperbole
correspondante à l'angle L, au parallélograme $D G C M$;
on aura donc une intégration de plus à exécuter.

(130) Il n'est pas difficile d'évaluer les différentes

F ij

quantités μr ; en effet, $\mu r = \int y\, dx$. Mais (§. 127.)

$$y = r - \text{cosin. } L \sqrt{\frac{r}{r-x}} \; ; \quad \text{donc } \int y\, dx = \int r\, dx$$

$$- \int \text{cosin. } L\, dx \sqrt{\frac{r}{r-x}} = rx + 2\,\text{cosin. } L \sqrt{(r^2 - rx)};$$

& comme l'intégrale doit être nulle lorsque $x = 0$;
$\int y\, dx = rx + 2\,\text{cosin. } L \sqrt{(r^2 - rx)} - 2 r\,\text{cosin. } L$;
d'ailleurs la valeur de l'aire complette répond à $y = 0$,

ou (§. 127.) à $x = r - \dfrac{\text{cosin}^2. L}{r}$; donc la valeur complette de $\int y\, dx$ a pour expression $(r - \text{cosin. } L)^2$;

donc $\quad \dfrac{\mu r}{r^2} = \dfrac{(r - \text{cosin. } L)^2}{r^2}$.

C'est l'expression de la probabilité des différens angles L.

La probabilité du §. 123, en y faisant entrer la probabilité de l'angle, aura donc pour expression

$$\frac{\Delta^2 (r - \text{cosin. } L)^2}{2 \times 86400\, r'\, T^2\, \text{sin. } L};$$

ou, en substituant à $\text{cosin}^2. L$ sa valeur $r^2 - \text{sin}^2. L$,

$$\frac{\Delta^2 (2 r^2 - 2 r\,\text{cosin. } L - \text{sin}^2. L)}{2 \times 86400\, r'\, T^2\, \text{sin. } L}.$$

(131) Si l'on multiplie la dernière expression par $\dfrac{dL}{\lambda}$,

(λ est une quantité que l'on doit regarder comme constante dans l'intégration, & que nous apprendrons à déterminer dans la suite), on aura à intégrer une quantité de la forme suivante,

$$\frac{\Delta^2}{2 \times 86400\, r'\, T^2\, \lambda} \times \left(\int \frac{2 r^2 dL}{\text{sin. } L} - \int \frac{2 r\,\text{cosin. } L\, dL}{\text{sin. } L} - \int \text{sin. } L\, dL \right);$$

mais on démontre en Géométrie

que $\displaystyle \int \frac{2 r^2\, dL}{\text{sin. } L} = 2 r^2 \, \text{Log.} \left(\frac{\text{Tang. } \frac{1}{2} L}{r} \right)$;

que $-\int \dfrac{2\, r \cos. L\, dL}{\sin. L} = -2\, r^2 \mathrm{Log.} \left(\dfrac{\sin. L}{r} \right)$;

que $-\int \sin. L\, dL = r \cos. L$;

d'ailleurs $2\, r^2 \mathrm{Log.} \left(\dfrac{\mathrm{Tang.}\,\frac{1}{2} L}{r} \right) - 2\, r^2 \mathrm{Log.} \left(\dfrac{\sin. L}{r} \right)$,

$= 2\, r^2 \mathrm{Log.} \left(\dfrac{\mathrm{Tang.}\,\frac{1}{2} L}{\sin. L} \right)$.

La probabilité demandée sera donc exprimée par

$$\frac{\Delta^2 r^2}{86400\, r\, T^2\, \lambda} \left(\mathrm{Log.} \left(\frac{\mathrm{Tang.}\,\frac{1}{2} L}{\sin. L} \right) + \frac{\cos. L}{2\, r} + C \right).$$

C est une quantité constante ajoutée en intégrant, & qu'il faut déterminer d'après les circonstances du Problême.

(132) Pour évaluer la quantité C, on se rappellera 1°. (§. 108.) que les constructions qui servent de base à ces calculs, ne permettent pas de prendre un angle L plus petit que $0^\circ\, 43'\, 10''$, & plus grand que $175^\circ\, 47'\, 10''$; 2°. (§. 124.) que l'expression de la probabilité est la même soit que la Comète soit directe soit qu'elle soit rétrograde, ou, si l'on veut, que la probabilité ne dépend que de l'inclinaison de la trajectoire de la Comète sur l'orbite de la Terre. D'ailleurs si l'on fait attention à l'analyse des §. 126 & suivans, on verra facilement que la formule du §. 130 suppose que l'on a pris pour l'angle L un angle qui ne surpasse point 90°. On fera donc un premier calcul dans lequel on supposera la quantité C telle, que lorsque l'angle L

est de $43'\, 10''$, $\mathrm{Log.} \left(\dfrac{\mathrm{Tang.}\,\frac{1}{2} L}{\sin. L} \right) + \dfrac{\cos. L}{2\, r} + C = 0$.

Donc $C = -\mathrm{Log.} \left(\dfrac{\mathrm{Tang.}\, 21'\, 35''}{\sin.\, 43'\, 10''} \right) - \dfrac{\cos.\, 43'\, 10''}{2\, r}$. D'ail-

leurs λ est l'arc correspondant aux différens angles L, que l'on a considérés dans l'intégration. Donc en général $\lambda = L - 43'\, 10''$. De plus on démontre que

$$\mathrm{Log.}\left(\frac{\mathrm{Tang.}\,\tfrac{1}{2}L}{\sin.\,L}\right) - \mathrm{Log.}\left(\frac{\mathrm{Tang.}\,21'\,35''}{\sin.\,43'\,10''}\right)$$

$$= \mathrm{Log.}\left(\frac{\mathrm{Tang.}\,\tfrac{1}{2}L \times \sin.\,43'\,10''}{\mathrm{Tang.}\,21'\,35'' \times \sin.\,L}\right);$$

& que

$$\frac{\cos.\,L - \cos.\,43'\,10''}{2} = - \frac{\sin.\,\tfrac{1}{2}(L + 43'\,10'') \times \sin.\,\tfrac{1}{2}(L - 43'\,10'')}{r};$$

la probabilité demandée sera donc exprimée généralement par

$$\frac{\Delta^2\,r^2}{86400''\,T^2\,(L - 43'\,10'')} \times \left(\mathrm{Log.}\left(\frac{\mathrm{Tang.}\,\tfrac{1}{2}L \times \sin.\,43'\,10''}{\sin.\,L \times \mathrm{Tang.}\,21'\,35''}\right) \right.$$

$$\left. - \frac{\sin.\,\tfrac{1}{2}(L + 43'\,10'') \times \sin.\,\tfrac{1}{2}(L - 43'\,10'')}{r^2} \right).$$

(133) Cette formule suppose que l'angle L est moindre que 90°. Si l'angle L surpassoit 90°, c'est-à-dire si l'on vouloit considérer toutes les inclinaisons des trajectoires cométaires sur l'orbite de la Terre, en commençant par les Comètes directes & en finissant par les Comètes rétrogrades, pour suivre l'analogie précédente, soit L′ le supplément de L ; on supposera d'abord dans la formule du §. 132, l'angle L de 90°, & l'on aura un premier résultat auquel on ajoutera ce qui suit ;

$$+ \left(\mathrm{Log.}\left(\frac{\sin.\,L'}{\mathrm{Tang.}\,\tfrac{1}{2}L'}\right) - \frac{\sin.\,\tfrac{1}{2}(90° + L') \times \sin.\,\tfrac{1}{2}(90° - L')}{r^2} \right)$$

$$\times \frac{\Delta^2\,r^2}{86400''\,T^2\,(90° - L')}.$$

La somme des deux résultats sera la probabilité demandée.

Cette dernière formule se déduit de celle du §132, en substituant dans l'expression du §. 132, 90° à L, & L′ & $\tfrac{1}{2}$L′ aux angles de 43′ 10″ & de 21′ 35″.

(134) Au lieu de suppofer que la Comète coupe précifément l'orbite de la Terre dans le nœud, on pourroit suppofer uniquement qu'à l'inftant où elle fera dans le nœud, fa diftance à l'orbite de la Terre fera comprife entre deux limites affignées ; dans ce cas le Problême feroit plus compliqué, & l'on feroit obligé de paffer par une nouvelle intégration. On auroit pu également évaluer la probabilité précédente d'une manière plus méchanique, & fans avoir recours à la dernière intégration. Il ne feroit queftion que de divifer l'efpace compris entre $0^\circ\ 43'\ 10''$ & 90°, entre $4^\circ\ 12'\ 50''$ & 90°, en tel nombre de parties que l'on voudra, de fubftituer dans la formule du §. 130, les différens finus & cofinus des angles L correfpondans, de prendre la fomme des probabilités ainfi trouvées, & de la divifer par le nombre des opérations que l'on aura faites. On pourroit également appliquer à ces queftions, les méthodes que M. de la Place notre Confrere a développées dans fon Mémoire fur les probabilités, & qui doivent lui donner un rang diftingué parmi les Géomètres.

Application de la formule précédente à la diftance de 13000 lieues.

(135) Il eft facile d'appliquer le calcul à la formule du §. 132. Suppofons en effet que Δ égale 13000 lieues. Dans ce cas on aura $T = 100000$, $\Delta = 37,6175$; $v = 0,0281586$; $L = 90^\circ$, $L' = 4^\circ\ 12'\ 50''$; $L + 43'\ 10'' = 90^\circ\ 43'\ 10''$; $L - 43'\ 10'' = 89^\circ\ 16'\ 50''$; $\frac{1}{2}(L + 43'\ 10'') = 45^\circ\ 21'\ 35''$; $\frac{1}{2}(L - 43'\ 10'') = 44^\circ\ 38'\ 25''$; $\frac{1}{2}L' = 2^\circ\ 6'\ 25''$, $90^\circ + L' = 94^\circ\ 12'\ 50''$; $90^\circ - L' = 85^\circ\ 47'\ 10''$; $\frac{1}{2}(90^\circ + L') = 47^\circ\ 6'\ 25''$; $\frac{1}{2}(90^\circ - L') = 42^\circ\ 53'\ 35''$.

$$\mathrm{Log.}\left(\frac{\mathrm{Tang.}\ \frac{1}{2}\,L \times \mathrm{sin.}\,43'\,10''}{\mathrm{sin.}\,L \times \mathrm{Tang.}\,21'\,35''}\right) = \mathrm{Log.\ hyperb.\ de}\ 2 = 0{,}6931.$$

$$\frac{\mathrm{sin.}\ \frac{1}{2}\,(L + 43'\,10'') \times \mathrm{sin.}\ \frac{1}{2}\,(L - 43'\,10'')}{r^2} = 0{,}5000\ ;$$

$$\frac{\Delta^2\,r^2}{86400\ n'\,T^2\,(L - 43'\,10'')} = \frac{1}{268040}\ ;$$

$$\mathrm{Log.}\left(\frac{\mathrm{sin.}\,L'}{\mathrm{Tang.}\ \frac{1}{2}\,L'}\right) = \mathrm{Log.\ hyperb.\ de}\ 1{,}9974 = 0{,}6900\ ;$$

$$\frac{\mathrm{sin.}\ \frac{1}{2}\,(90^{\circ} + L') \times \mathrm{sin.}\ \frac{1}{2}\,(90^{\circ} - L')}{r^2} = 0{,}4999\ ;$$

$$\frac{\Delta^2\,r^2}{86400\ n'\,T^2\,(90^{\circ} - L')} = \frac{1}{257420}.$$

La probabilité demandée a donc pour expression

$$(0{,}6931 - 0{,}5000) \times \frac{1}{268040}$$

$$+\ (0{,}6900 - 0{,}4999) \times \frac{1}{257420} = \frac{1}{752730}.$$

Observation sur le Problême que l'on vient de résoudre.

(136) Le Problême que nous venons de résoudre est différent de celui dans lequel, en supposant que l'on sçut d'avance qu'une Comète doit couper l'orbite de la Terre dans l'espace d'une année, on demanderoit quelle est la probabilité que dans le cours de cette année la Comète approchera de 13000 lieues de la Terre. Cette nouvelle question est facile à résoudre d'après nos méthodes. En effet, puisque nous avons déterminé (§. 91 & suivans) quelle doit être la distance de la Terre à la ligne des nœuds, au moment ou la Comète traverse l'écliptique, pour que la Terre & la Comète puissent se trouver un instant à une distance donnée. Soient $b\,1$, $b\,2$, les deux angles déterminés par l'équation du §. 92 ; on aura évidemment pour expression de la probabilité demandée ;

$$\text{Probabilité demandée} = \frac{b\,1 + b\,2}{360^{\circ}}.$$

(137) Cette solution suppose que l'on connoît d'avance les élémens de la Comète. Si l'on vouloit faire entrer en ligne de compte, l'incertitude & la probabilité des différens angles sous lesquels la trajectoire de la Comète peut couper l'orbite de la Terre, ainsi que nous l'avons fait ci dessus, le Problême deviendroit beaucoup plus compliqué. Je ne m'étendrai pas d'avantage sur ce sujet, parce que le Problême du §. 132 me paroît la véritable question qu'il y avoit à résoudre. Nous remarquerons seulement que la probabilité des différens angles L est exprimée (§. 130)

par $\dfrac{(r - \text{cosin. } L)^2}{r^2}$. Si l'on cherche maintenant à quel

angle L répond la probabilité $\frac{1}{2}$, c'est-à-dire la moyenne proportionnelle arithmétique entre la plus grande & la

plus petite probabilité, on aura $\dfrac{(r - \text{cosin. } L)^2}{r^2} = \frac{1}{2}$;

donc cosin. $L = r - \dfrac{r}{\sqrt{2}}$; donc $L = 69° \ 49' \ 40''$.

Dans les équations du §. 106 substituons r à T, & dans la supposition de $L = 69° \ 49' \ 40''$ nous aurons pour une Comète directe $b\,1 + b\,2 = 2' \ 48''$. La

probabilité aura donc pour expression $\dfrac{2' \ 48''}{360°} = \dfrac{1}{7714}$.

Dans le cas d'une Comète rétrograde, dont la trajectoire feroit un angle de $69° \ 49' \ 40''$ avec l'orbite

de la Terre, la probabilité seroit de $\dfrac{1}{5492}$; dans le

cas d'une Comète perpendiculaire à l'orbite de la Terre,

la probabilité seroit de $\dfrac{1}{6821}$.

Remarques sur l'hypothèse à laquelle nous avons appliqué le calcul des probabilités, & sur la Comète de 1680.

(138) Quelque petite que soit, d'après les métho-

des précédentes, la probabilité qu'à un inftant donné, notre globe & une Comète puiffent fe trouver à une diftance nuifible, le danger ne feroit point nul, fi l'hypothèfe dont nous fommes partis étoit véritable. Mais on ne doit point oublier que cette hypothèfe eft fondée fur la condition qu'il exifte une ou plufieurs Comètes dont la trajectoire coupe l'orbite terreftre ; condition contre l'exiftence de laquelle on peut parier l'infini contre l'unité. Le danger que nous courons de la part des Comètes eft donc, fi j'ofe m'exprimer ainfi, un infiniment petit du fecond ordre. J'ai cru devoir infifter fur cette remarque, pour calmer les inquiétudes de quelques perfonnes qui ont conçu des allarmes déplacées à ce fujet.

(139) Je ne puis paffer fous filence la remarque fuivante relativement à la Comète de 1680 dont M. Whifton s'eft fervi pour expliquer le déluge. Rien de plus ingénieux que le fyftème de ce célèbre Aftronome, rien de plus fçavant que les recherches chronologiques qui l'étayent. Il penfe que l'inondation qui a couvert la Terre à cette époque, a été occafionnée, foit par la proximité de la Comète, qui a pu faire gonfler les eaux de la Mer & de l'intérieur de la Terre, foit par la queue de la Comète dans laquelle notre globe s'eft trouvé engagé. Comme ce fyftème n'eft fondé que fur des poffibilités, il eft auffi difficile de le réfuter que de l'établir fur des raifonnemens démonftratifs. Avec les élémens que l'on a conclus de la dernière apparition de cette Comète, fon *minimum* de diftance à la Terre n'auroit pu être que 165740 lieues. Eft-il probable, d'après les remarques du §. 112, qu'à cette diftance la Comète ait occafionné un auffi grand bouleverfement dans les eaux de notre globe ? On peut dire, à la vérité, qu'avec des élémens un peu différens, la Comète auroit pu approcher beaucoup plus près de la Terre ; mais on ne répond point par-là à l'argument tiré de la rapidité de la marche de

la Comète. Quant à la queue de la Comète, j'obſerverai que la grande proximité de cet Aſtre à la Terre, n'a lieu que dans la branche de ſa trajectoire qu'elle décrit avant ſon paſſage par le périhélie, tems auquel cette Comète ne s'étant pas encore approchée du Soleil, ſa queue n'a rien de remarquable. Dans la branche, au contraire, que la Comète décrit après ſon paſſage par le périhélie, la plus courte diſtance de cet Aſtre à l'orbite de la Terre, eſt de plus de neuf millions de lieues. Eſt-il naturel de penſer que l'atmoſphère de la Comète, dont la nature nous eſt d'ailleurs totalement inconnue, produiſe un ſi grand déſaſtre à une telle diſtance ? Je finis ce paragraphe par une remarque ſur le ſens que l'on doit donner à la citation de M. Halley par M. de la Lande. Suivant cet Aſtronome, *le 11 Novembre 1680 la Comète n'étoit guère éloignée que comme la Lune*. On pourroit d'abord croire que cette Comète s'eſt réellement approchée très-près de la Terre ; mais on ſe tromperoit ſi l'on attribuoit ce ſens à ces paroles ; il faut ſeulement entendre que le 11 Novembre 1680, la Comète n'étoit guère éloignée que comme la Lune, *du point correſpondant de l'orbite de la Terre* ; car dans le fait la Comète de 1680 a toujours été à une diſtance de la Terre plus grande que ſeize millions de lieues. J'ai inſiſté ſur cette remarque, parce que j'ai vu pluſieurs perſonnes dans l'erreur à ce ſujet. On obſervera auſſi que l'époque du 11 Novembre 1680 eſt comptée ſuivant l'ancien ſtyle ; pour la ramener au ſtyle actuel, il faudroit lire le 21 Novembre 1680.

SECTION SIXIÈME.

Recherches préliminaires aux altérations que les résultats precédens peuvent éprouver , en vertu des actions réciproques de la Terre & de la Comète.

(140) LES Problêmes précédens ont été résolus dans l'hypothèse que les orbites de la Terre & de la Comète , n'éprouvent aucune altération à l'approche de ces deux corps ; la supposition n'est point exacte : je dois donc chercher à déterminer au moins d'une manière approchée , combien ces résultats peuvent être altérés par les perturbations des orbites. Cette discussion exige la solution de quelques questions préliminaires. Je vais les présenter avec le plus d'ordre qu'il me sera possible.

Détermination de l'espèce & des dimensions de la trajectoire décrite par un projectile , d'après les circonstances connues de son mouvement à un point particulier de cette trajectoire.

(141 Soit

    a le demi-grand axe d'une section conique ;

    E la distance du foyer au centre de la section conique ;

    R le rayon vecteur ;

    u l'angle du rayon vecteur avec le grand-axe ; cet angle s'appelle ordinairement l'angle traversé ;

    r le rayon du cercle sur lequel cet angle est mesuré ; l'apside inférieure est l'origine de de l'angle ;

    P le paramètre de la section conique ;

    θ l'angle de la tangente à la courbe , avec le rayon vecteur.

On peut conclure du §. 7 , que l'équation générale aux sections coniques par rapport au foyer, est

$$(1) \quad 2 R \left(r + \frac{E}{a} \operatorname{cosin.} u \right) - r P = 0.$$

Si l'on différencie cette équation , on parviendra au résultat suivant ;

$$(2) \quad r \, d R \left(r + \frac{E}{a} \operatorname{cosin.} u \right) - \frac{E}{a} R \operatorname{sin.} u \, d u = 0 ;$$

cette équation combinée, avec l'équation (1) donne,

$$(3) \quad r^2 P \, d R - \frac{2 E}{a} R^2 \operatorname{sin.} u \, d u = 0.$$

On a de plus (§. 96)

$$(4) \quad \operatorname{Tang.} \theta = \frac{P r^2}{\frac{2 E}{a} R \operatorname{sin.} u} ;$$

$$(5) \quad \operatorname{sin.} \theta = \frac{P r^2}{\sqrt{\left(P^2 r^2 + \frac{4 E^2}{a^2} R^2 \operatorname{sin}^2. u \right)}} ;$$

$$(6) \quad \operatorname{cosin.} \theta = \frac{\frac{2 E}{a} R r \operatorname{sin.} u}{\sqrt{\left(P^2 r^2 + \frac{4 E^2}{a^2} R^2 \operatorname{sin}^2. u \right)}}.$$

Telles sont les équations fondamentales du Problême.

(142) Puisque (§. 141 éq. (1) & (5))

$$2 R \left(r + \frac{E}{a} \operatorname{cosin.} u \right) - r P = 0 ;$$

que $\operatorname{sin.} \theta = \dfrac{P r^2}{\sqrt{\left(P^2 r^2 + \dfrac{4 E^2}{a^2} R^2 \operatorname{sin}^2. u \right)}} ;$

que d'ailleurs , $\operatorname{sin}^2. u = r^2 - \operatorname{cosin}^2. u$; on aura , en combinant ces équations ,

$$(1) \quad E : a :: \sqrt{\left(R (R - P) + \frac{P^2 r^2}{4 \operatorname{sin}^2. \theta} \right)} : R.$$

(143) On voit par-là que si l'on connoît pour un certain point déterminé, le rayon vecteur, l'angle du rayon vecteur avec la tangente, & le paramètre de la section; on connoîtra, au moyen de l'équation précédente, l'espèce de la trajectoire décrite. Il ne s'agit que de constater si E égale, surpasse, ou est moindre que a. Si $E = a$, la trajectoire est une parabole; si E est moindre que a, la trajectoire est une ellipse; si $E = o$, la trajectoire est un cercle; si E surpasse a, la trajectoire est une hyperbole.

(144) Au lieu de l'angle du rayon vecteur avec la Tangente, si l'on connoissoit l'angle du rayon vecteur avec le grand‑axe de la section conique, l'équation

$$2 R \left(r + \frac{E}{a} \, \text{cosin.} \, u \right) - r\, P = o$$ donneroit tout de suite,

$$E : a :: r (P - 2 R) : 2 R \, \text{cosin.} \, u.$$

(145) Dans l'hypothèse des §. 142 & 143, non‑seulement l'espèce de la trajectoire décrite est connue; on a de plus les dimensions de la trajectoire individuelle. Car puisqu'en général (§. 142)

$$E^2 R^2 - a^2 \left(R (R - P) + \frac{P^2 r^2}{4 \sin^2. \vartheta} \right) = o;$$

que d'ailleurs par les propriétés des sections coniques, l'on a dans le cas de l'ellipse, $a^2 - E^2 - \frac{a\,P}{2} = o$,

& dans le cas de l'hyperbole, $E^2 - a^2 - \frac{a\,P}{2} = o$;

on parviendra aux résultats suivans;

Pour l'ellipse.

$$a = \frac{2 R^2 \sin^2. \vartheta}{4 R \sin^2. \vartheta - P\, r^2};$$

$$E = \frac{R \sin. \vartheta}{4 R \sin^2. \vartheta - P\, r^2} \sqrt{\left(4 R \sin^2. \vartheta (R - P) + P^2 r^2 \right)}.$$

Pour l'hyperbole.

$$\alpha = \frac{2\,R^2\,\sin^2.\,\theta}{P\,r^2 - 4\,R\,\sin^2.\,\theta}\,;$$

$$E = \frac{R\,\sin.\,\theta}{P\,r^2 - 4\,R\,\sin^2.\,\theta}\,\sqrt{\left(4\,R\,\sin^2.\,\theta\,(R - P) + P^2\,r^2\right)}.$$

Lors donc qu'au moyen de l'équation (1) du §. 142, on aura constaté l'espèce de la trajectoire décrite, on déterminera par les équations précédentes, les dimensions de cette trajectoire, c'est-à-dire son demi-grand-axe & son excentricité. Il s'agit maintenant de déduire le paramètre de la section conique, des circonstances du mouvement.

Détermination du paramètre de la trajectoire décrite, d'après les circonstances du mouvement.

(146) Soit

    ρ une certaine distance donnée d'un corps au centre d'attraction ; nous entendrons le plus ordinairement par ρ, le rayon de la sphère attirante ;

    δ le nombre de pieds qu'un corps grave parcourt pendant la première seconde de sa chûte, en vertu des impulsions uniformes d'une force centrale variable en raison inverse du quarré des distances, lorsque ce corps grave est à la distance ρ du centre d'attraction.

Si l'on suppose un autre corps grave à une distance R du centre de gravité, & que l'on nomme

    y le nombre de pieds que ce corps grave parcourra pendant la première seconde de sa chûte, en vertu des impulsions uniformes de la force centrale qui agit à l'extrêmité du rayon R.

Comme ces espaces respectifs sont en raison de l'intensité de la force centrale à l'extrêmité des rayons vecteurs où elle agit , & par conséquent en raison inverse du quarré des distances au centre d'attraction , on aura

$$y = \frac{v^2 \delta}{R^2}.$$

(147) On démontre également en Méchanique que si l'on veut comparer les différentes vitesses successives d'un même corps sollicité par une force accélératrice constante , on a ; *les quarrés des vitesses acquises sont comme les espaces parcourus.*

(148) On sçait enfin que dans le mouvement uniformément accéléré , *l'espace parcouru dans un tems donné , est sous-double de l'espace que le corps auroit parcouru , s'il s'étoit mû uniformément pendant le même tems avec sa vitesse finale.*

Appliquons ces principes.

(149) Soit V la vitesse d'un corps ; cette vitesse se mesure par l'espace qu'il décriroit d'un mouvement uniforme dans un tems donné , par exemple , dans une seconde ;

h la hauteur dont il faudroit que ce corps tombât librement , pour acquérir pendant sa chûte , en vertu des impulsions uniformes de la force centrale qui agit à la distance R du centre d'attraction , une vitesse égale à V ;

& conservons d'ailleurs les définitions de δ & de y du §. 146.

Puisque le corps parcourroit l'espace y pendant une seconde de tems , en vertu des impulsions uniformes de la force centrale qui agit à la distance R , sa vitesse acquise à la fin de ce premier instant seroit telle (§. 148) qu'il parcourroit l'espace $2y$ pendant une seconde , en vertu de cette vitesse uniforme ; elle sera donc

donc exprimée par $2\,\dot{y}$; on a donc, en vertu du §. 147,
$4\dot{y}^2 : V^2 :: y : h$; donc

$$(1) \qquad 4\,h\,y - V^2 = 0;$$

mais d'ailleurs (§. 146); $y = \dfrac{\rho^2 \partial}{R^2}$; donc

$$(2) \qquad 4\,h\,\rho^2\,\partial - V^2 R^2 = 0.$$

(150) On démontre généralement en Méchanique,
que relativement à toutes les trajectoires coniques,
*le paramètre de la section conique est égal à quatre fois
la hauteur dont il faudroit que le projectile tombât librement, pour acquérir pendant sa chûte, en vertu des
impulsions uniformes de la force centrale qui agit à
l'extrêmité du rayon vecteur, sa vitesse tangentielle; multipliée par le quarré du sinus de l'angle de la Tangente avec le rayon vecteur, & divisée par le quarré
du rayon.*
Si donc l'on conserve les définitions des §. précédens,
cette propriété sera exprimée par $P = \dfrac{4\,h\,\sin^2. \theta}{r^2}$; mais
(§. 149) $4\,h\,\rho^2\,\partial - V^2 R^2 = 0$; donc

$$P = \frac{V^2 R^2 \sin^2. \theta}{r^2 \rho^2 \partial}.$$

(151) On voit par-là que si l'on connoît l'espace ∂
qu'une force centrale variable en raison inverse du
quarré des distances, fait décrire à un corps pendant
la première seconde de sa chûte, à la distance r du
centre des forces; que de plus l'on connoisse la vitesse
V d'un projectile, lorsqu'il est à l'extrêmité d'un rayon
vecteur R pareillement donné ; que l'on connoisse
enfin l'angle θ du rayon vecteur avec la tangente ; la
trajectoire décrite sera entiérement déterminée. En
effet le paramètre sera connu par l'équation du §. 150;
l'espèce de la trajectoire sera déterminée par l'équation
(1) du §. 142 ; l'angle du rayon vecteur avec le grand-
axe sera connu par l'équation (1) du §. 141 ; on déter-

minera enfin'la valeur abfolue du demi-grand axe , &
de la diftance du foyer au centre de la fection conique ,
par les équations du §. 145.

(152) Si réciproquement la trajectoire étoit donnée ,
on trouveroit facilement la vîteffe du projectile correfpondante aux différens points de fon orbite. En
effet , puifque par la fuppofition la trajectoire eft
donnée , on connoît fon paramêtre , fon demi-grand
axe , & la diftance du foyer au centre de la fection.
Si donc l'on prend un certain rayon vecteur à volonté ,
on déterminera par l'équation (1) du §. 141 , l'angle
de ce rayon vecteur avec le grand-axe ; l'angle du rayon
vecteur avec la Tangente fera connu par les équations
(4) (5) & (6) du §. 141 ; on déterminera enfin la vîteffe
du projectile par l'équation du §. 150.

*Détermination du tems que les différens projectiles
emploient à décrire leurs trajectoires entières.*

(153) Je me propofe de déterminer le tems que les
différens projectiles emploient à décrire leurs trajectoires entières. Je remarque d'abord , relativement à
cette queftion , que fi les trajectoires font paraboliques
ou hyperboliques , il n'y a rien à chercher ; en effet ,
les branches des trajectoires étant infinies , le tems de
la defcription de ces branches eft infini comme elles. Il
n'en eft pas de même fi la trajectoire eft elliptique ; &
c'eft le feul cas que je me propofe d'examiner.

(154) M. Newton a démontré que *fi plufieurs corps
circulent dans des ellipfes différentes , en vertu d'une
force centrale variable fuivant la raifon inverfe du
quarré des diftances , les tems des révolutions dans ces
différentes ellipfes , font comme les racines quarrées du
cube des grands axes.* Il ne s'agit donc , pour déterminer le tems abfolu employé à décrire les différentes
ellipfes , que de connoître le tems de la révolution dans
une certaine ellipfe particulière , dont le grand axe foit
déterminé , & d'en conclure le tems des révolutions

dans les autres ellipses , par la comparaison des grands-axes. Rien de plus simple que d'employer à cet usage le cercle , dont la description uniforme permet de conclure le tems total de la révolution , par le tems employé à décrire un petit arc. Développons cette idée.

(155) Je suppose que l'on ait constaté que la trajectoire décrite est une ellipse, & que l'on veuille déterminer le tems que le projectile emploiera à décrire l'ellipse entière. Au moyen des équations du §. 145 , je commence par déterminer les quantités a & E ; c'est-à-dire , le demi-grand axe de la section , & la distance du foyer au centre. Je cherche ensuite quelle seroit la vitesse d'un corps qui circuleroit dans un cercle dont le rayon seroit égal à a — E. Comme , relativement au cercle , le paramètre est égal à deux fois le rayon , & que l'angle de la Tangente avec le rayon vecteur est toujours droit ; dans l'équation du §. 150 , je substitue r à sin. b, $2(a - E)$ à P , $a - E$ à R; & j'ai

$$V = \frac{b \sqrt{(2\delta)}}{\sqrt{(a - E)}}.$$

Soit maintenant

$\dfrac{2 m}{n}$ le rapport de la circonférence du cercle au rayon ;

   x le nombre de secondes que le projectile emploieroit à décrire le cercle ;

   X le nombre de secondes que le projectile emploiera à décrire l'ellipse dont il s'agit.

Il est clair que la circonférence du cercle aura pour expression $\dfrac{2 m}{n} (a - E)$; d'ailleurs , puisque V mesure l'espace que le projectile décriroit dans le cercle pendant une seconde de tems, $x : 1 : : \dfrac{2 m}{n} (a - E) : \dfrac{p\sqrt{(2\delta)}}{\sqrt{(a - E)}}$;

donc $x = \dfrac{2m}{n} \times \dfrac{(a-E)^{\frac{3}{2}}}{\rho \sqrt{(2\delta)}}$; mais (§. 154) $x : X$

$:: 2^{\frac{1}{2}}(a-E)^{\frac{3}{2}} : 2^{\frac{1}{2}} a^{\frac{3}{2}} :: (a-E)^{\frac{3}{2}} : a^{\frac{3}{2}}$; donc

$$(1) \qquad X = \dfrac{2m}{n} \dfrac{a^{\frac{3}{2}}}{\rho \sqrt{(2\delta)}}.$$

De la relation entre le nombre de pieds que parcourt un corps grave pendant la première seconde de sa chûte à la surface d'une Planète, & le tems de la révolution de ses satellites.

(156) L'équation (1) du paragraphe précédent fournit un moyen bien facile pour déterminer le nombre de pieds que parcourt un corps grave pendant la première seconde de sa chûte à la surface d'une Planète, lorsque l'on connoît le tems de la révolution de ses satellites. Soit en effet,

X le tems total de la révolution d'un satellite, exprimé en secondes horaires ;

ρ le rayon de la Planète exprimé en pieds ;

a le rayon de la trajectoire du satellite, exprimé en pieds ; il n'est pas nécessaire de supposer cette trajectoire circulaire ; on pourroit la supposer elliptique ; a seroit alors le demi-grand axe de la section ;

δ le nombre de pieds que parcourt un corps grave pendant la première seconde de sa chûte à la surface de la Planète ;

$\dfrac{2m}{n}$ le rapport de la circonférence du cercle au rayon ;

on aura

$$\delta = \dfrac{2m^2}{n^2} \times \dfrac{a^3}{X^2 \rho^2}.$$

Je ferai usage de cette équation pour déterminer le

nombre de pieds parcourus par les corps graves, pendant la première seconde de leur chûte, à la surface
des Planètes qui ont des satellites.

*Comparaison des masses & des densités des Planetes
qui ont des satellites.*

(157) Soit M la masse d'une Planète ;
       ρ le rayon de la Planète ;
       δ le nombre de pieds que parcourt un
          corps grave à la surface de cette Pla-
          nète, pendant la première seconde de
          sa chûte.
      M′ la masse d'une autre Planète ;
       ρ' le rayon de cette autre Planète ;
       δ' le nombre de pieds que parcourt un
          corps grave pendant la première se-
          conde de sa chûte à la surface de cette
          autre Planète.

Puisque δ, δ' expriment l'effet produit dans le même
tems par la force centrale, à la surface des deux Planètes ; que cet effet est proportionnel à sa cause ; &
que l'intensité de la force centrale est égale à la masse
du corps attirant divisée par le quarré de la distance

au centre des forces ; on a $\delta : \delta' :: \dfrac{M}{\rho^2} : \dfrac{M'}{\rho'^2}$; donc

$$M : M' :: \rho^2 \delta : \rho'^2 \delta'.$$

Cette équation servira à déterminer le rapport des
masses de deux Planètes, lorsque l'on connoîtra le
nombre respectif de pieds que parcourt un corps grave
à la surface de ces Planètes.

Quant aux densités respectives, elles sont entre elles
comme les masses divisées par les volumes ; c'est-à-dire,
comme les masses divisées par le cube des rayons ; ou,

si l'on veut, comme $\dfrac{\delta}{\rho}$ est à $\dfrac{\delta'}{\rho'}$.

Détermination du tems que les projectiles emploient à décrire les différentes portions de leurs trajectoires.

(158) La méthode des §. 153 & suivans, détermine bien le tems que le projectile emploie à décrire sa trajectoire entière ; mais si l'on vouloit connoître le tems pendant lequel ce projectile décrit les différentes portions de sa trajectoire, la méthode précédente ne pourroit donner aucune lumière à cet égard. On démontre en général dans la Méchanique, *que les aires parcourues par le rayon vecteur, sont proportionnelles au tems.* Il suit de-là que pour avoir le rapport du tems total de la description de la trajectoire entière au tems employé à décrire une portion particulière de cette trajectoire, il faut connoître le rapport de l'aire totale de la courbe à l'aire correspondante à la portion décrite de la trajectoire. Nous allons nous occuper de l'expression de cette aire particulière.

(159) Si l'on conserve les définitions du §. 141, on démontre généralement en Géométrie, que dans toute courbe décrite par rapport à un pôle, l'élément de l'aire de la courbe a pour expression $\frac{R^2\,du}{2r}$; mais puisque les aires parcourues par le rayon vecteur, sont proportionnelles au tems (§. 158) ;

soit

> X le nombre de secondes que le projectile emploie à décrire les différentes portions de sa trajectoire ;

on aura

$$L X = \int \frac{R^2\,du}{2r}\,.$$

> L est un multiplicateur constant qu'il s'agit de déterminer.

(160) Pour déterminer la quantité L ; soit un corps

quelconque circulant dans la trajectoire Q P, en vertu Fig. VI.
d'une force centrale variable en raison inverse du
quarré des distances ; S le centre des forces ; Q S le
rayon vecteur ; Y Q R la Tangente à la trajectoire au
point Q ; S Y la perpendiculaire abaissée du centre
des forces sur la Tangente ; Q C le rayon osculateur
au point Q ; P Q un arc infiniment petit décrit par le
projectile ; Q m l'espace correspondant parcouru dans
la direction du rayon vecteur en vertu de la force
centrale ; Q n l'espace correspondant dans la direction
du rayon osculateur.

Plus le point P approche du point Q, plus $\dfrac{PQ \times SY}{2}$
approche d'être égal à l'aire P S Q ; & par conséquent,
plus P Q approche d'être égal à $\dfrac{2 \times \text{l'aire P S Q}}{S Y}$.

Par une autre propriété commune à toutes les courbes ; plus le point P approche du point Q, plus P Q^2
approche d'être égal à Q $n \times$ 2 Q C. D'après les constructions précédentes, l'angle Q $n\,m$ est droit, & l'angle
Q $m\,n$ est égal à l'angle de la Tangente avec le rayon
vecteur ; donc Q n : Q m :: sin. (angle Tang. avec le
rayon vecteur) : sin. total :: sin. θ : r. Donc plus le
point P approche du point Q, plus P Q approche d'être

égal à $\sqrt{\left(2\, Q\,C \times Q\,m \times \dfrac{\text{sin. } \theta}{r} \right)}$, ou plutôt

à $\sqrt{\left(2\, Q\,C \times \dfrac{\text{sin. } \theta}{r} \times \dfrac{r^2\,\partial}{Q S^2} \right)}$, puisque Q m est l'espace

parcouru dans la direction du rayon vecteur en vertu
de la force centrale, & que cet espace a pour expression (§. 146) $\dfrac{r^2\,\partial}{Q S^2}$. $\dfrac{2 \times \text{l'aire P S Q}}{S Y}$ & $\sqrt{\left(2 Q C \times \dfrac{\text{sin. } \theta}{r} \times \dfrac{r^2\,\partial}{Q S^2} \right)}$

sont donc les limites dont P Q approche à la fois ;
donc, en vertu de la théorie des limites, il a égalité

Fig.VI. entre $\sqrt{\left(2\,QC \times \dfrac{\sin.\,\theta}{r} \times \dfrac{\rho^2\,\delta}{QS^2}\right)}$ & $\dfrac{2 \times \text{l'aire } PSQ}{SY}$; les aires parcourues en même tems par différens corps, qui circulent autour du même centre de gravité, sont donc rigoureusement égales à $\tfrac{1}{2}SY\sqrt{\left(2\,QC \times \dfrac{\sin.\,\theta}{r} \times \dfrac{\rho^2\,\delta}{QS^2}\right)}$.

(161) Il est facile maintenant d'évaluer la quantité L; en effet, si l'on compare les différentes valeurs de L pour les différentes trajectoires, & que pour ne pas confondre ces quantités, l'on nomme L, R, u, &c. les valeurs qui appartiennent à une des trajectoires, L', R', u', &c. les valeurs qui appartiennent à l'autre trajectoire; on aura, en supposant les tems égaux ($\S.$ 159);

$$L : L' :: \int \frac{R^2\, d u}{2 r} : \int \frac{R'^2\, d u'}{2 r} ;$$

mais ($\S.$ 160)

$$\int \frac{R^2\, d u}{2 r} : \int \frac{R'^2\, d u'}{2 r} :: \tfrac{1}{2}SY\sqrt{\left(2\,QC \times \frac{\sin.\,\theta}{r} \times \frac{\rho^2\,\delta}{QS^2}\right)}$$
$$: \tfrac{1}{2}SY'\sqrt{\left(2\,QC' \times \frac{\sin.\,\theta'}{r} \times \frac{\rho^2\,\delta}{QS'^2}\right)} ;$$

donc

$$L : L' :: \tfrac{1}{2}SY\sqrt{\left(2\,QC \times \frac{\sin.\,\theta}{r} \times \frac{\rho^2\,\delta}{QS^2}\right)}$$
$$: \tfrac{1}{2}SY'\sqrt{\left(2\,QC' \times \frac{\sin.\,\theta'}{r} \times \frac{\rho^2\,\delta}{QS'^2}\right)} ;$$

donc en général

$$L = \tfrac{1}{2}SY\sqrt{\left(2\,QC \times \frac{\sin.\,\theta}{r} \times \frac{\rho^2\,\delta}{QS^2}\right)}.$$

(162). L'expression de L du $\S.$ précédent peut être mise sous une forme plus commode. En effet, puisque L est une quantité constante, il est indifférent de l'évaluer par rapport à un point quelconque, & il est naturel de préférer celui qui donnera l'expression la plus simple. Evaluons donc cette quantité par rapport

à l'apſide inférieure , où le rayon vecteur eſt perpen- Fig. VI.
diculaire à la Tangente. Dans ce cas , la perpendiculaire
abaiſſée du centre des forces ſur la Tangente, eſt évidemment égale au rayon vecteur , d'ailleurs dans toute ſection
conique , relativement à ce point le rayon de courbure
eſt égal à la moitié du paramêtre ; on a donc $SY = QS$,
$2QC = P$, ſin. $\theta = r$; donc $L = \frac{1}{2} \sqrt{P\delta}$; donc

$$X = \int \frac{R^2\, du}{\tfrac{1}{2} r \sqrt{P\delta}},$$

(163) J'ai avancé (§. 150) que relativement à
toutes les trajectoires coniques , *le paramêtre de la
ſection eſt égal à quatre fois la hauteur dont il faudroit
que le projectile tombât librement , pour acquérir pendant ſa chûte , en vertu des impulſions uniformes de la
force centrale qui agit à l'extrêmité du rayon vecteur ,
ſa vîteſſe tangentielle ; multipliée par le quarré du ſinus
de l'angle de la Tangente avec le rayon vecteur , & di-
viſée par le quarré du rayon.* On ne ſera peut-être pas
fâché de voir comment cette propoſition ſe déduit des
conſtructions précédentes.

Soit S le centre des forces ; PS, QS deux rayons Fig. VII.
vecteurs infiniment proches ; PQ la Tangente au
point P qui approche de ſe confondre avec l'arc PQ ;
P *m* l'arc décrit du centre S & du rayon SP ; & con-
ſervons les définitions de V , h , R , P , θ , ρ , δ des
§. précédens.

Puiſque V eſt la vîteſſe ſuivant la Tangente P Q ;
que P Q *m* eſt égal à l'angle du rayon vecteur avec la
Tangente, angle que nous avons nommé θ ; $\dfrac{V \ ſin. \ \theta}{r}$

ſera la vîteſſe ſuivant P *m*. Dans toute trajectoire , P *m*

a pour expreſſion $\dfrac{R\, du}{r}$; donc puiſque la vîteſſe eſt égale

à l'eſpace diviſé par le tems , ſi l'on nomme X le
tems , & par conſéquent d X le tems infiniment petit ,

Fig. VII. la vîteſſe ſuivant P m ſera égale à $\frac{R\,du}{r\,dX}$; mais (§. 162)

$$dX = \frac{R^2\,du}{\rho\,r\,\sqrt{P\,\delta}} \ ;$$

donc $\dfrac{V\,\sin.\,\theta}{r} = \dfrac{R\,du}{R^2\,du} \times \rho\,\sqrt{P\,\delta} = \dfrac{\rho\,\sqrt{P\,\delta}}{R}$;

donc $V^2\,R^2\,\sin^2.\,\theta = \rho^2\,r^2\,P\,\delta$;

mais (§. 149 (éq. 2)) $V^2\,R^2 = 4\,h\,\rho^2\,\delta$; donc

$$P = \frac{4\,h\,\sin^2.\,\theta}{r^2}\,.$$

Remarques ſur l'expreſſion du tems que les projectiles employent à parcourir les différentes portions de leurs trajectoires , relativement aux Problèmes de la Section quatrième.

(164) Lorſqu'il a été queſtion dans la Section quatrième , de déterminer la durée du tems que la Comète & la Terre ſont à des diſtances reſpectives plus petites qu'une diſtance aſſignée , & les conditions qui rendent cette durée nulle , ou la plus grande poſſible ; j'ai dit que la relation entre les aires ſimultanées décrites par la Comète & la Terre , chacune dans leur orbite , donnoit une équation entre les angles u , u' correſpondans. Je n'ai fait qu'indiquer cette équation ſans en donner la forme ; les recherches précédentes nous mettent en état de développer cette idée.

(165) Soit R le rayon vecteur de la Comète ;

δ la différence en longitude du nœud aſcendant & du périhélie de la Comète ;

a le demi-grand axe de la trajectoire de la Comète ;

E la diſtance du foyer au centre de la trajectoire ;

u l'angle du rayon vecteur de la Comète avec la ligne des nœuds à l'inſtant donné; cet angle doit être compté ſur le plan de l'orbite de la Comète , en partant du nœud aſcendant ;

T le rayon vecteur de la Terre ;

β' la longitude du nœud ascendant de la Comète moins la longitude du périhélie de la Terre ;

a' le demi-grand axe de la trajectoire de la Terre ;

E' la distance du foyer au centre de la trajectoire ;

P' le paramètre de l'orbite terrestre ;

u' l'angle du rayon vecteur de la Terre avec la ligne des nœuds ; cet angle doit être compté sur l'écliptique, en partant du nœud ascendant de la Comète ;

r le rayon du cercle sur lequel les angles u, u' sont comptés.

Il est évident que l'on a les équations suivantes,

Pour la Comète.

$$(1) \quad 2\,\mathrm{R}\left(r + \frac{\mathrm{E}}{a}\,\mathrm{cosin.}\,(u + \beta)\right) - r\,\mathrm{P} = 0.$$

Pour la Terre.

$$(2) \quad 2\,\mathrm{T}\left(r + \frac{\mathrm{E}'}{a'}\,\mathrm{cosin.}\,(u' + \beta')\right) - r\,\mathrm{P}' = 0.$$

Maintenant puisque l'on compare des tems écoulés depuis une certaine époque déterminée, la même pour la Terre que pour la Comète ; que d'ailleurs la Terre & la Comète ont toutes deux le Soleil pour centre de leurs mouvemens ; dans l'expression du §. 162, les valeurs de X relatives à la Terre sont égales aux valeurs de X relatives à la Comète ; on a donc

$$\int \frac{\mathrm{R}^2\,du}{p\,r\,\sqrt{(\mathrm{P}\delta)}} = \int \frac{\mathrm{T}^2\,du'}{p\,r\,\sqrt{(\mathrm{P}'\delta)}} ;$$

si dans cette équation l'on élimine R & T au moyen des équations (1) & (2), on parviendra au résultat suivant ;

$$(3) \quad \mathrm{P}^{\frac{3}{2}} \int \frac{du}{\left(r + \frac{\mathrm{E}}{a}\,\mathrm{cos.}\,(u + \beta)\right)^2} = \mathrm{P}'^{\frac{3}{2}} \int \frac{du'}{\left(r + \frac{\mathrm{E}'}{a'}\,\mathrm{cos.}\,(u' + \beta')\right)^2}.$$

On voit par-là que la solution du Problême dépend de la quadrature de deux secteurs elliptiques. On ne doit point oublier que chacun des membres de cette équation doit être intégré de maniere que par l'addition des constantes ils soient nuls à la même époque.

(166) Si l'on suppose la trajectoire de la Comète, parabolique; comme dans le cas de la parabole $E = a$, & $P = 4 \times$ distance périhélie $= 4 D$; l'équation (3) du §. précédent deviendra

$$8 D^{\frac{1}{2}} r^{\frac{1}{2}} \int \frac{d u}{\left(r + \text{cof.} (u + \beta)\right)^2} = P'^{\frac{1}{2}} r'^{\frac{1}{2}} \int \frac{d u'}{\left(r + \frac{E'}{a} \text{cof.} (u' + \beta)\right)^2} \cdot$$

Le premier membre s'intégre & a pour intégrale

$$\frac{8}{3} r^{-\frac{1}{2}} \frac{D^{\frac{1}{2}} \sin. (u + \beta)}{(r + \text{cof.} (u + \beta))^2} \times \left(2 r + \text{cof.} (u + \beta) \right) + C.$$

Quant au second membre, il dépend de la quadrature d'un secteur elliptique.

(167) Si l'on suppose l'orbite de la Terre circulaire, alors $E' = 0$, & $P' = 2 T$. Le second membre de l'équa-

tion aura pour intégrale $\dfrac{2 \sqrt{2} \times T^{\frac{3}{2}} (u' + \beta' + C')}{r^{\frac{1}{2}}}$; & l'on

parviendra au résultat suivant.

$$\frac{2 \sqrt{2}}{3} \times \frac{D^{\frac{1}{2}} \sin. (u + \beta)}{r^{\frac{1}{2}} (r + \text{cosin.} (u + \beta))^2} \times \left(2 r + \text{cof.} (u + \beta) \right)$$

$$+ C - \frac{T^{\frac{3}{2}}}{r^{\frac{1}{2}}} (u' + \beta' + C') = 0.$$

C & C' sont des constantes ajoutées dans l'intégration, afin que chacun des membres de l'équation soit nul à la même époque.

(168) Dans l'hypothèse d'une trajectoire parabolique, si l'on part de l'instant du passage de la Comète par le périhélie, comme dans ce cas, C est une quan-

tité nulle, que $P = 4 D$, & que $u + \beta$ exprime l'angle traversé par la Comète depuis son passage par le péri-hélie, l'équation du §. 162 conduira au résultat suivant.

$$X = \int \frac{2 r D^{\frac{1}{2}} d u}{\rho \, (r + \text{cosin.} \, (u + \beta))^2 \, \sqrt{\delta}}$$

$$= \tfrac{2}{3} \times \frac{D^{\frac{1}{2}} \text{sin.} \, (u + \beta) \times (2 r + \text{cosin.} \, (u + \beta))}{\rho \, (r + \text{cosin.} \, (u + \beta))^2 \, \sqrt{\delta}}$$

$$= \tfrac{2}{3} \times \frac{D^{\frac{1}{2}} \, (r - \text{cof.} \, (u + \beta))^{\frac{1}{2}} \times (2 r + \text{cof.} \, (u + \beta))}{\rho \, (r + \text{cosin.} \, (u + \beta))^{\frac{1}{2}} \, \sqrt{\delta}} \cdot$$

C'est la relation entre le tems exprimé en secondes horaires, & l'angle traversé par la Comète depuis son passage par le périhélie.

Dans cette équation D est la distance périhélie de la Comète, ρ est le demi-diamètre du Soleil, & δ est le nombre de pieds qu'un corps parcourroit à la surface du Soleil pendant la première seconde de sa chûte. On ne doit point oublier que les quantités D, ρ, δ, doivent être évaluées d'une manière analogue; c'est-à-dire que si, par exemple, δ est évalué en pieds, D & ρ doivent être évalués en pieds.

Remarques sur la Table du mouvement des Comètes.

(169) On appelle en Astronomie, *Table générale du mouvement des Comètes*, la relation entre le tems X & les différentes anomalies $u + \beta$, relativement à la Comète particulière dont la distance périhélie est égale à la moyenne distance de la Terre au Soleil. Cette Comète s'appelle quelquefois *Comète de 109 jours*, attendu qu'elle emploie en 109, 6133 jours à parvenir du périhélie à l'extrémité du rayon vecteur perpendiculaire au grand-axe de la Parabole; ainsi qu'il est aisé de le vérifier au moyen de l'équation du §. 167, en supposant dans cette équation $D = T$, $C = 0$, $C' = 0$, $\beta' = 0$, $u + \beta = 90°$; & en cherchant la

valeur de u' correspondante. Cette valeur est de
$108^u\ 2'\ 17''$, à laquelle répond le tems ci-dessus.
Cette Table a été nommée *Table du mouvement des
Comètes*, parce qu'elle représente les mouvemens de
toutes les Comètes possibles. En effet si dans deux
trajectoires différentes l'on compare les tems correspondans aux mêmes angles $u + \beta$, comme pour les
deux cas $u + \beta$, r, ρ & δ sont les mêmes, on aura

$$X : X' :: D^{\frac{1}{2}} : D'^{\frac{1}{2}};$$ d'où il suit que pour des Comètes
qui circulent autour du même centre d'atttaction, les
tems correspondans aux mêmes anomalies sont comme
les racines quarrées du cube des grands axes. Il est
aisé de voir comment on déduiroit de mes formules,
la Table du mouvement des Comètes, déjà calculée par
M. Halley & de la Caille. On peut voir aussi comment
on pourroit comparer les tems correspondans aux mêmes
anomalies, quand même les corps circuleroient autour
de deux centres d'atttaction différens.

(170) Relativement à la Comète dont la distance
périhélie est égale à la moyenne distance de la Terre
au Soleil, si l'on veut que la quantité X du §. 168

exprime des secondes horaires, on fera $\mathrm{Log.}\ \dfrac{2}{3}\dfrac{D^{\frac{3}{2}}}{\rho\sqrt{\delta}}$
$= 6,6753557.$ Si l'on veut que X exprime des centiè-

mes de jour, on fera $\mathrm{Log.}\ \dfrac{2}{3}\dfrac{D^{\frac{3}{2}}}{\rho\sqrt{\delta}} = 3,7388420.$

Si l'on vouloit construire une Table des mouvemens
relativement à toute autre Comète. Soit

    D la distance périhélie de la Comète de 109 jours;
    D' la distance périhélie de la nouvelle Comète ;
on ajouteroit aux logarithmes précédens la quantité suivante,

    $\frac{3}{2}$ (Log. D' — Log. D).

Détermination de la durée du tems qu'une Comète est à des distances de l'orbite de la Terre plus petites qu'une quantité donnée, & de l'époque precise où la Comète est à ces distances.

(171) Il est facile de déterminer la durée du tems que les Comètes de 837, 1618, 1680, 1743, 1763 & 1770 ont été à des distances de l'orbite de la Terre plus petites qu'un million de lieues. Nous avons vu, en effet ($.74, 75, 76, 77, 78, 79 \& 80$) que l'arc décrit par la Comète de 837 dans sa trajectoire, pendant le tems qu'elle s'est approchée de l'écliptique plus près que d'un million de lieues, est compris entre $6^s\,29°\,54'\,22''$ & $6^s\,26°\,5'\,2''$ sur l'orbite de la Comète ; la longitude du nœud ascendant étant d'ailleurs dans $6^s\,26°\,33'\,0''$, & celle du périhélie, dans $9^s\,19°\,3'\,0''$. Que l'arc décrit dans la même circonstance par la Comète de 1618, est compris entre $8^s\,16°\,25'\,25''$ & $8^s\,18°\,9'\,40''$; la longitude du nœud ascendant étant d'ailleurs dans $2^s\,16°\,1'\,0''$, & celle du périhélie dans $0^s\,2°\,14'\,0''$. Que l'arc décrit par la Comète de 1680, est compris entre $3^s\,1°\,35'\,0''$ & $3^s\,1°\,50'\,47''$; la longitude du nœud ascendant étant d'ailleurs dans $9^s\,2°\,2'\,0''$, & celle du périhélie dans $8^s\,22°\,39'\,30''$. Que l'arc décrit par la Comète de 1743, est compris entre $1^s\,13°\,37'\,10''$ & $1^s\,20°\,30'\,14''$; la longitude du nœud ascendant étant d'ailleurs dans $2^s\,8°\,10'\,48''$, & celle du périhélie dans $3^s\,2°\,58'\,4''$. Que dans la même circonstance la Comète de 1763 a décrit deux portions différentes de sa trajectoire ; qu'un des arcs est compris entre $11^s\,24°\,31'\,8''$ & $11^s\,26°\,17'\,3''$; que l'autre arc est compris entre $5^s\,24°\,55'\,7''$ & $5^s\,26°\,35'\,17''$; la longitude du nœud ascendant étant d'ailleurs dans $11^s\,26°\,29'\,29''$, & celle du périhélie, dans $2^s\,25°\,0'\,48''$. Qu'il en est de même de la Comète de 1770 ; qu'un des arcs est compris entre $2^s\,7°\,56'\,41''$ & $2^s\,8°\,51'\,16''$; que l'autre arc est compris entre $9^s\,8°\,36'\,34''$ &

9ſ 11⁶ 41′ 36″ ; la longitude du nœud aſcendant étant d'ailleurs dans 4ſ 19° 39′ 5″ , & celle du périhélie dans 11ſ 25° 27′ 16″. De plus , la Comète de 837 a paſſé par ſon périhélie, le 1 Mars 0h 0′ 0″ ; celle de 1618 a paſſé par le périhélie , le 8 Novembre 12h 32′ 0″ ; celle de 1680 a paſſé par ce point de ſon orbite , le 18 Décembre 0h 15′ 0″ ; celle de 1743 , le 10 Janvier 21h 24′ 57″ ; celle de 1763, le 1 Novembre 21h 6′ 29″; & enfin celle de 1770 a paſſé par ſon périhélie, le 9 Août 0h 16′ 54″. Il s'agit , d'après ces données , de déterminer l'intervalle de tems que ces différentes Comètes ont été à des diſtances de l'écliptique plus petites qu'un million de lieues , & l'époque précise où ces Comètes ont été à ces diſtances.

(172) L'équation du §. 168 réſout le premier Problême. En effet ſi l'on ſouſtrait la longitude du périhélie de celle du nœud aſcendant , on connoîtra pour chaque Comète la quantité β ; on connoîtra pareillement la diſtance périhélie D. Soit maintenant

> $u\,1 , u\,2$ les angles qui terminent l'arc que la Comète décrit dans ſa trajectoire pendant le tems qu'elle eſt à des diſtances de l'écliptique plus petites que la diſtance donnée ; ces angles ſe concluent en ſouſtrayant la longitude du nœud aſcendant des angles déterminés par la formule du §. 70 ;

> $d\,X$ le tems que la Comète eſt à des diſtances de l'écliptique plus petites que la diſtance donnée ;

on aura

$$d\,X = \tfrac{4}{3} \times \frac{D^{\frac{4}{2}}}{p\sqrt{e}} \left(\frac{\sin.(u\,1 + \beta) \times (2r + \cos.(u\,1 + \beta))}{(r + \cos in.(u\,1 + \beta))^{2}} \right.$$

$$\left. - \frac{\sin.(u\,2 + \beta)(2r + \cos in.(u\,2 + \beta))}{(r + \cos in.(u\,2 + \beta))^{2}} \right).$$

(173) Il eſt également facile de déterminer quelle
eſt

est précisément l'époque où la Comète se trouve à des distances de l'orbite de la Terre plus petites qu'une quantité assignée. En effet, puisque X exprime le tems que la Comète emploie à parvenir du périhélie, à l'angle $u\,2$ extrêmité de l'arc que cet astre décrit dans sa trajectoire, pendant le tems qu'elle est à des distances de l'orbite de la Terre plus petite qu'une distance donnée, on aura pour expression du tems où elle est à l'extrêmité de cet arc

$$X = \tfrac{2}{3} \times \frac{D^{\frac{3}{2}} \, \mathrm{sin.}\,(u\,2 + \beta) \times (2\,r + \mathrm{cosin.}\,(u\,2 + \beta))}{p\,(r + \mathrm{cosin.}\,(u\,2 + \beta))^2 \, \sqrt{\delta}}.$$

Si maintenant l'on compare ce tems avec celui du passage de la Comète par le périhélie, la question sera résolue.

Avant de faire usage de ces formules, on relira ce qui a été dit (§. 101) sur la manière d'évaluer l'angle β. On remarquera aussi que relativement aux Comètes rétrogrades, les angles $u\,1$, $u\,2$, se concluent en soustrayant les arcs déterminés §. 70, de la longitude du nœud ascendant. Nous appellerons $u\,1$ le plus grand de ces angles, & $u\,2$ le plus petit.

Application des théories précédentes aux Comètes de
837, 1618, 1680, 1743, 1763 & 1770.

Comète de 1680.

(174) Relativement à la Comète de 1680, nous avons vu que l'arc décrit par cette Comète, pendant le tems qu'elle étoit à des distances de l'écliptique plus petites qu'un million de lieues, est compris entre $3^s\,1°\,35'\,0''$ & $3^s\,1°\,50'\,47''$. Que de plus la longitude du nœud ascendant est dans $9^s\,2°\,2'\,0''$; & celle du périhélie dans $8^s\,22°\,39'\,30''$; d'ailleurs la distance périhélie est de 612,5. On a donc $\beta = 9°\,22'\,30''$; $D = 612,5$; $u\,1 = 15^s\,1°\,50'\,47'' - 9^s\,2°\,2'\,0''$ $= 5^s\,29°\,48'\,47'' = 179°\,48'\,47''$; $u\,1 + \beta = 189°\,11'\,17''$; $u\,2 = 15^s\,1°\,35'\,0'' - 9^s\,2°\,2'\,0'' = 5^s\,29°\,33'\,0''$ $= 179°\,33'\,0''$; $u\,2 + \beta = 188°\,55'\,30''$.

H

D'ailleurs le logarithme de la distance périhélie de la Comète de 109 jours $= 10,0000000$; le logarithme de la distance périhélie de la Comète de 1680 $= 7,7871061$; donc $\frac{1}{2}$ (Log. dist. périhélie de la Comète de 1680 — Log. dist. périhélie Comète de 109 jours) $= \frac{1}{2} (7,7871061 - 10,0000000) = -3,3193408$; si donc l'on veut que $d\,\mathrm{X}$ exprime des secondes horaires, on fera Log. $\frac{2}{3}\dfrac{\mathrm{D}^{\frac{3}{2}}}{\rho\sqrt{\partial}} = 6,6753557 - 3,3193408 = 3,3560149$; donc dans le cas de la Comète de 1680 $d\,\mathrm{X} = 200255'' = 2^{\text{jours}}\ 7^{\mathrm{h}}\ 37'\ 35''$; la Comète de 1680 a donc été $2^{\text{jours}}\ 7^{\mathrm{h}}\ 37'\ 35''$ à des distances de l'orbite de la Terre plus petites qu'un million de lieues.

Relativement à la même Comète, si l'on vouloit que $d\,\mathrm{X}$ exprimât des centièmes de jour, on feroit

$$\mathrm{Log.}\ \frac{2}{3}\frac{\mathrm{D}^{\frac{3}{2}}}{\rho\sqrt{\partial}} = 3,7388420 - 3,3193408 = 0,4195012.$$

(175) Dans le cas de la Comète de 1680, si l'on veut déterminer pareillement à quelle époque la Comète s'est trouvée à des distances de l'orbite de la Terre, plus petites qu'un million de lieues, on aura $\mathrm{X} = -28,13$ jours ; $= -28^{\text{jours}}\ 3^{\mathrm{h}}\ 7'\ 12''$; d'ailleurs le passage de cette Comète par le périhélie, est arrivé le 18 Décembre à $0^{\mathrm{h}}\ 15'\ 0''$. La Comète a donc commencé à être à des distances de l'orbite de la Terre moindres qu'un million de lieues, le 19 Novembre $21^{\mathrm{h}}\ 7'\ 48''$, & elle a continuée jusqu'au 22 Novembre $4^{\mathrm{h}}\ 45'\ 23''$. Pour que cette Comète eût été effectivement à des distances de la Terre plus petites qu'un million de lieues, il auroit fallu que le milieu de l'espace précédent eût coincidé avec le 25 Décembre ; la Comète a donc passé par le périhélie environ 34 jours trop tôt.

Comète de 837.

(176) On trouvera par de semblables calculs que la Comète de 837 a été 3^{jours} 19h 37′ 40″ à des distances de l'orbite de la Terre plus petites qu'un million de lieues, depuis le 5 Avril 20h 9′ 36″, jusqu'au 9 Avril 15h 47′ 16″. Pour que cette Comète eût pu être effectivement à des distances de la Terre plus petites qu'un million de lieues, il auroit fallu que le milieu de l'espace précédent eût coincidé avec le 16 Avril. La Comète a donc passé environ 9 jours trop tôt par le périhélie. Au reste on ne doit point oublier que l'exactitude des résultats est subordonnée à l'exactitude des élémens.

Comète de 1618.

(177) La Comète de 1618 a été 2^{jours} 0h 43′ 12″ à des distances de l'orbite de la Terre plus petites qu'un million de lieues, depuis le 29 Septembre 8h 12′ 48″, jusqu'au 1 Octobre 8h 56′ 0″. Pour que cette Comète eût pu être effectivement à des distances de la Terre plus petites qu'un million de lieues, il auroit fallu que le milieu de l'espace précédent eût coincidé avec le 7 Juin. La Comète a donc passé 114 jours trop tard par le périhélie.

Comète de 1743.

(178) La Comète de 1743 a été 5^{jours} 9h 36′ 0″ à des distances de l'orbite de la Terre plus petites qu'un million de lieues, depuis le 10 Décembre 1742 3h 39′ 21″, jusqu'au 15 Décembre 13h 15′ 21″ de la même année. Pour que cette Comète eût pu être effectivement à des distances de la Terre plus petites qu'un million de lieues, il auroit fallu que le milieu de l'espace précédent eût coincidé avec le 9 Novembre. La Comète a donc passé plus d'un mois trop tard par le périhélie. Il ne faut pas confondre cette Comète avec la belle Comète de 1744, qui a commencé à paroître vers la fin de 1743.

Comète de 1763.

(179) La Comète de 1763 a été deux fois à des distances de l'orbite de la Terre plus petites qu'un million de lieues. Savoir , 1°. 1^{jour} 18h 39′ 12″ depuis le 23 Septembre 20h 56′ 5″, jusqu'au 25 Septembre 15h 35′ 17″; 2°. 2^{jours} 7h 40′ 48″ depuis le 9 Décembre 18h 28′ 5″, jusqu'au 12 Décembre 2h 8′ 53″. Pour que cette Comète eût pu être effectivement à des distances de la Terre plus petite qu'un millions de lieues , il auroit fallu que le milieu de la première époque eût coincidé avec le 19 Septembre , ou que le milieu de la seconde époque eût coincidé avec le 17 Mars. Cette Comète a donc passé 5 jours trop tard , ou 5 mois $\frac{1}{3}$ trop tôt par le périhélie.

Comète de 1770.

(180) La Comète de 1770 a été deux fois à des distances de l'orbite de la Terre plus petites qu'un million de lieues. Savoir 1°. 2^{jours} 20h 38′ 24″ depuis le 29 Juin 22h 7′ 18″, jusqu'au 2 Juillet 18h 45′ 42″; 2°. 19h 18′ 32″ depuis le 14 Septembre 2h 49′ 32″, jusqu'au 14 Septembre 22h 8′ 4″. Comme l'arc parcouru par la Comète dans sa trajectoire pendant la première époque , est compris entre 9^s 8° 36′ 34″ & 9^s 11° 41′ 36″ sur son orbite ; que l'arc correspondant de la trajectoire de la Terre est compris entre 9^s 8° 37′ 25″ & 9^s 11° 42′ 27″ , & que c'est justement l'arc que la Terre a décrit dans l'intervalle du 30 Juin au 3 Juillet 1770, la Comète de 1770 a réellement approché de la Terre plus près qu'un million de lieues. Le *minimum* de distance a été d'environ 750000 lieues dans la journée du 1 Juillet. Quant à la seconde époque , pour que la Comète eût pu être effectivement à des distances de la Terre plus petites qu'un million de lieues , il auroit fallu que le milieu de cette seconde époque eût coincidé avec le 30 Novembre.

Cette Comète a donc paſſé deux mois & demi trop tard par le périhélie, relativement à cette dernière époque.

(181) On peut conclure de ces recherches que de toutes les Comètes obſervées, celle qui a approché le plus près de la Terre, eſt conſtamment la Comète de de 1770 ; le phénomène a eu lieu de nos jours ſans qu'il y ait eu la moindre altération dans la nature. On peut remarquer auſſi, qu'en général les Comètes qui ont effrayé l'Univers, ne ſont pas celles qui ont approché le plus près de la Terre ; ce ſont celles dont les diſtances périhélies étant très-petites, ont déployé de longues queues, depuis leur paſſage par ces points de leurs orbites.

SECTION SEPTIÈME.

Des altérations que les orbites peuvent éprouver en vertu des actions réciproques de la Terre & de la Comète.

(182) JE me propoſe dans cette Section, de donner une idée des altérations que les actions réciproques de la Terre & de la Comète, peuvent faire éprouver aux orbites. On ne doit pas s'attendre à trouver ici la ſolution rigoureuſe de cette queſtion ; il faudroit réſoudre le Problème des trois corps dans ſa plus grande généralité. Sans donner à la ſolution cette extrême exactitude, qu'on ne peut obtenir que par des calculs très-compliqués, je ferai uſage d'une méthode facile, & qui me paroît ſuffiſante pour donner une idée fort approchée des perturbations que les actions réciproques de la Terre & de la Comète peuvent occaſionner dans les orbites.

(183) Pour décompoſer la difficulté & rendre le Problème le plus acceſſible qu'il eſt poſſible, je partagerai cette Section en deux Articles ; dans le premier Article je supposerai la Masse de la Comète infiniment petite relativement à celle de la Terre, & je calculerai dans cette hypothèse les perturbations qu'éprouve l'orbite de la Comète de la part de la Terre. Dans le second Article, je supposerai les Masses de la Comète & de la Terre comparables entre elles, & je calculerai les perturbations des deux orbites dans cette nouvelle hypothèse.

ARTICLE PREMIER.

Dans lequel on suppose la Masse de la Comète infiniment petite relativement à celle de la Terre.

Hypothèse qui sert de base aux calculs.

Fig. VIII. (184) SOIT F un centre d'attraction dont la sphère d'activité ne s'étende pas au-delà de la circonférence B T bt. Quoique cette supposition ne soit pas rigoureusement vraie, puisque l'on ne peut point assigner de terme où finisse véritablement l'action de la gravité, il est aisé d'apprécier la légitimité de la supposition. Je suppose qu'un corps B entre suivant la direction B β, dans la sphère d'attraction du corps F. Dans tout le tems où il se trouve dans cette sphère d'attraction, je néglige toute autre action qui peut s'exercer d'ailleurs soit sur le corps F, soit sur le corps B ; ou, si l'on veut, je suppose que les corps B & F sont assez peu éloignés l'un de l'autre, pour que l'attraction du Soleil sur le corps B, par exemple, diffère infiniment peu de l'attraction du Soleil sur le corps F ; desorte que sans l'attraction du corps F, le corps B décriroit d'un mouvement relatif une ligne qui différeroit infiniment peu de la ligne droite. Il s'agit de déterminer dans cette hypo-

thèfe la trajectoire décrire par le corps B autour du Fig. VIII.
centre F d'attraction.

(185) Soit T F *t* la direction du mouvement du corps F dans fon orbite ; B *a* la direction du mouvement du corps B ; F le point où le corps F fe trouve dans fon orbite lorfque le corps B entre dans la fphère d'attraction. Pour pouvoir regarder le corps F comme immobile ; lorfque le corps B entre dans la fphère d'attraction du corps F , je fuppofe qu'on imprime au corps B un mouvement B K' égal & parallèle au mouvement du corps F , mais dans une direction oppofée ; la diagonale B K fera le mouvement relatif du corps B ; on connoîtra le rayon vecteur F B , l'angle F B K du rayon vecteur avec la Tangente à l'orbite relative , & la vîteffe tangentielle au point B ; on pourra donc déterminer par les formules des paragraphes précédens , toutes les dimenfions de la trajectoire relative B A *b* décrite autour du point F comme centre des forces , fon excentricité , fon grand-axe , fon paramêtre , la diftance A F du foyer à l'apfide , l'angle A F B du premier rayon vecteur avec le grand-axe , &c.

(186) Lorfqu'après avoir parcouru la trajectoire relative B A *b* , le corps B fe rrouvera à l'extrêmité *b* de la fphère d'activité du corps F ; pour le dépouiller de la partie de fon mouvement relatif due au mouvement du corps F , foit *b* L la vîteffe tangentielle du corps B au point *b* de la trajectoire relative B A *b* , & par le point *b* menons la droite *b m* parallèle & égale au mouvement du corps F , mais dans une direction oppofée ; par la nature des mouvemens compofés , la droite *b* L eft la diagonale du parallélograme *b m* L *n* , dont le côté *m* L ou *b n* eft le mouvement vrai du corps B , on pourra donc déterminer ce mouvement vrai.

L'application de ces principes développera les préceptes que je n'ai fait qu'indiquer. Je choifirai pour exemple une Comète qui auroit les élémens suivans.

Nœud afcendant .... 3ſ 19° 20′ 6″
Nœud defcendant 9 19 20 6
Périhélie 0 13 1 4
Inclinaifon de l'orbite 53 54 20
Diftance périhélie ..... 56418.
Sens du mouvement ... rétrograde.

*Examen de la légitimité de l'hypothèfe précédente ;
& détermination du rayon que l'on peut donner à la
fphère d'attraction de la Terre.*

(187) Je vais faire voir maintenant que dans le calcul
des perturbations des orbites comètaires par l'action de
la Terre, lorfque les Comètes approchent fort près
de notre globe, on peut fuppofer fans erreur fenfible à
la Comète & à la Terre, une fphère d'attraction d'une
étendue limitée ; de forte que lorfque la Comète & la
Terre ne font point engagées dans cette fphère, elles
n'éprouvent que l'action du Soleil, mais quand une
fois elles y font entrées, elles fe meuvent l'une autour
de l'autre comme fi le Soleil n'agiſſoit point fur elles.

Pour le démontrer, je fuppoferai les Maffes de la Terre
& de la Comète infiniment petites par rapport à celle
du Soleil ; cette fuppofition n'eft point fort éloignée
de la vérité, puifque la Maffe du Soleil eft environ
365412 fois plus grande que celle de la Terre, & que
l'on peut probablement faire la même fuppofition pour
la Maffe de la Comète qui n'eft point connue.

Fig. IX. (188) Soit T la Terre, S le Soleil, C la Comète ; je
prendrai les mêmes lettres pour exprimer leurs Maffes
refpectives. D'après cette conftruction la diftance du
Soleil à la Terre fera égale à S T, la diftance du Soleil
à la Comète fera égale à S C, & la diftance de la Terre
à la Comète fera égale à T C ; l'action du Soleil fur la

Comète fera donc exprimée par $\frac{S}{SC^2}$, & celle de la Fig. IX.

Terre fur la Comète fera exprimée par $\frac{T}{TC^2}$; or T étant par la fuppofition infiniment petit par rapport à S, on voit que tant que TC eft fini, on peut confidérer la Comète comme n'éprouvant que l'action du Soleil. On ne doit donc avoir égard à l'action de la Terre que lorfque TC étant infiniment petit, $\frac{T}{TC^2}$ eft comparable à $\frac{S}{SC^2}$; donc 1°. on ne doit fuppofer à la Terre & à la Comète qu'une fphère d'attraction d'une étendue infiniment limitée.

Maintenant dans le cas où TC eft infiniment petit, je décompofe l'action du Soleil fur la Comète, fuivant deux directions, dont la première eft parallèle & égale à la force que le Soleil exerce fur la Terre. Il eft vifible que cette force ne troublera point les mouvemens relatifs de la Terre & de la Comète qui réfultent de leur action réciproque ; mais ces mouvemens feront troublés par la feconde force. Cherchons conféquemment l'expreffion de celle-ci. Pour y parvenir, je nomme r le finus total, Ω l'angle CST du rayon vecteur SC mené de la Comète au Soleil, avec le rayon vecteur ST mené de la Terre au Soleil, Ω' l'angle CTK formé à la Terre. J'obferve que TC étant infiniment petit, Ω doit pareillement l'être. Je repréfente par SM la force $\frac{S}{SC^2}$ qu'exerce le Soleil fur la Comète, & par SN la force $\frac{S}{ST^2}$ qu'il exerce fur la Terre. Si l'on décompofe SM fuivant deux directions, la première égale & parallèle à SN, & la feconde repréfentée par MN ; MN exprimera la force

[121]

Fig.IX. perturbatrice du Soleil pour troubler les mouvemens relatifs de la Terre & de la Comète ; il s'agit donc d'avoir l'expression de MN. Pour y parvenir du point M abaissons sur SN la perpendiculaire MQ ; d'après les constructions précédentes, on aura

$$MQ = \frac{S}{SC^2} \times \frac{\text{sin.}\,\Omega}{r} \; ; \; \&$$

$$QN = \frac{S}{ST^2} - \frac{S}{SC^2} = S\left(\frac{SC^2 - ST^2}{ST^2 \times SC^2}\right)$$

$$= \frac{S}{ST^2 \times SC^2} \times \left(ST^2 + \frac{2\,ST \times TC \times \text{cosin.}\,\Omega'}{r} - ST^2\right)$$

$$= \frac{S}{SC^2} \times \frac{2\,TC\,\text{cosin.}\,\Omega'}{ST \times r},$$

attendu que l'on peut négliger le quarré de TC ; donc

$$MN = \frac{S}{SC^2} \times \sqrt{\left(\frac{\text{sin}^2.\,\Omega}{r^2} + \frac{4\,TC^2\,\text{cosin}^2.\,\Omega'}{ST^2 \times r^2}\right)}$$

$$= \frac{S}{ST^2 + 2\,ST \times \dfrac{TC\,\text{cosin.}\,\Omega'}{r}}$$

$$\times \sqrt{\left(\frac{\text{sin}^2.\,\Omega}{r^2} + \frac{4\,TC^2 \times \text{cosin}^2.\,\Omega'}{ST^2 \times r^2}\right)}$$

$$= \frac{S}{ST^2} \sqrt{\left(\frac{\text{sin}^2.\,\Omega}{r^2} + \frac{4\,TC^2 \times \text{cosin}^2.\,\Omega'}{ST^2 \times r^2}\right)},$$

en négligeant dans le dénominateur de la fraction, la quantité $\dfrac{2\,ST \times TC\,\text{cosin.}\,\Omega'}{r}$ infiniment petite relativement à ST^2.

(189) Dans la supposition que Ω & TC sont infiniment petits, la force précédente est évidemment infiniment petite ; mais (§. 188) la Terre n'exerce sur la Comète une action finie que lorsque T & Ω sont infiniment petits ; donc lorsque la Terre exerce sur la Comète une action finie, l'action du Soleil ne peut troubler les mouvemens relatifs de la Comète & de la Terre ;

l'hypothèse du §. 184 seroit donc exacte dans la sup- ^{Fig. IX.}
position que la Comète & la Terre eussent réellement
une Masse infiniment petite, relativement au Soleil ;
donc cette supposition est à-très-peu-près exacte dans
la nature, attendu la très-grande différence entre la
Masse du Soleil & celle de la Terre.

(190) On peut même faire varier assez considérablement l'étendue de la sphère d'attraction de la Terre,
sans que cela trouble les résultats du calcul, ce qui est
fort remarquable. Il y a cependant des limites au-delà
desquelles on ne peut l'étendre. Si on lui donne par
exemple trop d'étendue, il est à craindre que la force

$$\frac{S}{ST^2}\sqrt{\left(\frac{4\,TC^2\cos^2.\Omega'}{ST^2\times r^2}+\frac{\sin^2.\Omega}{r^2}\right)}$$ que l'on néglige,

ne devienne trop considérable ; & si on lui en donne trop

peu, il est à craindre que la force $\frac{T}{TC^2}$ que l'on néglige,

tant que la Comète n'est point engagée dans la sphère
d'activité de la Terre, ne soit cependant pas dans le cas
d'être négligée. La limite de la sphère d'activité de la
Terre doit donc être telle qu'au-delà de cette limite,

$\frac{T}{TC^2}$ soit considérablement moindre que $\frac{S}{ST^2}$; & qu'en-

deçà $\frac{T}{TC^2}$ soit considérablement plus grand que la plus

grande valeur de $\dfrac{S}{ST^2}\sqrt{\left(\dfrac{4\,TC^2\cos^2.\Omega'}{ST^2\times r^2}+\dfrac{\sin^2.\Omega}{r^2}\right)}$

c'est-à-dire que $\frac{2\,S\times TC}{ST^3}$; d'où il semble que la limite

la plus naturelle que l'on puisse choisir, est celle dans

laquelle $\frac{T}{TC^2}$ seroit moyenne proportionnelle géomé-

trique entre $\frac{S}{ST^2}$ & $\frac{2\,S\times TC}{ST^3}$; on a donc

$$TC = ST\sqrt{\frac{T^2}{2\,S^2}}.$$

(191) Si l'on suppofe la parallaxe du Soleil de 8″ 55, le rapport de 360° à 8″, 55 exprimera le nombre de fois que le rayon de la Terre eft contenu dans la circonférence de l'orbite terreftre ; fi donc l'on multiplie ce nombre par le rapport du rayon à la circonférence du cercle, on aura le nombre de fois que le demi-diamètre de la Terre eft contenu dans le rayon de l'orbite terreftre ; la diftance de la Terre au Soleil évaluée en demi-diamètres terreftres eft donc de 24125 demi - diamètres de la Terre. Dans l'équation du §. précédent nous ferons $ST = 24125$; d'ailleurs la Maffe du Soleil eft à la Maffe de la Terre à - peu - près comme 365412 eft à 1 ; donc $T = 1$, $S = 365412$; donc $TC = 125,07$ demi-diamètres terreftres.

(192) Pour démontrer de plus en plus la légitimité de l'hypothèfe précédente, appliquons le calcul au cas dont il s'agit. La diftance de la Terre au Soleil étant de 24125 demi-diamètres de la Terre ; 125,07 demi-diamètres terreftres font la cent quatre-vingt-treizième partie de la diftance de la Terre au Soleil ; fuppofons donc une Comète qui entre dans la fphère d'attraction de la Terre & dont la vîteffe relative foit la plus petite poffible. Cette vîteffe pour une feconde de tems ne peut être plus petite que de 0, 0082475 parties telles que la moyenne diftance de la Terre au Soleil en contient 100000 ; c'eft le cas d'une Comète directe dont le mouvement vrai feroit parallèle à celui de la Terre, & dont par conféquent le mouvement relatif feroit égal à la différence des mouvemens vrais de la Terre & de la Comète ; ce mouvement réduit en pieds feroit de 39025 pieds par feconde de tems. Suppofons d'ailleurs les actions du Soleil fur la Terre & fur la Comète, les plus différentes qu'il eft poffible. Les diftances refpectives de la Terre & du Soleil à la Comète, font par la fuppofition 1 & 193—1 ; les Maffes de la Terre & du Soleil font 1 & 365412. L'action du Soleil fur la

Comète étant exprimée par $\frac{365412}{(193-1)^2}$, celle du So-

leil fur la Terre fera exprimée par $\frac{365412}{(193)^2}$; celle de

la Terre fur la Comète par 1; & la différence des actions du Soleil fur la Terre & fur la Comère, par

$$\frac{365412\left((193)^2-(193-1)^2\right)}{(193)^2\times(193-1)^2}=0,10245. \text{ A la}$$

furface de la Terre un corps grave parcourt 15, 098 pieds dans la première feconde de fa chûte. Je fais abftraction de l'inégalité de cette chûte relativement aux différens parallèles terreftres; je néglige pareillement la petite correction qu'il faudroit faire à ce réfultat rela-tivement à la force centrifuge due au mouvement de rotation, pour avoir uniquement l'effet de la force cen-trale. Donc à la diftance de 125 demi-diamètres, un corps grave parcourroit 0, 1390 lignes dans la première feconde de fa chûte; & comme nous avons vu précé-demment que la force perturbatrice du Soleil pour troubler la trajectoire relative, eft à l'attraction de la Terre fur la Comète comme 0, 10245 eft à 1, la force perturbatrice du Soleil n'eft dans les points les plus défavorables de la fphère d'attraction, que de 0, 0139 lignes par feconde de tems, fur une vîteffe de 39025 pieds; il eft donc évident que l'on peut la négliger. On pour-roit même, fi l'on vouloit, augmenter un peu le rayon d'activité de la Terre, conformément à la remarque du §. 190; mais nous nous en tiendrons à la détermi-nation précédente.

(193) Je me fuis confirmé dans les idées que je viens de développer par la remarque fuivante. La dif-tance de la Lune à la Terre eft d'environ 60 demi-diamètres terreftres. L'étendue que je fuppofe à la fphère d'attraction de la Terre, eft de 125 demi-diamètres terreftres; ce rayon eft donc au rayon de l'orbite lunaire comme 125 eft à 60; il eft un peu plus du

double. Dans les cas les plus singuliers, une Comète pourroit à peine être engagée pendant 34 heures dans cette sphère d'attraction ; le calcul appliqué à la trajectoire de la Lune considérée comme elliptique, donne une trajectoire approchée qui représente assez bien ses mouvemens , pour un petit intervalle de tems tel qu'un jour ; la vîtesse de la Comète est infiniment plus grande que celle de la Lune , il ne s'agit pas d'un corps qui reste dans cette sphère d'attraction , mais d'un corps qui ne fait qu'y passer rapidement ; je croirois donc que les résultats doivent être aussi conformes à la vérité , que le seroit le calcul du mouvement de la Lune dans l'orbite elliptique , en prenant les dimensions de l'orbite , qui ont lieu dans les circonstances pour lesquelles on calcule. L'analyse & l'expérience me paroissent donc confirmer également la légitimité de l'hypothèse dont nous sommes parti.

Remarque sur la Comète de 1770.

(194) A l'occasion des derniers calculs je ne puis me refuser à une remarque sur la Comète de 1770. On sait que cette Comète a passé à environ 750000 lieues de la Terre. Les Astronomes qui ont calculé son orbite , ont eu beaucoup de peine à faire cadrer les deux branches qu'elle a parcourues avant & après sa plus grande proximité de notre globe. On pourroit être tenté de croire que cela viendroit d'un petit dérangement dans ses élémens occasionné par cette proximité ; je ne sçai cependant si cette conclusion est fondée. Je remarque d'abord que la distance de 750000 lieues contient 523, 5 demi - diamètres terrestres. Cette Comète a donc réellement passé à une distance de la Terre , quadruple du rayon que nous avons donné à la sphère d'activité de la Terre. Cette première remarque me paroît exclure toute idée d'altération sensible dans les élémens de la Comète , de la part de la Terre. Si l'on avoit quelque doute à ce

sujet, les réflexions suivantes pourroient les dissiper. A la distance de 523, 5 demi - diamètres terrestres, l'action de la Terre sur la Comète n'est que de 0, 0074 lignes par seconde de tems. Est-il naturel de penser qu'une action aussi infiniment petite, continuée pendant un intervalle de tems assez court, ait pu produire un effet sensible dans les mouvemens de la Comète, dont la vîtesse relative étoit d'ailleurs très-considérable, & beaucoup plus grande que 39025 pieds par seconde. Je croirois donc que la difficulté dont je viens de parler tiendroit plutôt à une parallaxe dans les lieux observés, dont il auroit fallu peut-être tenir compte. Peut-être aussi auroit-il fallu calculer cette Comète dans l'ellipse ?

Du tems ou la Comète s'engage dans la sphère d'attraction de la Terre.

(195) Après avoir déterminé le rayon que l'on peut supposer à la sphère d'attraction de la Terre, il faut calculer le tems où la Comète s'engage dans cette sphère d'attraction. Ce Problême se résout facilement par la méthode du §. 86 ; en effet j'ai donné dans ce paragraphe une formule pour déterminer l'instant où la Comète & la Terre sont à une distance respective assignée. Il ne s'agit donc que de supposer à la quantité Δ , une valeur égale au rayon de la sphère d'attraction de la Terre ; & de chercher la valeur de x correspondante. Il est superflu d'avertir que l'on doit choisir pour époque des mouvemens, un instant voisin de celui où l'on sçait d'avance par un premier calcul fait dans les véritables orbites (§. 61) que la Comète & la Terre ne doivent pas être à une distance fort différente de la distance donnée. On pourroit choisir de préférence, l'instant, où sans l'action de la Terre sur la Comète, ces deux Astres eussent été à leur plus petite distance ; on pourroit choisir aussi l'instant où la Comète eût traversé l'écliptique.

(196) Dans le cas de la Comète du §. 186, puisque nous supposons que la Comète & la Terre se rencontrent dans le nœud, & que d'ailleurs l'orbite de la Terre est perpendiculaire à la ligne des nœuds, on a $R = T$, $b = 0$, $b' = 0$, $A = 0$, fin. $b = 0$, cosin. $b = r$, fin. $b' = 0$, cosin. $b' = r$, fin. $A = 0$, cosin. $A = r$. Nous avons vu (§. 100) que ν contient 0,0199111 parties telles que la moyenne distance de la Terre au Soleil en contient 100000, & que ν' contient 0,0281586 de ces parties; donc puisque Δ est la cent quatre-vingt-treizième partie de la distance de la Terre au Soleil; on aura (§. 86) $R = 100000$; $T = 100000$; $\Delta = 518,135$; $\nu = 0,0199111$; $\nu' = 0,0281586$; d'ailleurs $I = 126° 5' 40''$; cosin. I = cosin. $126° 5' 40''$; on trouvera de plus par la formule du §. 98, que $A' = 318° 9' 31''$; cosin. A' = cosin. $318° 9' 31''$. Donc §. 92, $Mr = 168,1511$; $S = 0$; $Q' = -1596,6$; $x = -12636''$. La Comète s'engageroit donc dans la sphère d'attraction de la Terre, $3^h\ 30'\ 36''$ avant son passage par le nœud.

Détermination de la quantité du mouvement relatif de la Comète, à l'instant où elle s'engage dans la sphère d'attraction de la Terre.

(197) Pour transporter à la Comète le mouvement de la Terre, il faut déterminer la quantité de son mouvement relatif, à l'instant où elle s'engage dans la sphère d'attraction de la Terre. Pour y parvenir, on se rappellera les constructions du §. 84, qu'il est essentiel de relire.

Si l'on donne à b, b', ν, ν', x, I, r, A, A', Δ, les mêmes définitions que dans ce paragraphe, & que l'on veuille décomposer les mouvemens simultanés de la Terre & de la Comète, en les rapportant à trois co-ordonnées perpendiculaires entre elles, la ligne des nœuds, la perpendiculaire à la ligne des nœuds menée sur le plan de de l'écliptique, & une ligne perpendiculaire au plan de l'écliptique ; on aura pour les mouvemens simultanés de la Terre & de la Comète correspondans à un nombre x de secondes horaires ($\S.\ 84$) ;

Mouvemens dans le sens de la ligne des nœuds.

$$\text{Comète} = \frac{\varkappa' x \sin. A'}{r} \ ; \ \text{Terre} = \frac{\varkappa x \sin. A}{r} \, .$$

Mouvemens dans la direction de la perpendiculaire à la ligne des nœuds menée sur le plan de l'écliptique.

$$\text{Comète} = \frac{\varkappa' x \cos. A' \cos. I}{r^2} \ ; \ \text{Terre} = \frac{\varkappa x \cos. A}{r} \, .$$

Mouvemens dans la direction de la perpendiculaire au plan de l'écliptique.

$$\text{Comète} = \frac{\varkappa' x \cos. A' \sin. I}{r^2} \ ; \ \text{Terre} = 0.$$

Si donc l'on suppose la Terre immobile, & que l'on transporte à la Comète le mouvement de la Terre, en lui donnant un signe contraire au mouvement de la Terre, on aura

Mouvement relatif de la Comète dans le sens de la ligne des nœuds

$$= \frac{\varkappa' x \sin. A'}{r} - \frac{\varkappa x \sin. A}{r} \, ;$$

Mouvement relatif de la Comète suivant la perpendiculaire à la ligne des nœuds

$$= \frac{\varkappa' x \cos. A' \cos. I}{r^2} - \frac{\varkappa x \cos. A}{r} \, ;$$

Mouvement relatif de la Comète suivant la perpendiculaire au plan de l'écliptique

$$= \frac{\varkappa' x \cos. A' \sin. I}{r^2} \, ;$$

donc

Mouvement relatif de la Comète dans l'espace

$$= x \sqrt{\left(n'^2 + n^2 - 2 n' n \left(\frac{\sin. A' \sin. A}{r^2} + \frac{\cos. A' \cos. A \cos. I}{r^3} \right) \right)}.$$

Soit maintenant

n'' le mouvement relatif de la Comète dans l'espace, correspondant à une seconde horaire;

comme dans ce cas $x = 1$, on aura

$$n'' = \sqrt{\left(n'^2 + n^2 - 2 n' n \left(\frac{\sin. A' \sin. A}{r^2} + \frac{\cos. A' \cos. A \cos. I}{r^3} \right) \right)}.$$

Dans l'espèce de la Comète du §. 186 ; on a
$n'' = 0, 0410062$.

Détermination de l'angle du rayon vecteur menée de la Terre à la Comète, avec la Tangente à la trajectoire relative, à l'instant où la Comète s'engage dans la sphère d'attraction de la Terre.

(198) Nous venons de déterminer la quantité du mouvement relatif de la Comète, à l'instant où elle s'engage dans la sphère d'attraction de la Terre ; nous connoissons de plus (§. 191) le rayon vecteur correspondant à cet instant, puisqu'il est égal au rayon de la sphère d'attraction de la Terre. Il faut déterminer pour le même instant, l'angle de ce rayon vecteur particulier avec la Tangente à la trajectoire relative.

(199) Nous remarquerons d'abord que par la nature de la question, relativement aux mouvemens relatifs toutes les circonstances sont les mêmes que dans l'hypothèse ordinaire d'un projectile circulant autour d'un centre d'attraction fixe & immobile ; le plan des mouvemens relatifs se meut donc d'un mouvement uniforme avec la Terre, en gardant toujours le même parallélisme ; & sa position est déterminée par celle du rayon vecteur & de la Tangente à l'orbite relative, à l'instant où la Comète s'engage dans la sphère

d'attraction de la Terre. A ce moment nous connoiſſons le rayon vecteur ; il eſt égal au rayon de la ſphère
d'attraction de la Terre ; par l'extrêmité de ce rayon
vecteur ſuppoſons menée la Tangente dont il s'agit de
déterminer la poſition.

Soit

> γ ce rayon vecteur égal au rayon de la ſphère
> d'attraction de la Terre ;
>
> v l'angle cherché de ce rayon vecteur avec la
> Tangente à l'orbite relative.

En vertu des conſtructions précédentes , on connoît
($\S$. 195) la diſtance du moment où la Comète s'engage
dans la ſphère d'attraction de la Terre, à l'inſtant que l'on
a pris pour l'époque des mouvemens dans les orbites
rectilignes non altérées. Nommons x ce tems exprimé
en ſecondes horaires ; on aura évidemment $v'' x$ pour
l'expreſſion de l'eſpace parcouru pendant le même
tems dans la trajectoire rectiligne compoſée , c'eſt-à-
dire dans la trajectoire rectiligne relative qui auroit
lieu , ſi l'attraction de la Terre n'agiſſoit point ſur la
Comète. De plus , ſi dans l'expreſſion de Δ du $\S$. 84
l'on ſuppoſe $x = 0$; on aura la diſtance de la Comète
à la Terre, qui auroit eu lieu dans la trajectoire rectiligne relative , à l'inſtant que l'on a pris pour époque
des mouvemens , ſi l'attraction de la Terre n'eût point
agi ſur la Comète.

Soit

> Γ cette diſtance ;

on aura ($\S$. 84)

$$\Gamma = \sqrt{\left(R^2 + T^2 - 2TR\left(\frac{\sin. b \sin. b' \cos. I}{r^3} + \frac{\cos. b \cos. b'}{r^2} \right) \right)}.$$

& comme les quantités Γ, γ, $v'' x$, ſont les côtés d'un
triangle rectiligne, dont l'angle v eſt oppoſé au côté Γ ;
on aura (trigonométrie rectiligne)

$$\cos. v = \frac{r(v''^2 x + \gamma^2 - \Gamma^2)}{2 \gamma v'' x}.$$

I ij

(200) Dans l'exemple de la Comète du §. 186 ;
$T = R$; $b = 0$, $b' = 0$; fin. $b = 0$, cofin. $b = r$;
fin. $b' = 0$, cofin. $b' = r$; donc $\Gamma = 0$; d'ailleurs (§. 196
& 197) $\gamma = {}^{\prime\prime}x$; donc $\nu = 180°$. L'angle du rayon vecteur
avec la direction du mouvement relatif, à l'inftant où la
Comète s'engageroit dans la fphère d'attraction de la
Terre, eft donc de $180°$; & la Comète parcourroit
fon rayon vecteur d'un mouvement accéléré.

*Détermination du plan dans lequel eft fituée la trajec-
toire relative de la Comète ; & de l'angle du premier
rayon vecteur à la trajectoire relative, avec l'interfection du plan des mouvemens relatifs & de l'écliptique.*

(201) Puifque le plan dans lequel eft fituée la trajectoire relative de la Comète, garde toujours fon parallélifme ; fi pour un certain inftant, l'on connoît la
fituation de ce plan, relativement à une droite donnée,
cette pofition fera connue pour tout le tems du mouvement. On peut choifir pour terme de comparaifon la
perpendiculaire mobile à la ligne des nœuds menée
par le centre mobile de la Terre fur le plan de l'écliptique ; & comme le plan eft toujours parallèle quoique
mobile, il fuffira de déterminer pour un inftant quelconque l'angle de fon interfection mobile, avec cette
perpendiculaire mobile à la ligne des nœuds, ainfi
que fon inclinaifon fur le plan de l'écliptique.

(202) Par la nature de la queftion, on voit *à priori*
que le plan de la trajectoire relative n'eft pas différent
de celui dans lequel les mouvemens fe pafferoient,
fi les orbites relatives n'étoient point troublées. En
effet l'action feule de la Terre trouble l'orbite relative
de la Comète ; & comme cette action s'exerce entiérement dans le plan des mouvemens relatifs, l'orbite
relative de la Comète, quelqu'altération qu'elle fubiffe
d'ailleurs, ne change pas de plan. On pourra donc connoître l'interfection mobile du plan de l'orbite troublée,
& fon inclinaifon fur l'écliptique, par la détermina-

tion de ces mêmes élémens dans l'hypothèse de l'orbite non troublée.

(20;) Il est facile de déterminer l'angle de l'inter-section des plans des mouvemens relatifs & de l'écliptique, avec la perpendiculaire à la ligne des nœuds, dans l'hypothèse de l'orbite rectiligne non troublée. En effet cet angle est égal à l'angle de la perpendiculaire à la ligne des nœuds, avec le rayon vecteur particulier qui auroit eû lieu lorsque la Comète eût traversé l'éclip-tique. Or, dans ce cas, puisque la distance perpendi-culaire de la Comète au plan de l'écliptique, est nulle ; on auroit eû (§. 84)

$$\text{R sin. } b' + \acute{u}\, x \text{ cosin. } A' = 0.$$

On déterminera donc la quantité x qui convient à cet instant. Soit maintenant

ω l'angle de ce rayon vecteur particulier avec la perpendiculaire à la ligne des nœuds ;

comme en général la distance de la Comète à la Terre dans le sens perpendiculaire à la ligne des nœuds menée sur l'écliptique, est exprimée (§. 84) par

$$\left(\frac{\text{R sin. } b'}{r} + \frac{\acute{u}\, x \text{ cosin. } A'}{r} \right) \times \frac{\text{cosin. } I}{r} - \frac{\text{T sin. } b}{r} - \frac{u\, x \text{ cosin. } A}{r} ;$$

& que la distance dans le sens de la ligne de nœuds est exprimée par

$$\frac{\text{R cosin. } b'}{r} - \frac{\acute{u}\, x \text{ sin. } A'}{r} - \frac{\text{T cosin. } b}{r} + \frac{u\, x \text{ sin. } A}{r} ;$$

que de plus dans le cas particulier dont il s'agit :

$$\text{R sin. } b' + \acute{u}\, x \text{ cosin. } A' = 0 ;$$

on aura

$$\text{Tang. } \omega = - \frac{r(\text{R cos. } b' - \acute{u}\, x \text{ sin. } A' - \text{T cos. } b + u\, x \text{ sin. } A)}{\text{T sin. } b + u\, x \text{ cosin. } A} ;$$

x étant d'ailleurs déterminée par l'équation

$$\text{R sin. } b' + \acute{u}\, x \text{ cosin. } A' = 0 ;$$

c'est l'expression de l'angle de l'intersection des plans

des mouvemens relatifs & de l'écliptique, avec la perpendiculaire à la ligne des nœuds.

(204) Si l'on nomme

r' le rayon vecteur particulier qui auroit eû lieu lorsque la Comète eût traversé l'écliptique ;

puisqu'en général la distance de la Comète à la Terre, dans le sens de la perpendiculaire à la ligne des nœuds,

$$= \left(\frac{\text{R sin. } b'}{r} + \frac{r' x \text{ cosin. } A'}{r} \right) \times \frac{\text{cos. } I}{r} - \frac{\text{T sin. } b}{r} - \frac{r x \text{ cos. } A}{r} \, ;$$

& que d'ailleurs dans le cas dont il s'agit,

$$\text{R sin. } b' + r' x \text{ cosin. } A' = 0 \, ;$$

on aura

$$r' = \frac{\text{T sin. } b + r x \text{ cosin. } A}{\text{cosin. } r} .$$

(205) Pour déterminer l'inclinaison du plan sur l'écliptique, je considère le moment où la Comète s'engage dans la sphère d'attraction de la Terre ; & de chacun des points de son rayon vecteur pour cet instant, rayon égal au rayon de la sphère d'attraction de la Terre, j'abaisse des perpendiculaires sur l'écliptique. En général (§. 84) la distance de la Comète au plan de l'écliptique pour un instant quelconque, a pour expression

$$\left(\frac{\text{R sin. } b'}{r} + \frac{r' x \text{ cosin. } A'}{r} \right) \times \frac{\text{sin. } I}{r} .$$

Si donc l'on substitue dans cette expression la valeur particulière de x déterminée §. 195, on aura la distance perpendiculaire de la Comète au plan de l'écliptique à l'instant où elle s'engage dans la sphère d'attraction de la Terre. Soit maintenant

r le rayon de la sphère d'attraction de la Terre ;

r' la projection de ce rayon sur le plan de l'écliptique.

Comme r' est le coté d'un triangle rectangle, dont r est l'hypothénuse, & $\left(\dfrac{R \sin. b'}{r} + \dfrac{v' x \cosin. A'}{r} \right) \times \dfrac{\sin. I}{r}$ est l'autre côté ; on aura

$$\gamma' = \sqrt{\left(\gamma^2 - \left(\dfrac{R \sin. b'}{r} + \dfrac{v' x \cosin. A'}{r} \right)^2 \times \dfrac{\sin^2. I}{r^2} \right)}.$$

(206) Si l'on nomme

ω' l'angle de la droite γ' avec la perpendiculaire à la ligne des nœuds menée sur l'écliptique ;

comme la distance de la projection de la Comète sur l'écliptique, à la perpendiculaire à la ligne des nœuds passant par la Terre, a pour expression

$$\dfrac{R \cosin. b'}{r} - \dfrac{v' x \sin. A'}{r} - \dfrac{T \cosin. b}{r} + \dfrac{v x \sin. A}{r},$$

x étant d'ailleurs déterminée par le §. 195 ; on aura

$$\sin. \omega = \dfrac{R \cosin. b' - v' x \sin. A' - T \cosin. b + v x \sin. A}{\gamma'}.$$

(207) Imaginons maintenant que l'on mène par la Terre sur le plan de l'écliptique, l'intersection mobile mais toujours parallèle du plan des mouvemens relatifs, ainsi que la perpendiculaire à la ligne des nœuds ; que de plus, de la projection de la Comète sur l'écliptique à l'instant dont il s'agit, l'on mène une perpendiculaire à l'intersection du plan des mouvemens relatifs ; l'angle de la ligne γ' avec l'intersection mobile du plan des mouvemens relatifs, sera évidemment égal à la différence des angles ω & ω' ; on aura donc

$$\dfrac{\gamma' \sin. (\omega' - \omega)}{r}$$

pour expression de la distance de la projection de la Comète, à l'intersection mobile du plan des mouvemens relatifs ; d'ailleurs la distance perpendiculaire de la Comète au plan de l'écliptique pour le même instant, est égale à

$$\left(\dfrac{R \sin. b'}{r} + \dfrac{v' x \cosin. A'}{r} \right) \times \dfrac{\sin. I}{r}.$$

Soit donc

I' l'inclinaifon du plan des mouvemens relatifs
fur l'écliptique ;

on aura

$$\frac{\gamma' \sin. (\delta - \omega)}{r} : \left(\frac{R \sin. b'}{r} + \frac{\varkappa' x \cos. A'}{r} \right) \times \frac{\sin. I}{r} :: r : \text{Tang.} \, I' ;$$

donc

$$\text{Tang.} \, I' = \frac{r \, (R \sin. b' + \varkappa' x \cosin. A')}{\gamma' \sin. (\delta - \omega)} \times \frac{\sin. I}{r} .$$

(208) Il faut encore déterminer l'angle du premier
rayon vecteur de la trajectoire relative, avec l'interfection du plan des mouvemens relatifs & de l'écliptique.
Pour y parvenir, du lieu de la Comète à l'inftant où
elle s'engage dans la fphère d'attraction de la Terre,
abaiffons une perpendiculaire fur l'interfection du plan
des mouvemens relatifs & de l'écliptique ; cette perpendiculaire fera l'hypothénufe d'un triangle rectangle
dont un des côtés fera la diftance de la Comète au plan
de l'écliptique, & dont l'angle oppofé à ce côté fera
l'inclinaifon du plan des mouvemens relatifs fur l'écliptique ; cette perpendiculaire aura donc pour expreffion

$$\left(\frac{R \sin. b'}{r} + \frac{\varkappa' x \cosin. A'}{r} \right) \times \frac{\sin. I}{\sin. I'} ;$$

maintenant fi l'on nomme

φ l'angle du premier rayon vecteur de la trajectoire
relative, avec l'interfection du plan des mouvemens relatifs & de l'écliptique ;

comme cet angle fait partie d'un triangle rectangle
dont le rayon de la fphère d'attraction de la Terre eft
l'hypothénufe ; & que d'ailleurs il eft oppofé au côté
trouvé ci-deffus, on aura

$$\sin. \varphi = \frac{(R \sin. b' + \varkappa' x \cosin. A') \times \sin. I}{\gamma \sin. I'} ;$$

x étant d'ailleurs déterminée par le §. 195.

(209) Dans l'efpèce de la Comète du §. 186, on

trouvera que Tang. $\omega = \frac{0}{0}$; l'angle ω est donc arbitraire.
Pour la facilité du calcul nous le supposerons $= 0$. On
trouvera enfin que $l' = 42° 3' 50''$; & que $\varphi = 63° 58' 0''$.

*Application des Théories précédentes à la Comète du
§. 186 , & remarques sur la trajectoire relative
décrite par cette Comète.*

(210) Nous avons vu (§. 200) que dans le cas que
nous considérons , la trajectoire relative de la Comète
seroit une ligne droite. Comme cette considération particulière ne feroit pas voir d'une manière bien distincte
comment on calculeroit dans le cas général ; je vais
supposer que l'angle du rayon vecteur avec la Tangente
à l'orbite relative , au moment ou la Comète s'engage
dans la sphère d'attraction de la Terre , au lieu d'être
précisément de 180° , en diffère d'une seconde. Dans
cette hypothèse si l'on porte les valeurs convenables dans
les équations des §. 141, 142, 143, 145, &c.; on
verra que la trajectoire est une hyperbole dont le paramètre $= 917$ pieds ; le grand-axe $= 323180$ pieds ,
l'excentricité $= 323410$ pieds ; la distance du foyer à
l'apside inférieure $= 230$ pieds. La ligne des apsides fait
un angle de 177° 18' 0'' avec le premier rayon vecteur ,
& par conséquent de 241° 16' 0'' avec l'intersection
du plan des mouvemens relatifs & de l'écliptique.

(211) Le calcul précédent donne lieu à une réflexion Fig. X.
intéressante. La trajectoire dont on vient de déterminer les dimensions , au lieu d'être la droite B F b',
comme elle le seroit véritablement si l'angle du rayon
vecteur avec la Tangente étoit absolument nul , est
l'hyperbole B A b, dont l'axe A F C fait un angle de
2° 41' avec la ligne B F b'. On voit par-là combien
l'orbite de la Comète seroit altérée si elle ne venoit
pas précisément dans la direction du centre de la Terre.
Elle entreroit dans la sphère d'attraction de la Terre ,
par le point B , & en sortiroit par le point b , avec une
direction de mouvement opposée ; la Comète de rétro-

Fig. X.

grade deviendroit directe , ou réciproquement ; son nœud descendant deviendroit son nœud ascendant. On peut aussi remarquer que le cas de la trajectoire rectiligne est une exception au cas général. C'est celui où les deux hyperboles BAb, $B'A'b'$ opposées, se réunissent au centre des hyperboles. Le projectile, après avoir décrit une branche de la première hyperbole, passe, si j'ose m'exprimer ainsi , dans la seconde hyperbole. Mais il faut , pour que cela ait lieu , que les deux hyperboles se réunissent au centre ; c'est-à-dire que la trajectoire soit absolument ligne droite.

Remarque sur le calcul des vitesses dans la trajectoire rectiligne.

(112) On a pu remarquer que la trajectoire relative , décrite véritablement dans l'espèce de la Comète du §. 186 , étoit rectiligne. Comme cette circonstance auroit occasionnée quelques changemens dans les formules , nous avons supposé que le rayon vecteur , au lieu d'être dans la direction du mouvement relatif , faisoit un angle d'une seconde avec cette direction. Cette supposition a donné lieu à la courbe hyperbolique que nous venons de discuter. Quoiqu'en général la courbe BAb diffère de la droite BFb'; il est cependant évident que l'on peut se servir des circonstances du mouvement dans la branche BA, pour déterminer à-peu-près le mouvement dans la droite BF ; car ces circonstances ne peuvent être fort différentes. Si la trajectoire de la Comète n'étoit point troublée par l'attraction de la Terre , cette trajectoire seroit une ligne droite, & sa vitesse relative seroit uniformément de 194030 pieds par seconde de tems; c'est celle qui a lieu lorsque la Comète s'engage dans la sphère d'attraction de la Terre. Mais au moyen de cette attraction cette vitesse est variable. Si l'on veut savoir , par exemple , le rapport de la vitesse de la Comète lorsqu'elle est parvenue au centre des forces , à la vitesse de la Comète lorsqu'elle entre dans la sphère

d'attraction , j'ai recours à la formule du §. 150 , que je mets sous la forme suivante ;

$$V = \frac{r \cdot \sqrt{(P\delta)}}{R \, \sin. \theta}.$$

Comme dans ce cas (§. 210) $R = 230$ pieds , $P = 917$ pieds, $\delta = 15,098$ pieds, $\rho = 1961;790$ pieds ; sin. $\theta = r$; on aura $V = 1003;000$ pieds. La vitesse de la Comète sera donc de 51,70 fois plus grande qu'elle ne l'eût été sans l'attraction de la Terre ; & elle décrira alors environ 733 lieues par seconde de tems. Si la Comète conservoit toujours cette vîtesse , elle ne seroit que 35' de tems au lieu de 1835'', à une distance de la Terre moindre que 13000 lieues. Mais cette vîtesse diminue très-rapidement à mesure que la Comète s'éloigne de notre globe. Si l'on vouloit chercher , par exemple, quelle seroit la vîtesse de la Comète lorsque cet Astre seroit à la distance de 733 lieues ou de 1003;000 pieds, de la Terre ; par les formules (1), (4), (5) & (6) du §. 141 , dans lesquelles on substitueroit les valeurs convenables à la trajectoire relative de la Comète , il faudroit d'abord déterminer les valeurs de u & de θ correspondantes au rayon vecteur dont il s'agit ; on connoîtra ensuite la vîtesse V demandée , par le moyen de l'équation du présent paragraphe. Dans le cas dont il est question , la vîtesse de la Comète ne seroit déjà plus à cette distance de la Terre, que d'un vingt-sixième plus grande que si son orbite n'avoit point été troublée.

(213) Les calculs auxquels nous venons de nous livrer , font voir que lorsque la Comète tend presque directement au centre de la Terre , la perturbation de son orbite est peu sensible, jusques vers l'instant où elle approche de l'abside inférieure de l'orbite relative. C'est à cet instant que se font les grands changemens dans l'orbite. L'espace où s'opèrent ces changemens, s'étend très peu loin , car dans le cas de la Comète que nous considérons , à la distance de 733 lieues du centre de la Terre , sa vîtesse n'eût été altérée que d'un vingt-sixième de la vîtesse primitive. Il est évident

qu'il y auroit eu choc entre la Comète & la Terre, avant le terme de ces grands changemens.

Remarque sur l'étendue de la sphère d'attraction de la Terre.

(214) On peut conclure de ces calculs que l'étendue plus ou moins grande de la sphère d'attraction de la Terre, influe infiniment peu sur le résultat, ainsi que nous l'avons déjà observé (§. 190). On sera confirmé dans cette idée par la réflexion suivante.

Fig. XI.   Soit $TDCC'$ le plan de la trajectoire relative de la la Comète; T la Terre; TC le rayon de la sphère d'attraction de la Terre dans une première hypothèse; TC' le rayon de la sphère d'attraction de la Terre dans une seconde hypothèse; CC' l'orbite rectiligne de la Comète à l'instant où elle s'engage dans la sphère d'attraction de la Terre; TCD, $TC'D$ les angles des rayons vecteurs avec la Tangente à l'orbite relative de la Comète, à l'instant où cet Astre s'engage dans la sphère d'attraction de la Terre; TD un certain rayon vecteur qui auroit eu lieu, si la trajectoire relative n'étoit point altérée par l'attraction de la Terre. Si l'on rapproche cette dernière construction des précédentes, il sera aisé de se convaincre, que les quantités TC, TC', sont celles que nous avons désignées dans les formules par R, & que les angles TCD, $TC'D$, sont désignées par δ. L'étendue plus ou moins grande de la sphère d'attraction de la Terre n'altère point le côté TD, ni l'angle TDC. Dans les triangles TDC, TDC', on a $TC : TD :: \sin. TDC : \sin. TCD$; $TC' : TD :: \sin. TDC' : \sin. TC'D$; mais par l'hypothèse $TD \times \sin. TDC, = TD \times \sin. TDC'$; $TC \times \sin. TCD$ & $TC' \times \sin. TC'D$ sont donc des produits constans; donc soit que l'on donne un peu plus, ou un peu moins d'étendue à la sphère d'attraction de la Terre, les quantités $R \times \sin. \delta$ seront constantes; & comme d'ailleurs les quantités V, ρ, δ, ne varient point par cette supposition, le paramètre de la trajectoire (§. 150) sera le même dans les deux cas. On prouvera de la même manière que l'on parviendra à des résultats à peu près semblables pour E & pour *a*.

Application des principes précédens à quelques Comètes particulières.

(215) La discussion à laquelle nous venons de nous livrer, ne peut donner une idée complette de ce qui arriveroit dans tous les cas. Quoiqu'il soit impossible de prévoir toutes les circonstances qui pourroient avoir lieu, je vais discuter sommairement trois Comètes, qui sans les perturbations des orbites, eussent respectivement approché de 13000 lieues, de 6500 lieues & de 3250 lieues du centre de la Terre. Je supposerai à ces Comètes la plus petite vîtesse relative possible, afin d'avoir les plus grandes perturbations. Pour les distinguer, j'appellerai ces Comètes, *Comète de 13000 lieues*, *Comète de 6500 lieues*, *Comète de 3250 lieues*; je les supposerai d'ailleurs sans Masse.

Comète de 13000 lieues.

(216) Pour déterminer l'orbite relative de cette Comète autour de la Terre, je remarque que le rayon de la sphère d'attraction que nous avons supposée à la Terre, étant de 125, 07 demi-diamètres terrestres, ce rayon contient 179160 lieues; donc pour avoir l'angle de la Tangente à l'orbite relative, avec le rayon vecteur correspondant à l'instant où la Comète s'engage dans la sphère d'attraction de la Terre, je fais la proportion suivante; 179160 est au sinus total comme 13000 est au sinus de l'angle cherché. Cet angle est donc de 4° 9′ 40″. La plus petite vîtesse relative de la Comète & de la Terre est de 39025 pieds; donc dans la formule du §. 150, sin. θ = sin. 4° 9′ 40″; V = 39025 pieds; $\dfrac{R}{\rho}$ = 125, 07, δ = 15, 098 pieds; donc P = 8269200000 pieds; c'est la valeur du paramètre de

la trajectoire relative. Si l'on réduit maintenant R en pieds, on aura R = 2510240000 pieds ; & les équations des §. 142 & 145, font voir que la trajectoire décrite est une hyperbole dont le demi-grand axe = 7710900 pieds, & dont la distance du centre au foyer = 179120000 pieds. On voit enfin (§. 141 éq. (1)) que le grand-axe de la section fait avec le premier rayon vecteur un angle de 85° 18′ 32″ ; & par le §. 6, que la Comète passeroit à 171409100 pieds du centre de la Terre. Et comme l'orbite relative est une courbe symmétrique dont toutes les parties analogues sont semblablement posées par rapport au grand-axe, la Comète sortiroit de la sphère d'attraction de la Terre, à l'extrêmité d'un rayon vecteur qui feroit avec le premier rayon vecteur un angle de 176° 37′ 4″. Maintenant il est évident que sans l'attraction de la Terre, la Comète en vertu de son mouvement relatif, eût décrit une ligne droite d'un mouvement uniforme ; lors de sa plus petite distance du centre de la Terre, elle eût été à 178000000 pieds du centre de notre globe ; cette plus courte distance eût eu lieu dans un rayon qui auroit fait un angle de 85° 50′ 20″ avec le premier rayon vecteur ; elle eût enfin sorti de la sphère d'attraction de la Terre par un point éloigné de 171° 40′ 40″ du point par lequel elle y feroit entré. On voit donc que l'attraction de la Terre diminueroit de 6590900 pieds ou de 481, 37 lieues, la plus petite distance de la Comète au centre de la Terre ; qu'elle feroit varier de 2° 28′ 12″ la position du rayon vecteur auquel répond cette plus petite distance ; & qu'elle feroit pareillement varier de 4° 56′ 24″ la position du point par lequel la Comète sortiroit de la sphère d'attraction de la Terre. Il est superflu d'avertir que tous les angles dont nous venons de parler, font comptés sur un cercle qui a la Terre pour centre, & le rayon de la sphère d'activité pour demi-diamètre.

Comète de 6500 lieues.

(217) On trouvera par des calculs entiérement semblables que relativement à *la Comète 6500 lieues*, le paramêtre de la trajectoire relative est de 2067300000 pieds ; que son demi-grand axe est de 7710900 pieds ; que la distance du centre au foyer est de 8955000 pieds ; que le grand-axe de la section fait avec le premier rayon vecteur un angle de 92° 51′ 20″, & que la Comète passeroit à 81844100 pieds du centre de la Terre, & qu'elle sortiroit de la sphère d'attraction de la Terre à l'extrêmité d'un rayon vecteur qui feroit avec le premier rayon vecteur un angle de 185° 42′ 40″ ; & comme sans l'attraction de la Terre, la Comète, lors de sa plus petite distance de la Terre, eût été à 89000000 pieds du centre de notre globe ; que cette plus courte distance eût eu lieu dans un rayon qui auroit fait un angle de 87° 55′ 15″ avec le premier rayon vecteur ; qu'elle eût enfin sorti de la sphère d'attraction par un point éloigné de 175° 50′ 30″ du point par lequel elle y seroit entré ; on voit que l'attraction de la Terre diminueroit de 7155900 pieds ou de 522,63 lieues, la plus petite distance de la Comète au centre de la Terre ; qu'elle feroit varier de 4° 56′ 5″ la position du rayon vecteur auquel répond cette plus petite distance ; & qu'elle feroit pareillement varier de 9° 52′ 10″ la position du point par lequel la Comète sortiroit de la sphère d'attraction de la Terre.

Comète de 3250 lieues.

(218) On trouvera pareillement que relativement à cette Comète, le paramêtre de la trajectoire relative est de 516829000 pieds ; que son demi-grand axe est de 7710900 pieds ; que la distance du centre au foyer est de 44778000 pieds ; que le grand-axe de la section fait avec le premier rayon vecteur, un angle de 98° 51′ 45″ ; que la Comète passeroit à 37067100 pieds du centre de la Terre ; & qu'elle sortiroit de la sphère

d'attraction de la Terre à l'extrêmité d'un rayon vecteur, qui feroit avec le premier rayon vecteur un angle de 197° 43′ 30″ ; & comme fans l'attraction de la Terre, la Comète, lors de fa plus petite diftance de la Terre, eût été à 4450000 pieds du centre de notre globe ; que cette plus courte diftance eût eu lieu dans un rayon qui auroit fait un angle de 88° 57′ 18″ avec le premier rayon vecteur ; qu'elle eût enfin forti de la fphère d'attraction par un point éloigné de 177° 54′ 36″ du point par lequel elle y feroit entré ; on voit que l'attraction de la Terre diminueroit de 7432900 pieds, ou de 542, 87 lieues, la plus petite diftance de la Comète au centre de la Terre ; qu'elle feroit varier de 9° 54′ 27″ la pofition du rayon vecteur auquel répond cette plus petite diftance ; & qu'elle feroit pareillement varier de 19° 48′ 54″ la pofition du point par lequel la Comète fortiroit de la fphère d'attraction de la Terre.

(219) Ce feroit ici naturellement le lieu de calculer *la Comète de 1625 lieues* ; c'eft-à-dire, celle qui fans l'attraction de la Terre, eût approché de 1625 lieues du centre de notre globe ; mais il y auroit déjà choc entre la Comète & la Terre, long-tems avant cette diftance. En effet puifqu'en général, fi l'on nomme B la diftance du foyer à l'apfide inférieure, & que l'on conferve toutes les définitions du §. 141,

on a (§. 6) $B^2 + 2aB - \dfrac{aP}{2} = 0$; que (§. 145)

$$a = \frac{2\,R^2 \sin^2. \theta}{P\,r^2 - 4\,R \sin^2. \theta} \; ; \; \text{\& qu'enfin (§. 150)}$$

$$P = \frac{V^2\,R^2 \sin^2. \theta}{r^2\,\rho^2\,\delta} \; ; \text{ il eft évident que fi l'on nomme}$$

Δ' la diftance du centre de la Terre, où devroit paffer la Comète fans l'attraction de notre globe, pour qu'avec cette attraction B foit égal à ρ ;

dans

dans le cas dont il s'agit ; on aura

$$B = \rho \; ; \; \sin \theta = \frac{\rho \, \Delta'}{R} \; ; \; donc$$

$$\Delta' = \frac{\rho}{V} \sqrt{\left(V^2 + 4\rho\delta - \frac{4\rho^2\delta}{R}\right)}.$$

(220) Si l'on applique le calcul à l'équation précédente, on aura

$$\Delta' = 1910 \; lieues.$$

C'est dans nos hypothèses, l'expression de la plus grande distance du centre de notre globe, à laquelle la Comète devroit passer sans l'attraction de la Terre, pour qu'en vertu de cette attraction elle devienne Tangente à la Terre. Si cette distance étoit plus petite, il y auroit choc entre les deux corps.

(221) On voit par ces calculs qu'une Comète qui auroit très-peu de masse & dont la vîtesse relative seroit la plus petite des vîtesses qui peuvent convenir aux Comètes paraboliques, ne choqueroit la Terre qu'autant que sans l'attraction de notre globe elle eût passé à environ 500 lieues de la surface de la Terre ; si sa vîtesse relative étoit plus grande, elle pourroit approcher un peu davantage de notre globe, sans qu'il y ait choc entre ces deux corps. On peut aussi conclure de ces calculs, que quoiqu'il soit impossible d'avoir une idée bien distincte de ce qui arriveroit dans tous les cas, il est cependant probable que les très-grandes perturbations, celles qui rendroient méconnoissable l'orbite de la Comète, n'auroient lieu que vers les limites que nous avons considérées. Avant ce terme les perturbations, quoique très-sensibles, ne seroient pas infiniment grandes.

Détermination du plan de la nouvelle trajectoire de la Comète autour du Soleil, lorsqu'elle sort de la sphère d'attraction de la Terre.

(222) Lorsque la Comète sort de la sphère d'attrac-

tion de la Terre , elle rentre dans la sphère d'activité du Soleil ; je me propose de déterminer le nouveau plan dans lequel se passeront ses mouvemens, ainsi que sa nouvelle trajectoire autour du Soleil. Il est aisé de voir que ce Problême est l'inverse de celui que nous avons résolu précédemment. En effet dans les questions précédentes nous avons conclu les circonstances du mouvement dans l'orbite relative , des circonstances connues du mouvement dans les orbites non troublées ; dans la question dont il s'agit au contraire , nous concluerons les circonstances du mouvement dans les orbites déformais non troublées , des circonstances connues du mouvement dans les orbites relatives. Comme dans ces nouvelles questions il ne peut manquer de se trouver des quantités analogues à celles des questions précédentes ; pour éviter la confusion , nous nommerons des mêmes Lettres les quantités analogues, mais nous ajouterons le chiffre 2 & nous mettrons le tout entre deux parenthèses , pour marquer que ces quantités appartiennent au second Problême.

Du tems où la Comète se dégage de la sphère d'attraction de la Terre.

(223) On a vu précédemment que le plan des mouvemens relatifs de la Terre & de la Comète passoit toujours par le centre de la Terre , en gardant le même parallélisme. On a de plus déterminé la position de ce plan relativement à la perpendiculaire à l'ancienne ligne des nœuds , & son inclinaison sur l'écliptique ; nous avons enfin appris à connoître toutes les dimensions de la trajectoire relative décrite dans ce plan ; son paramètre , la position de son axe par rapport à l'intersection des plans de l'écliptique & des mouvemens relatifs ; en un mot, toutes les dimensions de cette trajectoire. On connoîtra donc par la formule du §. 162 , le tems que la Comète doit rester engagée dans la sphère d'attraction de la Terre ; &

comme l'on connoît le tems où elle s'eſt engagée dans cette ſphère d'attraction, on connoîtra le tems où elle ſe dégagera de cette ſphère, & par conſéquent le lieu de la Terre à cet inſtant. On remarquera ſeulement que ces calculs dépendent des ſurfaces des trajectoires relatives, compriſes entre les deux rayons vecteurs extrêmes; on les déterminera facilement par approximation.

De la nouvelle ligne des nœuds de la Comète.

(224) Pour déterminer maintenant la poſition de la nouvelle ligne des nœuds de la Comète, conſidérons d'abord les élémens qui ont lieu dans l'orbite relative, à l'inſtant où la Comète ſe dégage de la ſphère d'attraction de la Terre. Ces élémens ſont 1°. le rayon vecteur du point correſpondant de l'orbite relative; ce rayon eſt égal au rayon de la ſphère d'attraction de la Terre; 2°. l'angle de la Tangente à l'orbite relative avec le rayon vecteur pour cet inſtant; cet angle eſt donné par les formules du §. 141; 3°. l'angle de ce rayon vecteur avec l'interſection des plans de l'écliptique & des mouvemens relatifs; cet angle ſe conclut de la poſition de l'axe de la trajectoire relative, par rapport à l'interſection de l'écliptique & du plan des mouvemens relatifs, comparée à l'angle du rayon vecteur avec cet axe; on peut donc le regarder comme connu d'après les méthodes précédentes. Suppoſons enfin Fig. XII. que l'on prolonge la dernière Tangente à l'orbite relative, juſqu'à ce qu'elle rencontre le plan de l'écliptique. Il eſt évident que l'on aura ſur le plan des mouvemens relatifs, le triangle rectiligne T C E, dans lequel le côté T C ſera égal au rayon vecteur de la Comète dans l'orbite relative, c'eſt-à-dire égal au rayon de la ſphère d'attraction de la Terre; on connoîtra de plus dans ce triangle, l'angle en C égal à l'angle de la dernière Tangente avec le rayon vecteur; & l'angle en T égal à l'angle du rayon vecteur avec l'interſection

Fig. XII. ET des plans de l'écliptique & des mouvemens relatifs.
On aura donc un triangle dans lequel on connoîtra
les trois angles & un côté ; on déterminera donc
toutes les parties de ce triangle, & par conséquent les
côtés T E & E C.

(225) Soit γ le dernier rayon vecteur T C, égal au rayon
de la sphère d'attraction de la Terre ;

(ν 2) l'angle de ce rayon vecteur avec la dernière Tangente à l'orbite relative ;

(φ 2) l'angle de ce rayon vecteur, avec l'intersection E T des plans de l'écliptique,
& des mouvemens relatifs ;

(Γ' 2) la distance E T de la Terre à la Comète,
qui auroit eu lieu à l'instant où la
Comète eût coupé l'écliptique, si cet
Astre avoit parcouru d'un mouvement
uniforme sa dernière Tangente ;

(x 2) le tems écoulé dans cette dernière
hypothèse, entre l'instant où la Comète
eût coupé l'écliptique, & celui où elle
sort de la sphère d'attraction de la
Terre ;

(Γ'' 2) l'espace E C que la Comète eût parcouru
pendant ce tems dans le plan des mou-
vemens relatifs ;

u'' le mouvement relatif déterminé par la
formule du §. 198.

Par la nature des trajectoires coniques, les vîtesses
des projectiles sont égales lorsque ces corps sont à une
égale distance du centre des forces ; la vîtesse tangentielle de la Comète dans l'orbite relative, lorsqu'elle
sort de la sphère d'attraction de la Terre, est donc égale
à la vîtesse tangentielle qu'elle avoit lorsqu'elle est
entré dans cette sphère d'attraction ; l'espace parcouru
par la Comète pendant une seconde de tems, étoit égal
à u'' dans la première circonstance, il est donc égal à u''

dans le ſecond cas ; & conféquemment $EC = \varkappa''\,(x\,2)$; Fig. XII.
mais d'après les conſtructions du §. 224.

$$\sin.\,(180° - (\varphi\,2) - (v\,2)) : TC :: \sin.\,(v\,2) : ET ;$$
$$\sin.\,(180° - (\varphi\,2) - (v\,2)) : TC :: \sin.\,(\varphi\,2) : EC ;$$

donc

$$(1) \quad (\Gamma'\,2) = \frac{\gamma\,\sin.\,(v\,2)}{\sin.\,(180° - (\varphi\,2) - (v\,2))} ;$$

$$(2) \quad (\Gamma''\,2) = \frac{\gamma\,\sin.\,(\varphi\,2)}{\sin.\,(180° - (\varphi\,2) - (v\,2))} ;$$

$$(3) \quad (x\,2) = \frac{(\Gamma''\,2)}{\varkappa''} .$$

Au moyen de ces dernières équations, on déterminera le tems écoulé depuis l'inſtant où la Comète auroit
coupé l'écliptique, ſi elle avoit parcouru ſa dernière
Tangente d'un mouvement uniforme, juſqu'à l'inſtant
où elle ſort de la ſphère d'attraction de la Terre. On
connoîtra donc l'inſtant où cette Comète auroit coupé
l'écliptique ; puiſque par la ſuppoſition, on a déterminé précédemment le tems où la Comète ſe dégage
de la ſphère d'attraction de la Terre ; on connoîtra
pareillement qu'elle eût été dans la même circonſtance,
la diſtance $(\Gamma'\,2)$ de la Terre à la Comète ; on déterminera enfin le lieu de la Terre à cet inſtant.

(226) Maintenant ſi dans le plan de l'écliptique ;
& par le lieu connu de la Terre à l'inſtant où la
Comète auroit traverſé l'écliptique, l'on mene au Soleil
la droite TS ; que par le lieu E de la Comète l'on
mene pareillement la droite ES ; dans le triangle rectiligne EST l'on connoît la diſtance TS de la Terre au
Soleil, & le côté $ET = (\Gamma'\,2)$; l'on connoît de plus
l'angle ETS, égal à l'angle du rayon vecteur de la
Terre à l'inſtant dont il s'agit, avec l'interſection des
plans de l'écliptique & des mouvemens relatifs de la
Comète ; on connoîtra donc l'angle EST formé au
Soleil par les rayons vecteurs de la Terre & de la

Fig. XII. Comète , à l'instant où ce dernier Astre auroit traversé l'écliptique ; & comme l'on connoît la position du rayon vecteur de la Terre à cet instant , on déterminera la position de la nouvelle ligne des nœuds ; & par conséquent l'angle de la nouvelle ligne des nœuds de la Comète avec l'ancienne ligne des nœuds.

Nous nommerons

     ψ l'angle de la nouvelle ligne des nœuds de la Comète avec l'ancienne ligne des nœuds.

Du rayon vecteur de la nouvelle orbite de la Comète , rapporté au Soleil.

(127) Les constructions précédentes ne font pas seulement connoître la position de la nouvelle ligne des nœuds de la Comète , on peut encore déterminer par le même triangle la longueur du rayon vecteur de la nouvelle orbite de la Comète rapporté au Soleil , à l'instant où cet Astre auroit traversé l'écliptique ; élément dont nous aurons besoin par la suite pour déterminer les dimensions de sa nouvelle orbite autour du Soleil. On connoît aussi l'angle compris entre le lieu de la Terre & la nouvelle ligne des nœuds , pour le même instant. En effet , la première de ces quantités n'est autre chose que le côté ES du triangle EST , & la seconde est égale à l'angle S du même triangle.

De l'inclinaison sur l'écliptique du plan de la nouvelle orbite de la Comète autour du Soleil ; de l'angle de son rayon vecteur avec sa Tangente , & de sa vitesse tangentielle dans sa nouvelle orbite.

(128) J'ai déterminé la position de la nouvelle ligne des nœuds de la Comète ; la longueur de son rayon vecteur rapporté au Soleil , à l'instant où elle auroit traversé l'écliptique , si elle eût toujours parcouru sa nouvelle orbite ; l'instant où ce phénomène auroit eu lieu, & l'angle compris entre la Terre & la nouvelle ligne

des nœuds pour cet inſtant. D'ailleurs, puiſque l'on connoît l'angle de la nouvelle ligne des nœuds de la Comète, avec l'ancienne ligne des nœuds, & que l'on connoît l'angle de l'interſection des plans de l'écliptique & des mouvemens relatifs de la Comète, avec l'ancienne ligne des nœuds, on concluera facilement l'angle de l'interſection des plans de l'écliptique & des mouvemens relatifs de la Comète, avec la nouvelle ligne des nœuds. Il reſte donc, pour avoir une idée complette de la nouvelle trajectoire de la Comète, à déterminer l'inclinaiſon du plan de la nouvelle orbite ſur l'écliptique, l'angle de ſon rayon vecteur avec ſa Tangente, & ſa vîteſſe tangentielle; car ces quantités feront évidemment connoître toutes les dimenſions de la nouvelle orbite. Comme ces Problêmes dépendent de la détermination des mouvemens ſoit relatifs ſoit abſolus de la Comète, par rapport aux trois co-ordonnées ſuivantes, la nouvelle ligne des nœuds, la perpendiculaire à cette nouvelle ligne des nœuds menée ſur le plan de l'écliptique, & la perpendiculaire au plan de l'écliptique, je vais d'abord réſoudre ces queſtions incidentes. J'entends par mouvemens relatifs de la Comète, ceux qu'elle auroit eû par rapport à la Terre ſuppoſée immobile, ſi elle avoit parcouru ſa dernière Tangente d'un mouvement uniforme.

Détermination du mouvement relatif de la Comète dans le ſens de la perpendiculaire à l'écliptique.

(229) Soit

y le rayon vecteur de l'orbite relative de la Comète, à l'inſtant où elle ſort de la ſphère d'attraction de la Terre; ce rayon eſt égal au rayon de la ſphère d'attraction;

(u z) l'angle du rayon vecteur avec la dernière Tangente à l'orbite relative;

K iv

(φ 2) l'angle de ce rayon vecteur avec l'intersection des plans de l'écliptique & des
mouvemens relatifs ;

(φ' 2) un angle égal à 180° — (v 2) — (φ 2) ;

(Γ'' 2) l'espace que la Comète eût parcouru dans
le plan des mouvemens relatifs, si cet
Astre avoit décrit d'un mouvement uniforme
sa dernière Tangente ; cette quantité a été
déterminée (§. 225) ;

I' l'inclinaison du plan des mouvemens relatifs sur l'écliptique ; cette inclinaison a été
déterminée (§. 207) ;

r le sinus total ;

(x 2) le tems écoulé entre l'instant où la Comète
eût coupé l'écliptique, si elle eût parcouru
sa dernière Tangente d'un mouvement
uniforme, & celui où elle sort de la sphère
d'attraction de la Terre ;

x'' le mouvement relatif déterminé par la formule du §. 197.

Si du lieu de la Comète, à l'instant où elle se
dégage de la sphère d'attraction de la Terre, l'on
abaisse deux perpendiculaires, l'une sur l'intersection
des plans de l'écliptique & des mouvemens relatifs, l'autre sur l'écliptique ; il est évident que
la distance du pied de la première des deux perpendiculaires au point où la Comète eût coupé
le plan de l'écliptique, si cet Astre avoit parcouru
sa dernière Tangente relative d'un mouvement uni-
forme, aura pour expression $\dfrac{(\Gamma'' 2)\, \mathrm{cos.}\, (x' 2)}{r}$, & que
cette perpendiculaire elle – même s'exprimera par
$\dfrac{(\Gamma'' 2)\, \mathrm{sin.}\, (x' 2)}{r}$. Il est également évident que puisque I'

est l'inclinaison du plan des mouvemens relatifs sur l'écliptique, $\dfrac{(\Gamma'' 2)\ \sin.\ 1'\ \sin.\ (\varphi' 2)}{r^2}$ sera l'expression de la seconde des deux perpendiculaires dont nous venons de parler; & $\dfrac{(\Gamma'' 2)\ \cos.\ 1'\ \sin.\ (z' 2)}{r^2}$ exprimera la distance du pied des deux perpendiculaires. La Comète parcouroit donc l'espace $\dfrac{(\Gamma'' 2)\ \sin.\ 1'\ \sin.\ (\varphi' 2)}{r^2}$ en vertu de son mouvement composé, dans le sens de la perpendiculaire à l'écliptique, tandis qu'elle parcourroit l'espace n'' $(x 2)$, en vertu de la totalité de son mouvement composé ; & comme d'ailleurs $(\Gamma'' 2) = n''\ (x 2)$, on aura

Mouvement relatif de la Comète dans le sens de la perpendiculaire à l'écliptique , correspondant à une seconde de tems

$$= \frac{n''\ \sin.\ 1'\ \sin.\ (\varphi' 2)}{r^2}.$$

Détermination du mouvement relatif de la Comète dans le sens de la nouvelle ligne des nœuds, & dans le sens de la perpendiculaire à la nouvelle ligne des nœuds.

(230) Pour déterminer le mouvement relatif de la Comète dans le sens de la nouvelle ligne des nœuds ; je remarque que d'après les constructions précédentes , on a $\dfrac{(\Gamma'' 2)\ \cos.\ (\varphi' 2)}{r}$ pour expression de la distance du pied de la perpendiculaire abaissée de la Comète sur l'intersection des plans de l'écliptique & des mouvemens relatifs, au point où la Comète eût coupé l'écliptique , si cet Astre avoit parcouru sa dernière Tangente d'un mouvement uniforme. De ce point supposons menée

une droite au pied de la perpendiculaire abaissée de
la Comète sur l'écliptique, & nommons

$(\Gamma''' 2)$ cette droite ;

χ l'angle de cette droite avec l'intersection
de l'écliptique & du plan des mouvemens
relatifs.

D'après les constructions précédentes, il est évident
que pour déterminer l'angle χ on aura la proportion
suivante ;

$$\frac{(\Gamma'' 2)\ \mathrm{cos.}\ (\phi' 2)}{r} : \frac{(\Gamma'' 2)\ \mathrm{cos.}\ l'\ \mathrm{sin.}\ (\phi' 2)}{r^2} :: r : \mathrm{Tang.}\ \chi ;$$

donc

$$\mathrm{Tang.}\ \chi = \frac{\mathrm{cosin.}\ l'\ \mathrm{tang.}\ (\phi' 2)}{r} ;$$

$$(\Gamma''' 2) = \frac{(\Gamma'' 2)\ \mathrm{cosin.}\ (\phi' 2)}{\mathrm{cosin.}\ \chi} .$$

Maintenant si l'on nomme

ω l'angle de l'intersection des plans des mouvemens relatifs & de l'écliptique, avec
la perpendiculaire à l'ancienne ligne des
nœuds ;

Ψ l'angle de la nouvelle ligne des nœuds de
la Comète avec l'ancienne ligne des
nœuds ; cet angle doit être compté suivant
l'ordre des signes ;

l'angle de l'intersection des plans des mouvemens
relatifs & de l'écliptique avec la perpendiculaire à la
nouvelle ligne des nœuds, sera évidemment égal à
$\omega - \Psi$, & l'angle de la droite $(\Gamma''' 2)$ avec la perpendiculaire à la nouvelle ligne des nœuds, sera égal à la
somme de l'angle précédent & de l'angle χ ; &
comme d'ailleurs $(\Gamma'' 2) = \varpi'' (x 2)$ on aura

Mouvement relatif de la Comète dans le fens de la nouvelle ligne des nœuds, correfpondant à une feconde de tems

$$= \frac{n'' \operatorname{cofin.} (\varphi' z) \times \operatorname{fin.} (\omega - \gamma + \chi)}{r \operatorname{cofin.} \chi}.$$

(231) Par une raifon entiérement analogue, on aura

Mouvement relatif de la Comète dans le fens de la perpendiculaire à la nouvelle ligne des nœuds, correfpondant à une feconde de tems

$$= \frac{n'' \operatorname{cofin.} (\varphi' z) \times \operatorname{cofin.} (\omega - \gamma + \chi)}{r \operatorname{cofin.} \chi}.$$

Détermination des mouvemens vrais de la Comète dans les mêmes directions que ci-deffus.

(232) Pour réfoudre les queftions dont il s'agit, il ne fuffit pas de connoître les mouvemens relatifs de la Comète, fuivant les trois directions dont nous avons parlé ; il faut de plus connoître fes mouvemens vrais fuivant ces trois directions. Le Problême ne préfente aucune difficulté ; il ne s'agit que d'ajouter les mouvemens correfpondans de la Terre fuivant les mêmes directions.

(233) La Terre ne quittant point le plan de l'écliptique, fon mouvement dans le fens de la perpendiculaire à ce plan eft nul ; le mouvement vrai de la Comète fuivant cette direction eft donc égal à fon mouvement relatif (§. 229). Quant aux mouvemens de la Comète fuivant les autres directions, fi l'on nomme

> A l'angle de la Tangente à l'orbite de la Terre avec la perpendiculaire à l'ancienne ligne des nœuds, menée fur le plan de l'écliptique ;
>
> ω le mouvement de la Terre dans fon orbite, correfpondant à une feconde de tems ;

& que l'on conferve les définitions des §. précédens.

Comme , d'après les constructions précédentes ,
les mouvemens de la Terre correspondans à une se-
conde de tems , seront exprimés par $\dfrac{n \text{ sin. } (A - \Psi)}{r}$

dans le sens de la nouvelle ligne des nœuds , & par
$\dfrac{n \text{ cosin. } (A - \Psi)}{r}$ dans le sens de la perpendiculaire

à cette ligne ; on aura

Mouvement vrai de la Comète dans le sens de la nouvelle ligne des nœuds , correspondant à une seconde
de tems

$$= \frac{n'' \text{ cosin. } (\phi' z) \times \text{ sin. } (\omega - \Psi + \chi)}{r \text{ cosin. } \chi} + \frac{n \text{ sin. } (A - \Psi)}{r} ;$$

Mouvement vrai de la Comète dans le sens de la perpendiculaire à la nouvelle ligne des nœuds , correspondant à une seconde de tems

$$= \frac{n'' \text{ cosin. } (\phi' z) \times \text{ cosin. } (\omega - \Psi + \chi)}{r \text{ cosin. } \chi} + \frac{n \text{ cos. } (A - \Psi)}{r} .$$

(234) Nous pouvons maintenant résoudre les questions proposées §. 228. Il est évident en effet que
l'inclinaison du plan de la nouvelle orbite de la Comète autour du Soleil sur l'écliptique , est égale à un
angle dont la Tangente a pour expression le sinus
total multiplié par le mouvement vrai de la Comète
dans le sens perpendiculaire à l'écliptique , & divisé
par le mouvement vrai correspondant de la Comète
dans le sens de la perpendiculaire à la nouvelle ligne
des nœuds.

(235) Quant à l'angle du rayon vecteur de la Comète
avec la Tangente à l'orbite , à l'instant où cet Astre
auroit traversé l'écliptique , si la Comète eût toujours
décrit sa nouvelle orbite ; il est égal à un angle dont
la Tangente a pour expression , le sinus total multiplié

par l'hypothénuſe d'un triangle rectangle dans les côtés
ſont le mouvement vrai de la Comète dans le ſens de
la perpendiculaire au plan de l'écliptique , & le
mouvement vrai de la Comète dans le ſens de la
perpendiculaire à la ligne des nœuds , & diviſé par le
mouvement vrai de la Comète dans le ſens de la nouvelle ligne des nœuds.

(236) Il ſuit également des conſtructions précédentes
que le mouvement vrai de la Comète dans ſon orbite ,
correſpondant à une ſeconde de tems , a pour expreſſion la racine quarrée de la ſomme des quarrés
des mouvemens vrais de la Comète ſuivant les trois
directions.

(237) Puiſque nous connoiſſons (§. 226 & 227) la poſition de la nouvelle ligne des nœuds de la Comète ,
ainſi que la longueur du rayon vecteur correſpondant
à ce point ; que nous avons déterminé (§. 234) l'inclinaiſon du plan de la nouvelle orbite de la Comète
ſur l'écliptique ; que nous connoiſſons de plus (§. 235
& 236) l'angle du rayon vecteur avec la Tangente à
la nouvelle orbite de la Comète, ainſi que ſa vîteſſe
tangentielle ; nous déterminerons par l'équation du
§. 150 le paramêtre de la nouvelle trajectoire ; par
l'équation du §. 142 l'eſpèce de cette nouvelle trajectoire ; par les équations du §. 145 le demi-grand axe
& la diſtance du foyer au centre de la trajectoire ; &
enfin par l'équation (1) du §. 141 , l'angle de la
ligne des nœuds avec le grand-axe de la trajectoire ;
nous aurons donc une idée diſtincte de cette nouvelle
trajectoire.

ARTICLE SECOND.

Dans lequel on suppose la Masse de la Comète comparable à celle de la Terre.

(238) DANS les calculs précédens j'ai supposé la Masse de la Comète infiniment petite relativement à celle de la Terre ; dans les paragraphes suivans je supposerai la Masse de la Comète comparable à celle de la Terre. Comme cette partie de mon travail a beaucoup d'analogie avec la précédente, je me contenterai de parcourir sommairement les différences qui se trouvent entre ces deux solutions.

Principes dont nous partirons pour résoudre la nouvelle question proposée.

(239) Pour résoudre cette nouvelle question, on se rappellera les principes suivans démontrés en Méchanique, & que l'on doit regarder comme des Lemmes.

Premier principe.

L'état du centre commun de gravité de deux corps n'est point changé par l'action mutuelle qu'ils exercent l'un sur l'autre. Si sans l'action de ces deux corps le centre de gravité eût eu un mouvement uniforme suivant une certaine direction, de quelque manière que ces deux corps agissent l'un sur l'autre, ce centre continuera de se mouvoir avec le même mouvement uniforme suivant la même direction.

Second principe.

Si l'on suppose les masses de deux corps A & B, concentrées dans le seul corps A fixe & immobile ; & que dans cette hypothèse le corps B décrive autour

du corps A , une trajectoire dont la nature est déterminée par les circonstances du Problème ; qu'on rende
ensuite aux corps A & B leurs véritables Masses ,
qu'on les suppose libres & pouvant obéir à leur action
mutuelle , & qu'on leur donne les mêmes vîtesses
relatives ; ces corps décriront autour du centre commun de gravité , deux courbes semblables à la première , & dont les dimensions homologues seront aux
dimensions de la première courbe , comme la Masse du
corps A , s'il s'agit de la trajectoire du corps B , ou
comme la Masse du corps B , s'il s'agit de la trajectoire décrite par le corps A , est à la somme des Masses
des corps A & B.

Le premier de ces principes est le quatrième corol-
laire de la troisième loi du mouvement du Livre de
la Philosophie naturelle de M. Newton ; le second
principe est la Proposition cinquante - huitième du
premier Livre du même Ouvrage.

(240) D'après les principes précédens tout ce que
nous avons dit de la Terre , pourra s'appliquer au
centre commun de gravité de la Terre & de la Comète ;
les solutions du présent Article auront donc beaucoup
d'analogie avec celles de l'Article précédent ; nous
allons parcourir sommairement les ressemblances &
les différences qui se trouvent entre ces solutions.

*Du rayon de la sphère d'attraction de la Terre & de
la Comète dans la nouvelle hypothèse ; de la distance
de la Terre & de la Comète au centre commun de
gravité , à l'instant où la Comète s'engage dans la
sphère d'attraction ; & du tems où la Comète s'engage
dans la sphère d'attraction.*

(241) Dans la supposition que la Masse de la Comète
est infiniment petite relativement à celle de la Terre ,
nous avons supposé le rayon de la sphère d'attraction
de la Terre de 125, 07 demi-diamètres terrestres. Si

l'on suppose maintenant la Maſſe de la Comète comparable à celle de la Terre, on pourroit croire que l'on
doit augmenter le rayon de là ſphère d'attraction de la
Terre ; je ne ſçai cependant ſi cette opinion eſt fondée.
En effet nous nous ſommes appuyés pour déterminer
ce rayon, ſur le raiſonnement ſuivant. La limite de la
ſphère d'attraction de la Terre doit être telle qu'au-
delà de cette limite la force d'attraction de la Terre
ſur la Comète ſoit infiniment moindre que la force
attractive du Soleil ; & qu'en-deçà de cette limite,
là force attractive de la Terre ſur la Comète ſoit
conſidérablement plus grande que la plus grande valeur de la force perturbatrice du Soleil pour troubler
l'orbite relative. Or, la Maſſe de la Comète n'influe
en aucune manière ſur cette détermination. La Terre
fait parcourir à la Comète le même eſpace ſuivant la
même direction, ſoit que l'on ſuppoſe à la Comète
une Maſſe infiniment petite relativement à celle de la
Terre, ſoit que cette Maſſe ſoit comparable à celle de
la Terre. La ſeule différence entre les deux hypothèſes,
c'eſt que dans le ſecond cas la Comète imprime un
mouvement à la Terre pour l'attirer vers elle, au lieu
que dans le premier cas ce mouvement eſt nul. Ce
raiſonnement tend à établir que la Maſſe de la Comète
n'entre pour rien dans la détermination du rayon de
la ſphère de commune attraction lorſqu'elle eſt moindre que celle de la Terre ; ou plus exactement, il tend
à établir qu'en général ce rayon doit être ſuppoſé égal à
125, 07 demi-diamètres terreſtres multipliés par la
plus grande des deux Maſſes de la Terre ou de la
Comète, & diviſés par la Maſſe de la Terre.

(242) Comme l'étendue de là ſphère d'attraction de
la Terre peut varier conſidérablement, ſans que cela
trouble ſenſiblement les réſultats du calcul, ainſi qu'il
a été démontré (§. 190 & 214) ; au lieu d'adopter
la dernière détermination, qui me paroit cependant
la plus naturelle, on pourroit dans ce cas vouloir

étendre

étendre la sphère d'attraction ; sans entrer dans une plus grande discussion à ce sujet, j'appellerai

> γ le rayon de la sphère d'attraction que l'on aura choisi.

(243) Puisque l'on connoît maintenant le rayon de la sphère d'attraction dans la nouvelle hypothèse, on déterminera facilement les distances respectives de la Comète & de la Terre au centre commun de gravité, à l'instant où la Comète s'engage dans la sphère d'attraction ; soit en effet

> M la Masse de la Terre ;
> M' la Masse de la Comète ;
> (γ T) la distance de la Terre au centre commun de gravité pour l'instant dont il s'agit ;
> (γ C) la distance de la Comète au centre de gravité pour le même instant ;

on aura

$$(\gamma C) = \frac{\gamma M}{M + M'} ; \quad (\gamma T) = \frac{\gamma M'}{M + M'}.$$

(244) Quant au tems où la Comète s'engage dans la sphère de commune attraction, il se détermine par la méthode du §. 195.

Du mouvement du centre commun de gravité de la Terre & de la Comète, dans l'espace absolu.

(245) Pour déterminer le mouvement du centre commun de gravité de la Terre & de la Comète dans l'espace absolu, je rapporterai ce mouvement à trois co-ordonnées perpendiculaires entre elles, la ligne des nœuds de la Comète sur l'écliptique, la perpendiculaire à la ligne des nœuds de la Comète menée sur le plan de l'écliptique, & la perpendiculaire au plan de l'écliptique. En général, le mouvement du centre

commun de gravité par rapport à la Terre supposée immobile , est au mouvement relatif de la Comète par rapport à la Terre également supposée immobile, comme M′ est à M + M′. J'ai donné (§. 197) l'expression des mouvemens relatifs de la Comète suivant la ligne des nœuds , suivant la perpendiculaire à la ligne des nœuds , suivant la perpendiculaire à l'écliptique , en supposant la Terre dans un repos relatif ; si l'on multiplie ces expressions par $\dfrac{M'}{M + M'}$, on aura

Mouvement du centre de gravité , dans le sens de la ligne des nœuds , relativement à la Terre supposée immobile , correspondant à une seconde de tems

$$= \frac{M'}{M + M'} \left(\frac{\prime \sin. A'}{r} - \frac{\prime \sin. A}{r} \right) ;$$

Mouvement du centre de gravité , suivant la perpendiculaire à la ligne des nœuds , relativement à la Terre supposée immobile

$$= \frac{M'}{M + M'} \left(\frac{\prime' \cosin. A' \cosin. I}{r^2} - \frac{\prime \cosin. A}{r} \right) ;$$

Mouvement du centre de gravité , suivant la perpendiculaire au plan de l'écliptique

$$= \frac{M'}{M + M'} \times \frac{\prime' \cosin. A' \sin. I}{r^2} .$$

(246) A ces quantités si l'on ajoute les mouvemens de la Terre suivant les mêmes directions (§. 197), on aura pour expression des mouvemens du centre de gravité dans l'espace absolu , correspondans à une seconde de tems ;

Mouvement du centre de gravité dans le sens de la ligne des nœuds de la Comète

$$= \frac{M'}{M + M'} \times \frac{\prime' \sin. A'}{r} + \frac{M}{M + M'} \times \frac{\prime \sin. A}{r} .$$

Mouvement du centre de gravité dans la direction de la perpendiculaire à la ligne des nœuds

$$= \frac{M'}{M + M'} \times \frac{\textit{r}' \cosin. A' \cosin. I}{r^2} + \frac{M}{M + M'} \times \frac{\textit{r} \cosin. A}{r} .$$

Mouvement du centre de gravité suivant la perpendiculaire au plan de l'écliptique

$$= \frac{M'}{M + M'} \times \frac{\textit{r}' \cosin. A' \fin. I}{r^2} .$$

(247) Je ferai voir (§. 265) que pour avoir une expreſſion encore plus exacte du mouvement du centre de gravité dans le ſens de la ligne des nœuds de la Comète , il eſt néceſſaire d'ajouter un petit terme à l'expreſſion du §. 246 ; pour donc repréſenter ce mouvement de la manière la plus générale , je lui ſuppoſerai la forme ſuivante

$$\frac{M'}{M + M'} \times \frac{\textit{r}' \fin. A'}{r} + \frac{M}{M + M'} \times \frac{\textit{r} \fin. A}{r} + \Omega .$$

Du mouvement du centre commun de gravité de la Terre & de la Comète dans le plan de l'écliptique.

(248) Il eſt facile de déterminer maintenant le mouvement du centre commun de gravité de la Terre & de la Comète, dans le plan de l'écliptique, & l'angle de la direction de ce mouvement avec la perpendiculaire à la ligne des nœuds. En effet, puiſque nous avons donné l'expreſſion du mouvement du centre de gravité, dans le ſens de la ligne des nœuds de la Comète , & dans le ſens de la perpendiculaire à cette ligne des nœuds ; il eſt évident que ſi l'on nomme

ω l'angle de la direction du mouvement du centre de gravité dans le plan de l'écliptique , avec la perpendiculaire à la ligne des nœuds menée ſur ce plan ;

on aura

$$\mathrm{Tang.}\ \vartheta = \frac{r^{2}\left(\dfrac{M'}{M+M'}\, n\sin. A' + \dfrac{M}{M+M'}\, n\sin. A + \Omega\, r\right)}{\dfrac{M'}{M+M'}\, n\cos. A'\cos. I + \dfrac{M}{M+M'}\, n\, r\cos. A}\ ;$$

Mouvement du centre de gravité de la Terre & de la Comète dans le plan de l'écliptique, correspondant à une seconde de tems

$$= \frac{\dfrac{M'}{M+M'}\, n\cos in. A'\cos in. I + \dfrac{M}{M+M'}\, n\, r\cos. A}{r\cos in.\ \vartheta}\ ;$$

De la position du plan des trajectoires relatives de la Terre & de la Comète, par rapport à l'écliptique.

(249) Pour déterminer la position du plan des trajectoires relatives de la Terre & de la Comète, par rapport à l'écliptique, nous obferverons que l'action refpective de la Terre & de la Comète ne change point le mouvement du centre de gravité. Ce mouvement eft abfolument le même que fi la Terre & la Comète n'agiffoient point l'une fur l'autre, ou qu'elles ne puffent point obéir à leur action mutuelle. On déterminera donc par les méthodes des §. 201 & fuivans, la pofition de ce plan par rapport à l'écliptique, puifqu'en effet ce plan fera mû d'un mouvement femblable dans les deux cas.

De l'angle de la route du centre de gravité fur le plan des trajectoires relatives, avec l'interfection de l'écliptique & du plan des trajectoires relatives. Du mouvement du centre de gravité dans cette orbite relative, & du point où la route du centre de gravité coupe l'interfection de l'écliptique & du plan des mouvemens relatifs.

(250) J'ai déterminé (§. 197) relativement à la

Terre supposée immobile, le mouvement de la Comète correspondant à une seconde de tems ; cette détermination fournit un moyen facile de résoudre la question proposée. Soit, en effet, comme dans le §. 197,

$$\pi'' = \sqrt{\left(\pi^2 + \pi'^2 - 2\pi'\pi \left(\frac{\sin. A' \sin. A}{r^2} + \frac{\cos. A' \cos. A \cos. I}{r^3} \right) \right)} ;$$

puisque le mouvement du centre de gravité relativement à la Terre supposée immobile, est au mouvement de la Comète, par rapport à la Terre supposée pareillement immobile, comme M' est à M + M' ; que d'ailleurs le mouvement du centre de gravité sur le plan des mouvemens relatifs, doit être rapporté à un point qui, sans l'action respective de la Terre & de la Comète, eût été dans un repos relatif ; le mouvement du centre de gravité sur le plan des mouvemens relatifs sera exprimé par $\dfrac{\pi'' M'}{M + M'}$.

(251) Maintenant si l'on détermine comme dans le §. 204, le rayon vecteur particulier Γ' qui auroit eû lieu sans l'action respective de la Comète & de la Terre, lorsque la Comète eût traversé l'écliptique ; que l'on nomme γ le rayon de la sphère de commune attraction, & x le nombre de secondes horaires écoulées entre l'instant où la Comète s'engageroit dans cette sphère d'attraction, & celui où elle eût traversé l'écliptique, on aura, pour déterminer l'angle de la route du centre de gravité, à résoudre un triangle rectiligne, dont les côtés sont $\dfrac{\pi'' x M'}{M + M'}$, $\dfrac{\Gamma'' M'}{M + M'}$, $\dfrac{\gamma M'}{M + M'}$; & dont l'angle de la route du centre de gravité sur le plan des mouvemens relatifs, avec l'intersection de l'écliptique & du plan des mouvemens relatifs, est opposé au côté $\dfrac{\gamma M'}{M + M'}$; on aura donc (trig. rect.)

$$\text{Cosinus angle cherché} = \frac{r \left(\Gamma'^2 - \gamma^2 + \pi''^2 x^2 \right)}{2 \Gamma' \times \pi'' x}.$$

(252) Quant au point où la route du centre de gravité sur le plan des mouvemens relatifs, coupe l'intersection de l'écliptique & de ce plan, il est situé à une

distance $\dfrac{\Gamma' M'}{M + M'}$ du point où la Terre se seroit

trouvée à l'instant correspondant, si son orbite n'avoit
point été troublée.

*Des mouvemens relatifs de la Terre & de la Comète,
par rapport au centre commun de gravité.*

(253) Les mouvemens relatifs de la Terre & de
la Comète par rapport au centre de gravité, sont
faciles à évaluer après ce qui vient d'être dit; en effet
le mouvement de la Terre relativement au centre de
gravité supposé immobile, est évidemment égal au
mouvement du centre de gravité relativement à la Terre
supposée immobile. De plus, les mouvemens relatifs
de la Comète par rapport au centre de gravité supposé
immobile, sont aux mouvemens relatifs de la Terre
par rapport au même centre, comme M est à M'; si
donc l'on nomme

u''' le mouvement relatif de la Terre par
rapport au centre de gravité, correspondant à une seconde de tems;

u'''' le mouvement relatif de la Comète correspondant à une seconde de tems;

& que l'on conserve d'ailleurs toutes les autres définitions des §. précédens; on aura

$$u''' = \frac{M'}{M + M'} \times$$

$$\sqrt{\left(v^2 + v'^2 - 2 v v' \left(\frac{\sin. A' \sin. A}{r^2} + \frac{\cos. A' \cos. A \cos. I}{r^3} \right) \right)};$$

$$u'''' = \frac{M}{M + M'} \times$$

$$\sqrt{\left(v^3 + v'^2 - 2 v v' \left(\frac{\sin. A' \sin. A}{r^2} + \frac{\cos. A' \cos. A \cos. I}{r^3} \right) \right)}$$

De l'angle des rayons vecteurs menés du centre de gravité, avec les Tangentes aux trajectoires relatives de la Terre & de la Comète, à l'inſtant où la Comète s'engage dans la ſphère d'attraction ; & de l'angle de ces rayons vecteurs avec l'écliptique & avec la route du centre de gravité ſur le plan des mouvemens relatifs.

(254) Pour déterminer l'angle des rayons vecteurs menés du centre de gravité, avec les Tangentes aux trajectoires relatives de la Terre & de la Comète, à l'inſtant où la Comète s'engage dans la ſphère d'attraction, ainſi que l'angle de ces rayons vecteurs avec l'interſection du plan des trajectoires relatives & de l'écliptique; les méthodes ſont abſolument les mêmes que celles des §. 199 & 208. Quant à l'angle de ces rayons vecteurs, avec la route du centre de gravité, il ſe concluera des déterminations précédentes, puiſque l'on connoît l'angle de ces rayons avec l'interſection de l'écliptique & du plan des trajectoires relatives, & l'angle de la route du centre de gravité, avec la même interſection.

De la force attractive qu'il faut ſuppoſer dans le centre commun de gravité, pour pouvoir employer les formules de la Section ſixième.

(255) Nous connoiſſons maintenant la poſition du plan des trajectoires relatives par rapport à l'écliptique; nous avons déterminé de plus les diſtances reſpectives de la Terre & de la Comète au centre commun de gravité, ainſi que leurs vîteſſes relatives par rapport au centre de gravité, à l'inſtant où la Comète s'engage dans la ſphère d'attraction; nous connoiſſons enfin l'angle des rayons vecteurs avec les Tangentes aux orbites relatives, & les angles de ces rayons vecteurs ſoit avec l'interſection de l'écliptique & du plan des mouvemens relatifs, ſoit avec la route du centre de gravité ſur le plan de ces mouvemens. Il reſte à déterminer quelle force centrale nous ſuppoſerons dans le centre de gravité,

pour pouvoir calculer par les formules de la Section fixième , les orbites relatives de la Comète & de la Terre autour de ce centre de gravité.

(256) Si l'on jette les yeux fur l'expreffion du paramètre de la trajectoire du §. 150 , on verra que cette expreffion renferme le rayon vecteur , la vîteffe tangentielle , l'angle du rayon vecteur avec la Tangente , & le nombre δ de pieds qu'un projectile parcourroit pendant la première feconde de fa chûte , en vertu des impulfions uniformes de la force centrale qui agit à une diftance connue ρ. Lorfque la fphère attirante eft un corps certain comme la Terre , il eft évident que δ & ρ font donnés ; puifque fi l'on entend par ρ le rayon de la Terre , δ eft le nombre de pieds qu'un corps grave parcourt à la furface de la Terre , pendant la première feconde de fa chûte ; mais lorfqu'il s'agit d'un centre d'attraction qui n'exifte que fictivement , δ & ρ ne font point donnés immédiatement par l'obfervation , & ces quantités ne font que fictives. Pour fimplifier la queftion , je fuppoferai au centre de gravité une fphère dont le rayon feroit égal au rayon de la Terre , & je chercherai quelle valeur l'on doit donner à δ dans cette hypothèfe , pour calculer par la formule du §. 150 , le paramètre de la trajectoire relative de la Comète autour du centre de gravité. Je ferai la même chofe pour la Terre.

(257) Pour déterminer la valeur que l'on doit donner à δ dans l'hypothèfe dont il s'agit , confidérons la quantité dont la Terre & la Comète s'approchent l'une de l'autre pendant une feconde de tems , à l'inftant où la Comète s'engage dans la fphère d'attraction. Cette quantité eft égale à la fomme des efpaces que la Terre fait décrire à la Comète , & que la Comète fait décrire à la Terre , pendant cette première feconde, dans le fens du rayon qui joint la Terre & la Comète.

A la furface de la Terre un projectile parcourt

15,098 pieds pendant la première seconde de sa chûte; sa distance au centre de la Terre est alors égale à ρ; lorsque la Comète s'engage dans la sphère de commune attraction, sa distance de la Terre est égale à γ; donc le nombre de pieds que la Terre fait parcourir à la Comète

pendant une seconde $= \dfrac{\rho^2 \times 15,098 \text{ pieds}}{\gamma^2}$. La Masse

de la Comète est à la Masse de la Terre $:: M' : M$; la Comète fait donc parcourir pendant le même tems à la

Terre un espace égal à $\dfrac{M' \rho^2 \times 15,098 \text{ pieds}}{\gamma^2 M}$, & la

somme des espaces parcourus en vertu des deux

actions $= \dfrac{(M + M') \rho^2 \times 15,098 \text{ pieds}}{\gamma^2 M}$; c'est la quan-

tité dont la Comète & la Terre s'approchent en vertu de leur action mutuelle. Si l'on multiplie cette quantité

par $\dfrac{M}{M + M'}$, on aura le nombre de pieds dont la

Comète s'approchera du centre de gravité; cet espace

est donc égal à $\dfrac{\rho^2 \times 15,098 \text{ pieds}}{\gamma^2}$, c'est-à-dire égal à

l'espace que la Terre fait parcourir à la Comète dans le sens du rayon qui joint ces deux Astres.

Soit

    (γ C) la distance de la Comète au centre de gravité.

On peut conclure du §. 146 que dans notre hypothèse

$$\dfrac{\rho^2 \times 15,098 \text{ pieds}}{\gamma^2} = \dfrac{\delta \rho^2}{(\gamma C)^2};$$

mais (§. 243) (γ C) $= \dfrac{\gamma M}{M + M'}$; donc

$$\delta = \dfrac{M^2 \times 15,098 \text{ pieds}}{(M + M')^2}.$$

C'eſt la quantité que l'on ſubſtituera à δ dans la formule du §. 150, pour calculer l'orbite relative de la Comète.

(258) Quant à l'orbite relative de la Terre autour du centre de gravité, on peut ſe diſpenſer de la calculer, attendu que cette orbite eſt entièrement ſemblable à celle de la Comète, & que les quantités homologues ſont en raiſon inverſe des Maſſes. Si cependant on vouloit calculer directement cette orbite,

on feroit $\delta = \dfrac{M'}{M} \times \dfrac{M'^2 \times 15,098 \text{ pieds}}{(M + M')^2}$.

(259) Nous pouvons maintenant calculer par les méthodes de la Section ſixième, les orbites relatives de la Terre & de la Comète autour du centre de gravité ; leurs paramêtres, leurs grands axes, leurs excentricités, la poſition de la ligne des apſides, la poſition du dernier rayon vecteur, ſoit relativement à la route du centre de gravité, ſoit relativement à l'interſection du plan de l'écliptique & des mouvemens relatifs, le tems que la Comète & la Terre emploient reſpectivement à parcourir ces trajectoires, &c. On remarquera ſeulement qu'il faudra faire un double calcul, l'un pour la Comète & l'autre pour la Terre. Dans le premier calcul on emploiera les quantités relatives à la trajectoire de la Comète ; dans le ſecond calcul, il faudra employer les quantités relatives à la trajectoire de la Terre. Au reſte, on pourra ſe diſpenſer de ce ſecond calcul, puiſque les orbites relatives décrites par la Comète & par la Terre autour du centre commun de gravité, ſont entièrement ſemblables ; que les quantités homologues ſont ſeulement réciproques aux Maſſes ; & que toutes les parties ſemblables ſont décrites dans les mêmes tems. Il s'agit maintenant de déterminer les nouvelles trajectoires de la Terre & de la Comète autour du Soleil.

Détermination du lieu du nœud des nouvelles trajectoires de la Terre & de la Comète autour du Soleil, & des rayons vecteurs correspondans aux nœuds.

(260) Pour déterminer le lieu du nœud des nouvelles trajectoires de la Terre & de la Comète autour du Soleil, il est nécessaire de faire un double calcul, l'un pour la Terre & l'autre pour la Comète.

Soit $EdGD$ la route du centre de gravité sur le plan des mouvemens relatifs ; $ET'E$ l'intersection du plan des mouvemens relatifs & de l'écliptique ; $NT'n$ la perpendiculaire à l'ancienne ligne des nœuds de la Comète ; G le point où se trouve le centre de gravité à l'instant que la Terre & la Comète sortent de la sphère de commune attraction ; T' le point où se seroit trouvée la Terre au même instant, si son orbite n'avoit point été troublée ; T & C les lieux vrais de la Terre & de la Comète à cet instant ; G T, G C les derniers rayons vecteurs aux orbites relatives ; Td, CD les dernières Tangentes aux orbites relatives, dont le prolongement coupe l'intersection de l'écliptique & des mouvemens relatifs aux points f, F. Par la supposition on connoît l'angle GET', c'est l'angle de la route du centre de gravité sur le plan des mouvemens relatifs, avec l'intersection du plan de l'écliptique & des mouvemens relatifs (§. 251) ; on connoît la distance E G du lieu du centre de gravité sur le plan des mouvemens relatifs, au point E, où ce centre de gravité traverse l'écliptique, puisque l'on connoît (§. 250) le mouvement du centre de gravité sur le plan des mouvemens relatifs correspondant à une seconde de tems, & la distance de l'instant où la Terre & la Comète sortent de la sphère de commune attraction, à l'instant où le centre de gravité a traversé l'écliptique. On connoît de plus toutes les parties des triangles C G D, T G d ; puisque G C, G T sont les distances déterminées §. 243 ;

Fig. XIII.

Fig. XIII. que les angles T G *d* , C G D font ceux des derniers
rayons vecteurs aux trajectoires relatives , avec la route
du centre de gravité fur le plan des mouvemens relatifs ; que les angles G C D , G T *d* font ceux des
derniers rayons vecteurs avec les dernières Tangentes
aux orbites relatives ; on concluera donc les quantités
C D , G D , T *d* , G *d* ; & comme d'ailleurs on connoît E G , & l'angle G E F , on connoîtra E D , E *d* ,
D F , *d f* , C F , T *f* , E F , E *f*. A l'inſtant où la Terre
& la Comète ſortent de la ſphère de commune attraction , le vrai lieu de la Terre eſt en T , & celui de la
Comète eſt en C ; & ſi ces corps euſſent toujours parcouru les trajectoires qu'ils vont déſormais décrire
autour du Soleil , leurs orbites relatives rapportées au
centre de gravité régardé comme immobile , ſeroient
repréſentées par C F , T *f* ; d'ailleurs leurs vîteſſes ,
ſuivant C F , T *f* , font égales à celles déterminées
par le §. 253 ; ſi donc l'on diviſe reſpectivement les
quantités T *f* , C F par les valeurs u'' , u''' du §. 253 ,
on connoîtra les inſtans où la Terre & la Comète
euſſent traverſé l'écliptique , ſi ces corps euſſent toujours parcouru les trajectoires qu'ils vont décrire autour
du Soleil. On connoîtra pareillement pour ces inſtans ,
les points T′ où le plan des mouvemens relatifs coupe
la perpendiculaire N T′ *n* à l'ancienne ligne des nœuds
de la Comète , puiſque ces points font ceux où la
Terre ſe ſeroit trouvée ſi ſon orbite n'avoit point été
troublée. Et comme E T′ eſt connu (§. 252) , puiſ-
qu'il eſt égal à $\dfrac{T'\,M'}{M + M'}$, on connoîtra les diſtances
T′ *f* , T′ F des nœuds des nouvelles trajectoires de la
Terre & de la Comète , aux points T′.

(261) Les conſtructions précédentes ne font pas
ſeulement connoître le lieu des nœuds des nouvelles
trajectoires de la Terre & de la Comète , elles déter-
minent encore les rayons vecteurs correſpondans aux

nœuds ; en effet , fi des points T′, ƒ, F, l'on mène ᴦɪɢ. **XIII.**
au Soleil les rayons vecteurs T′S , ƒS , FS ; dans les
triangles T′Sƒ, T′SF, l'on connoîtra les côtés T′S ;
ce font les rayons vecteurs de la Terre qui auroient eû
lieu dans l'orbite non-troublée , aux inftans où , dans
l'hypothèfe des orbites troublées , la Comète & la
Terre coupent le plan de l'écliptique ; on connoîtra de
plus (§. 260) les droites T′ƒ, T′F ; on connoîtra
enfin les angles ST′ƒ, ST′F , qui dépendent de l'angle
des rayons ST′ , avec l'ancienne ligne des nœuds de la
Comète , & de l'angle de l'interfection ET′ du plan
des mouvemens relatifs & de l'écliptique , avec la perpendiculaire à l'ancienne ligne des nœuds ; on concluera donc les angles T′Sƒ, T′SF , qui détermine-
ront la pofition de la ligne des nœuds , & les rayons
vecteurs Sƒ, SF correfpondans aux nœuds.

De l'inclinaifon fur l'écliptique des plans des nouvelles
orbites de la Terre & de la Comète autour du Soleil ;
de l'angle des rayons vecteurs rapportés au Soleil ,
avec les Tangentes aux nouvelles orbites ; & des
vîteffes tangentielles dans les nouvelles orbites.

(262) Pour déterminer l'inclinaifon fur l'écliptique ,
des plans des nouvelles orbites de la Terre & de la
Comète autour du Soleil ; l'angle des rayons vecteurs
avec les Tangentes aux nouvelles orbites ; & les vîteffes tangentielles dans ces orbites ; examinons ce qui
aura lieu pour la Comète , car il eft évident que tout
ce que nous dirons fur la Comète s'appliquera à la
Terre. Du lieu C de la Comète dans le plan des orbites
relatives , abaiffons deux perpendiculaires , l'une CH
fur l'interfection du plan des mouvemens relatifs &
de l'écliptique , & l'autre CI fur l'écliptique.

Fig. XIII.   Soit

ε l'angle de la droite F C avec l'interſection de l'écliptique & du plan des mouvemens relatifs ; il eſt connu par les
calculs précédens ;

I' l'inclinaiſon du plan des mouvemens
relatifs ſur l'écliptique.

Il eſt évident que d'après ces conſtructions la perpendiculaire C H aura pour expreſſion $\dfrac{F C \sin. \varepsilon}{r}$;

que F H aura pour expreſſion $\dfrac{F C \,\mathrm{cosin}. \varepsilon}{r}$; que la

perpendiculaire C I s'exprimera par $\dfrac{F C \sin. \varepsilon \, \sin. I'}{r^2}$;

& que la diſtance H I compriſe entre le pied des deux

perpendiculaires, aura pour expreſſion $\dfrac{F C \sin. \varepsilon \, \cos. I'}{r^2}$.

Il eſt pareillement évident que $\dfrac{F C \sin. \varepsilon \, \sin. I'}{r^2}$ ſera

l'expreſſion de l'eſpace relatif parcouru par la Comète
dans le ſens perpendiculaire à l'écliptique , pendant le
tems que cette Comète auroit employé à parvenir à
l'écliptique ; que F I eſt le mouvement relatif correſpondant de la Comète, dans le plan de l'écliptique ;
& que l'angle I F H eſt l'angle de l'interſection de
l'écliptique & du plan des mouvemens relatifs , avec
la direction du mouvement relatif de la Comète dans
le plan de l'écliptique , rapporté au centre de gravité
ſuppoſé immobile. Si donc l'on nomme

χ l'angle de la direction de ce mouvement
relatif , avec l'interſection de l'écliptique
& du plan des trajectoires relatives ;

on aura

$$\text{Tang. } \chi = \frac{\text{coſin. } \mathrm{I}' \text{ tang. } \epsilon}{r}.$$

Mouvement relatif de la Comète dans le plan de l'écliptique ┃, rapporté au centre de gravité ſuppoſé immobile , & correſpondant à une ſeconde de tems

$$= \frac{x'''' \text{ coſin. } \epsilon}{\text{coſin. } \chi}.$$

Mouvement relatif de la Comète dans le ſens de la perpendiculaire à l'écliptique

$$= \frac{x'''' \text{ ſin. } \mathrm{I}' \text{ ſin. } \epsilon}{r^2}.$$

On aura les expreſſions relatives à la Terre, en ſubſtituant dans les formules précédentes x''' à x''''.

(263) Nous avons déterminé l'expreſſion du mouvement abſolu du centre de gravité dans le plan de l'écliptique & dans le ſens perpendiculaire à l'écliptique (§. 246, 247 & 248) ; nous connoiſſons la direction de ce mouvement par rapport à la perpendiculaire à l'ancienne ligne des nœuds de la Comète (§. 248) ; Nous connoiſſons de plus pour le même plan le mouvement relatif de la Comète rapporté au centre de gravité ſuppoſé immobile (§. 262) , ainſi que la direction de ce mouvement par rapport à des droites données de poſition ; & comme les mouvemens abſolus de la Comète dans l'eſpace, ſont égaux à la ſomme des mouvemens abſolus du centre de gravité dans l'eſpace, & des mouvemens relatifs de la Comète par rapport au centre de gravité ſuppoſé immobile ; ſi l'on veut évaluer les mouvemens abſolus de la Comète relativement aux trois directions ſuivantes, la ligne des nœuds de la nouvelle trajectoire , la perpendiculaire à la nouvelle ligne des nœuds, la perpendiculaire au plan de

l'écliptique, soit, en conservant d'ailleurs toutes les définitions des §. précédens,

$$F = \frac{\dfrac{M'}{M+M'}\, \varpi \cos. A' \cos. I + \dfrac{M}{M+M'}\, \varpi\, r \cos. A}{r \operatorname{cosin.} \varpi};$$

$$G = \frac{M'}{M+M'} \times \frac{\varpi' \operatorname{cosin.} A' \sin. I}{r^2};$$

$$H = \frac{\varpi'''' \operatorname{cosin.} \epsilon}{\operatorname{cosin.} \chi}; \quad K = \frac{\varpi'''' \sin. \epsilon \sin. I'}{r^2}.$$

Soit de plus

- ϖ l'angle de l'intersection de l'écliptique & du plan des trajectoires relatives, avec la perpendiculaire à l'ancienne ligne des nœuds de la Comète ;
- ψ l'angle de la nouvelle ligne des nœuds de la Comète avec l'ancienne ligne des nœuds ;

on aura

Mouvement absolu de la Comète dans le sens de la nouvelle ligne des nœuds

$$= \frac{F \sin. (\vartheta - \psi)}{r} + \frac{H \sin. (\chi + \omega - \psi)}{r};$$

Mouvement absolu de la Comète dans le sens de la perpendiculaire à la nouvelle ligne des nœuds

$$= \frac{F \operatorname{cosin.} (\vartheta - \psi)}{r} + \frac{H \operatorname{cosin.} (\chi + \omega - \psi)}{r};$$

Mouvement absolu de la Comète dans le sens de la perpendiculaire au plan de l'écliptique $= G + K$.

(264) Nous pouvons maintenant déterminer l'inclinaison de la nouvelle orbite de la Comète sur l'écliptique, l'angle du rayon vecteur avec la Tangente pour l'instant où la Comète est dans son nouveau nœud, & la vitesse tangentielle dans son orbite pour cet

instant

inftant, par les méthodes des §. 234, 235 & 236. On fera un femblable calcul pour la Terre.

Détermination de la quantité Ω du §. 247.

(265) Nous avons dit (§. 247), que pour donner aux méthodes précédentes toute l'exactitude dont elles font fufceptibles, il faut ajouter la quantité Ω à l'expreffion du mouvement du centre de gravité dans le fens de la ligne des nœuds de la Comète (§. 246); voici le fondement de cette affertion. En général nous avons fuppofé que l'orbite non altérée de la Terre étoit une ligne droite ; dans le fait cette orbite eft circulaire autour du Soleil ; fi donc les phénomènes des perturbations duroient quelque tems , il en réfulteroit une petite inexactitude dans les calculs. Il eft facile d'obvier à cet inconvénient en donnant au fyftême des différens plans que nous avons confidérés, un mouvement de parallélifme , égal au finus verfe de l'arc décrit par la Terre autour du Soleil , pendant le tems dont il s'agit. On fçait que le finus verfe d'un arc eft égal au rayon moins le cofinus de l'arc ; la différentielle du finus verfe eft donc égal à moins la différentielle du cofinus , ou , ce qui revient au même , à la différentielle de l'arc multipliée par le finus de l'arc & divifée par le rayon. Comme le mouvement dont il s'agit affecte tout le fyftême , il eft indifférent de l'appliquer à un point quelconque , pourvu qu'il en réfulte le mouvement dont eft queftion , dans tout le fyftême. Pour la facilité des calculs , nous appliquerons ce mouvement au centre de gravité ; foit donc

ζ l'arc que la Terre auroit décrit dans fon orbite non troublée , pendant le temps que l'on confidere ;

$\bullet$ le mouvement de la Terre dans fon orbite non troublée , correfpondant à une feconde de tems.

M

D'après les réflexions précédentes l'accroissement du
sinus verse de l'arc décrit par la Terre autour du Soleil
$= \dfrac{\eta \sin. \zeta}{r}$; c'est la valeur de Ω du §. 247. Nous sup-
Fig. XIII. poserons aussi la droite T'S égale à la distance de la
Terre au Soleil dans l'orbite non troublée, à l'instant
dont il s'agit.

*Application des théories précédentes à une Comète de
13000 lieues qui auroit une Masse égale à celle de la
Terre.*

(266) Pour donner une idée plus distincte des
théories précédentes, je vais appliquer le calcul à une
Comète qui auroit une Masse égale à celle de la Terre,
& qui, sans l'action réciproque de la Terre & de la
Comète, auroit approché de 13000 lieues de notre
globe. Afin même de donner le plus grand effet possible
aux attractions mutuelles, parmi toutes les Comètes
qui pourroient approcher de 13000 lieues de notre
globe, je choisirai celle dont la trajectoire feroit un
angle de 0° 43′ 10″ avec l'orbite de la Terre. Je
supposerai de plus que le nœud de la Comète est
dans 8ſ 7° 43′ 12″, & que la Comète couperoit l'orbite
de la Terre dans le même point. Je supposerai enfin
l'orbite rectiligne de la Terre perpendiculaire à la
ligne des nœuds.

(267) Pour déterminer d'une manière plus précise
les élémens de cette Comète hypothétique, je remarquerai que nous avons démontré (§. 126) que le
cosinus de l'angle de la trajectoire de la Comète,
considérée comme rectiligne, avec la trajectoire de la
Terre, considérée pareillement comme rectiligne, a
pour expression cof. $I \times \sqrt{\dfrac{D}{r}}$. D est la distance périhélie de la Comète, & I l'inclinaison du plan de

l'orbite de la Comète sur l'écliptique. Par la supposition l'angle de la trajectoire de la Comète avec la
trajectoire de la Terre est de 0° 43′ 10″ ; donc

$$\cos. \text{I} \times \sqrt{\frac{\text{D}}{r}} = \cos. 0° \ 43′ \ 10″ \ ; \ \cos. \text{I}$$

$$= \cos. 0° \ 43′ \ 10″ \times \sqrt{\frac{r}{\text{D}}} \ ; \ \text{d'où l'on voit que l'angle I}$$

est indéterminé , & dépend de la valeur que l'on supposera à D ; mais comme d'ailleurs on ne peut point
supposer à D une valeur plus grande que r, puisqu'autrement la Comète ne couperoit point l'orbite de la
Terre , supposons D $= r$, & l'on aura I $= 0° 43′ 10″$.
La Comète hypothétique aura donc les élémens
suivans.

Nœud ascendant . . . . 8ˢ 7° 43′ 12″
Périhélie 8 7 43 12
Inclinaison de l'orbite 0 43 10
Distance périhélie . . . . . 101435.
Sens du mouvement . . . direct.

Comme d'ailleurs (§. 108) la distance de la Terre
au nœud de cette Comète doit être de 30′ , à l'instant
où la Comète traverse l'écliptique , pour que la Comète
& la Terre puissent être un moment à la distance de
15000 lieues , nous supposerons qu'à l'instant où
la Comète étoit dans le nœud , la Terre étoit dans
8ˢ 8° 13′ 12″. D'après ces suppositions , on aura
(§. 84) T $= 101435$, R $= 101435$, $b = 30′ 0″$,
$b' = 0$, A $= 0$, A$' = 0$, I $= 0° 43′ 10.$

(268) Si l'on veut savoir à quel instant la Comète
s'engageroit dans la sphère de commune attraction ,
& que l'on suppose le rayon de cette sphère ,
de 125,07 demi-diamètres de la Terre , on aura
$\Delta = 518,135$ parties telles que la moyenne distance
de la Terre au Soleil , en contient 100000 , & l'équation du §. 86 fait voir que la Comète s'engageroit

dans la fphère de commune attraction 11h 57′ 3″ après le paffage de la Comète par le nœud ; les diftances refpectives de la Comète & de la Terre, au centre commun de gravité, feroient alors de 2 59,068 parties ; le plan des mouvemens relatifs feroit un plan perpendiculaire à l'écliptique, & à la ligne des nœuds de la Comère. La route du centre de gravité fur le plan des mouvemens relatifs, feroit un angle de 2° 26′ 20″ avec l'interfection de l'écliptique & du plan des mouvemens relatifs, & elle couperoit toujours cette dernière interfection, à une diftance de 436, 33 parties du point où la Terre fe feroit trouvée à l'inftant dont il s'agit, fi fon orbite n'avoit point été troublée. Le mouvement du centre de gravité fur le plan des mouvemens relatifs, feroit de 0, 0041264 parties, ou de 19525 pieds par feconde de tems ; les mouvemens relatifs de la Terre & de la Comète par rapport au centre de gravité, feroient pareillement de 0, 0041264 parties, ou de 19525 pieds par feconde ; l'angle des rayons vecteurs avec les Tangentes aux trajectoires relatives de la Terre & de la Comète, feroit de 175° 53′ 20″ ; & ces mêmes rayons vecteurs feroient des angles de 178° 19′ 40″ avec l'interfection du plan des mouvemens relatifs & de l'écliptique, & de 175° 53′ 20″ avec la route du centre de gravité fur le plan des mouvemens relatifs. D'ailleurs le mouvement vrai du centre de gravité dans le fens de la perpendiculaire à l'écliptique, feroit de 0, 0001768 parties pour une feconde de tems ; il feroit de 0, 0240337 parties pour le même tems , dans le fens de la perpendiculaire à la ligne des nœuds.

Calcul des trajectoires relatives.

(269) Nous pouvons maintenant calculer l'orbite relative, foit de la Terre, foit de la Comète, autour du centre de gravité. En effet, fi dans l'expreffion du paramètre du §. 150 nous fuppofons $V = 19525$

pieds , $\frac{R}{\varphi} = 62,535, \mathit{f} = 3,774$ pieds, $\theta = 175° 53' 20''$,

on aura 2037220000 pieds pour valeur du paramétre de la Section. Maintenant si l'on réduit le rayon vecteur R en pieds , on aura R $=$ 122587500o pieds ; on trouvera donc par les équations de la Section sixième, que les trajectoires relatives seroient des hyperboles dont le grand-axe $=$ 7677030 pieds ; la distance du foyer au centre de la Section $=$ 8876360o pieds. Le grand-axe feroit avec le premier rayon vecteur un angle de — 90° 50' 16'' ; & comme ce premier rayon vecteur feroit un angle de 175° 53' 20'' avec la route du centre de gravité sur le plan des mouvemens relatifs , & de 178° 19' 40'' avec l'intersection du plan des mouvemens relatifs & de l'écliptique , le grand-axe feroit un angle de 85° 3' 4'' avec la route du centre de gravité sur le plan des mouvemens relatifs , & de 87° 29' 24'' secondes avec l'intersection du plan des mouvemens relatifs & de l'écliptique. La Terre & la Comète sortiroient de la sphère d'attraction , 1^{jour} 22h 44' 27'' après le passage de la Comète par l'ancienne ligne des nœuds ; pendant ce tems le centre de gravité parcourroit 694, 33 parties dans sa trajectoire rectiligne sur le plan des mouvemens relatifs ; & à l'instant où la Comète sortiroit de la sphère d'attraction , le centre de gravité seroit à la distance de 694, 33 parties du point où la route rectiligne de ce centre de gravité sur le plan des mouvemens relatifs , couperoit l'écliptique.

Calcul de la nouvelle orbite de la Comète.

(270) Le dernier rayon vecteur G C de la trajectoire relative de la Comète feroit avec l'axe de l'hyperbole relative un angle de — 90° 50' 16'' , & par conséquent un angle de 354° 12' 48'' avec la route du centre de gravité sur le plan des mouvemens

Fig. XIII.

M iij

Fig. XIII. relatifs ; l'angle DGC seroit donc de 354° 12′ 48″ ; ou si l'on veut de 5° 47′ 12″ ; la dernière Tangente CD seroit d'ailleurs un angle de 4° 6′ 40″ avec ce rayon vecteur ; l'angle CDG de la dernière Tangente CD avec la route du centre de gravité, seroit donc de 350° 6′ 8″, ou si l'on veut, de 170° 6′ 8″. D'ailleurs le rayon vecteur GC à l'orbite relative rapportée au centre de gravité, seroit de 259, 068 parties ; donc DC = 151, 96 ; GD = 108, 05 ; ED = 802, 38 ; & comme dans le triangle DEF, l'angle en E = 2° 26′ 20″, l'angle en D = 170° 6′ 8″, & l'angle en F = 7° 27′ 32″ ; on auroit DF = 263, 02 ; EF = 1062, 42 ; T′F = 626, 09, puisque (§. 268) ET′ = 436, 33 ; & CF = DF − DC = 111, 06. La vîtesse relative de la Comète par rapport au centre de gravité supposé immobile, seroit (§. 268) de 0, 0041264 ; il faudroit donc encore 26915″ de tems à la Comète pour gagner le plan de l'écliptique, & elle traverseroit ce plan 2^{jours} 6^{h} 13′ 2″ après son passage par son ancienne ligne des nœuds. Le lieu de la Terre, si son orbite n'avoit point été troublée, seroit à cet instant plus avancé de 2° 43′, 688 que l'ancienne ligne des nœuds ; & comme T′F = 626, 09 parties, auxquelles répondent 21′, 524 dans l'orbite non troublée de la Terre, la nouvelle ligne des nœuds de la Comète seroit un angle de 3° 5′ 11″ avec l'ancienne ligne des nœuds.

(271) Puisque le mouvement relatif de la Comète par rapport au centre de gravité supposé immobile = 0, 0041264 pour une seconde de tems, & que la direction de ce mouvement est suivant la droite CF qui fait un angle de 7° 27′ 32″, ou plutôt de 352° 32′ 28″, avec l'intersection du plan des mouvemens relatifs & de l'écliptique, on aura − 0, 0005356 pour l'expression du mouvement relatif de la Comète dans le sens de la perpendiculaire à l'écliptique, & 0, 0040914 pour le mouvement relatif de la Comète

dans le sens de la perpendiculaire à l'ancienne ligne des nœuds ; si l'on ajoute à ces mouvemens relatifs, les mouvemens du centre de gravité suivant les mêmes directions (§. 268), on aura — 0, 0003588 pour l'expression du mouvement vrai de la Comète dans le sens perpendiculaire à l'écliptique ; + 0, 0281251 pour l'expression du mouvement vrai de la Comète dans le sens de la perpendiculaire à l'ancienne ligne des nœuds ; & (§. 265) + 0, 0009437 pour l'expression du mouvement vrai de la Comète dans le sens de l'ancienne ligne des nœuds. Donc le mouvement vrai de la Comète dans le plan de l'écliptique = 0, 0281408 , & la direction de ce mouvement fait un angle de 1° 55' 20″ avec la perpendiculaire à l'ancienne ligne des nœuds. Mais la nouvelle ligne des nœuds de la Comète (§. 270) fait un angle de 3° 5' 11″ avec l'ancienne ligne des nœuds, & par conséquent de 1° 9' 51″ avec la direction du mouvement de la Comète dans le plan de l'écliptique ; donc le mouvement absolu de la Comète dans le sens de la nouvelle ligne des nœuds , correspondant à une seconde de tems = — 0, 0005716 ; le mouvement absolu de la Comète dans le sens de la perpendiculaire à la nouvelle ligne des nœuds = 0, 0281350 ; le mouvement absolu de la Comète dans le sens de la perpendiculaire à l'écliptique = — 0, 0003588. Donc le plan de la nouvelle orbite de la Comète seroit incliné de 0° 43' 51″ sur l'ancienne orbite de la Terre ; le nœud ascendant deviendroit nœud descendant ; le rayon vecteur de la Comète dans le nœud, seroit égal à 100033 ; l'angle du rayon vecteur avec la Tangente à l'orbite de la Comète seroit de 88° 50' 10″, & la vitesse tangentielle pour cet instant seroit de 0, 0281430 par seconde de tems. Ces quantités substituées dans les formules de la Section sixième feront connoître les dimensions de la nouvelle orbite de la Comète.

M iv

Calcul de la nouvelle orbite de la Terre.

(272) Ce qu'il nous importe le plus de connoître, ce sont les perturbations qu'éprouveroit l'orbite de la Terre. On trouvera, par des calculs entiérement semblables à ceux des §. précédens, que la nouvelle orbite de la Terre seroit inclinée de 2° 4′ 10″ sur l'ancienne orbite ; que son nœud seroit situé dans 8ſ 9° 20′ 21″ ; que ce nœud seroit ascendant relativement à l'ancienne orbite ; que le rayon vecteur de la Terre dans le nœud, seroit égal à 101449, au lieu de 101435 dans l'ancienne orbite ; que l'angle du rayon vecteur avec la Tangente à l'orbite de la Terre, seroit de 89° 18′ 20″, au lieu de 89° 30′ 0″ ; que la vîtesse tangentielle pour cet instant, seroit de 0,0197310, au lieu de 0, 0196893 dans l'écliptique ; que le lieu de l'aphélie seroit plus avancé d'environ 20° ; que l'excentricité seroit de 1620 parties, telles que la moyenne distance actuelle en contient 100000 ; que le demi grand axe seroit de 100441 parties ; & que la durée de la nouvelle année seroit de 367 jours 16ʰ 4′ 48″.

SECTION HUITIÈME.

Recherches qui peuvent conduire à déterminer si la Lune a été primitivement une Comète qui ait circulé autour du Soleil.

(273) C'ÉTOIT une opinion généralement reçue parmi les Arcadiens, que leurs Ancêtres avoient habité la Terre avant que cet Astre eût un Satellite. Cette opinion nous a été transmise par Lucien.

D'ailleurs, rien n'est plus formel que le passage d'Ovide à ce sujet. A l'occasion de l'Arcadie, ce Poëte s'exprime en ces termes dans ses Fastes ;

Orta prior Lunâ, de se si creditur ipsi,
A magno Tellus Arcade nomen habet.

Quelques Philosophes frappés de ces autorités & de l'aspect de la Lune vue au télescope, ont cru y découvrir les vestiges d'un corps brûlé par le Soleil, & dont toute l'humidité avoit été tellement dissipée, qu'il n'avoit point d'atmosphère. Ils ont pensé en conséquence que la Lune pouvoit bien être une Comète qui ayant passé très-près de la Terre après le périhélie, avoit été obligée de devenir son Satellite. Nous nous proposons d'examiner si cette opinion est conforme aux Loix de la Méchanique.

Des principes qui peuvent guider dans la question dont il s'agit.

(274) Pour nous guider dans la question dont il s'agit, on se rappellera (§. 142) que pour déterminer si une trajectoire décrite par un projectile autout d'un centre de gravité, est une parabole, une hyperbole, ou une ellipse, il faut déterminer au moyen de la proportion suivante,

$$E : a :: \sqrt{\left(R^2 - RP + \frac{P^2 r^2}{4 \sin^2 . \theta}\right)} : R,$$

si E égale, surpasse, ou est moindre que a. Si E $= a$ la trajectoire est une parabole ; si E est moindre que a la trajectoire est une ellipse ; si E surpasse a, la trajectoire est une hyperbole. On se rappellera également (§. 150) que P a pour expression $\dfrac{V^2 R^2 \sin^2 . \theta}{r^2 \rho^2 \delta}$. Je renvoye aux §. 141, 146 & 149, pour avoir les définitions de a, E, R, r, P, θ, V, ρ, δ. La proportion précédente deviendra donc

$$E : a :: \sqrt{\left(R^2 - \frac{V^2 R^3 \sin^2 . \theta}{r^2 \rho^2 \delta} + \frac{V^4 R^4 \sin^2 . \theta}{4 r^4 \rho^2 \delta^2}\right)} : R.$$

(275) Il est bien évident que la Lune n'a pû être primitivement une Comète que la Terre ait obligée de devenir son Satellite, qu'autant que dans le

cas où après avoir substitué dans l'équation précédente, aux quantités R , V , θ , ρ , δ , leurs valeurs , il en a résulté une expression de E plus petite que a ; puisqu'en effet le phénomène n'a pu avoir lieu qu'autant que la courbe décrite par la Comète autour de la Terre , a pu être une courbe fermée , c'est-à-dire une ellipse ; il faut donc que $4 \rho^2 \delta$ ait pu surpasser $V^2 R$.

Dans la discussion suivante , j'appellerai Comète parabolique , Comète hyperbolique , Comète elliptique , une Comète qui décrit une parabole , une hyperbole , une ellipse autour du Soleil.

Aucune Comète parabolique ou hyperbolique ne peut devenir Satellite de la Terre.

(276) Dans l'expression précédente ρ est le rayon de la Terre ; δ est la quantité de pieds qu'un corps grave parcourt pendant la première seconde de sa chûte , à la surface de la Terre ; R est la distance de la Comète au centre de la Terre , à l'instant où elle s'engage dans la sphère d'attraction de la Terre ; & V est la vîtesse relative de la Comète par rapport à la Terre. Le premier membre de l'équation est constant. Le Problème sera donc d'autant plus possible , que R & V seront des quantités plus petites ; nous avons supposé $R = 125,07 \times \rho$; on peut voir (§. 187) les raisons de cette détermination , & il ne paroît pas proposable de le supposer plus petit ; il est donc indispensable que $\dfrac{4 \rho \delta}{125,07}$ surpasse V^2 ; ou , ce qui revient au même ,

que $\dfrac{4 \times 1432,5 \times 13692 \times 15,098}{125,07}$ pieds surpasse V^2 ;

ou enfin que V soit moindre que 2738 pieds.

(277) Ce premier calcul fait voir qu'aucune Comète parabolique , & à plus forte raison aucune Comète hyperbolique , ne peut devenir Satellite de la Terre. En effet nous avons vu (§. 100) que l'arc décrit

par la Terre dans fon orbite pendant une feconde de
tems, contient 0, 0199111 parties, telles que le rayon
de l'orbite terreftre en contient 100000 ; & que l'arc
décrit par la Comète pendant le même tems dans fon
orbite parabolique rapportée au Soleil, lorfqu'elle eft
à la même diftance du Soleil que la Terre, eft de
0, 0281586 parties. Si donc l'on fuppofe les mouvemens de la Comète & de la Terre dans le même fens,
& cette fuppofition donne la plus petite valeur de V,
on aura V $=$ 0, 0082475 parties; mais (§. 18) chaque
partie $=$ 345, 58400 lieues $=$ 345, 58400 $\times$ 13692
pieds ; donc V $=$ 39025 pieds ; donc d'après cette
première confidération, aucune Comète parabolique
ne peut devenir Satellite de la Terre ; & à plus forte
raifon aucune Comète hyperbolique ne peut être forcée
par la Terre de lui fervir de Satellite, puifque par les
propriétés des trajectoires coniques, dans les Comètes
hyperboliques la quantité V eft plus grande que dans
les Comètes paraboliques, à une même diftance du
centre des forces.

La Lune n'eft donc point une Comète parabolique
ou hyperbolique, que la Terre ait forcée à devenir
fon Satellite. Examinons maintenant l'hypothèfe d'une
Comète elliptique.

*Dans quel cas une Comète elliptique pourroit devenir
Satellite de la Terre.*

(278) En général il eft évident qu'aucune Comète
ne peut devenir Satellite de la Terre dans l'hypothèfe
dont nous fommes parti, qu'autant que cette Comète,
au moment où elle s'engageroit dans la fphère d'attraction de la Terre, feroit à l'extrêmité de la haute apfide de
la trajectoire elliptique qu'elle tendroit à décrire autour
de la Terre. Suppofons en effet que la fuppofition précédente n'ait pas lieu, c'eft-à-dire que la direction du
mouvement, au lieu d'être perpendiculaire au rayon

vecteur , fasse le plus petit angle avec lui ; il est aisé de démontrer que quelque petite que soit la vîtesse de la Comète lorsqu'elle s'engage dans la sphère d'attraction de la Terre , elle ne peut y demeurer toujours. En effet, par la nature des sections coniques , lorsqu'après avoir traversé la sphère d'attraction de la Terre, la Comète se trouveroit à l'extrêmité de cette sphère , c'est-à-dire à une distance de la Terre égale à celle où elle étoit lorsqu'elle a commencé à être soumise à l'action de notre globe , le rayon vecteur de la Comète seroit situé relativement à l'axe de la section conique , d'une manière semblable au rayon vecteur par lequel la Comète est entré dans la sphère d'attraction. Les vîtesses tangentielles seroient égales , leurs directions seroient seulement différentes. Dans le premier cas la vîtesse tendoit à faire entrer la Comète dans la sphère d'attraction de la Terre , dans le second cas elle tendroit à l'en faire sortir ; & comme par la supposition l'attraction de la Terre cesse d'agir à ce point , la Comète s'éloigneroit du centre de notre globe en vertu de cette vîtesse acquise.

(279) Pour déterminer d'une manière plus particulière les circonstances qui feroient décrire une ellipse autour de la Terre, à une Comète elliptique , dans l'hypothèse du §. 184 ; je remarque que si l'on conserve les définitions de a, E, R, r, P, θ, ρ, δ, V, des §. 141, 146 & 149 , auxquels je renvoie ; puisque la Comète doit pouvoir se trouver dans la haute apside de l'ellipse qu'elle doit décrire , à l'instant où elle est à l'extrêmité de la sphère d'attraction ; la condition sera exprimée par $a + E - R = 0$; a & E ayant d'ailleurs pour expressions (§. 145)

$$a = \frac{2\,R^2 \sin^2.\theta}{4\,R \sin^2.\theta - P\,r^2} \, ;$$

$$E = \frac{R \sin.\theta}{4\,R \sin^2.\theta - P\,r^2} \, \sqrt{\left(4\,R \sin^2.\theta\,(R - P) + P^2\,r^2 \right)} \, ;$$

& R étant le rayon de la sphère d'attraction de la Terre.
On aura donc pour condition du Problême

$$(4\,\mathrm{R}\sin^2.\theta - \mathrm{P}\,r^2)\,\mathrm{P}\cos^2.\theta = 0.$$

Ce qui donne trois conditions différentes;

$$\mathrm{P} = 0\;;\; \cos.\theta = 0\;;\; 4\,\mathrm{R}\sin^2.\theta - \mathrm{P}\,r^2 = 0.$$

(280) La condition $4\,\mathrm{R}\sin^2.\theta - \mathrm{P}\,r^2 = 0$, ne peut avoir lieu dans notre hypothèse; ce seroit le cas où a & E seroient infinis, & où par conséquent le rayon de la sphère d'attraction de la Terre seroit infini.

La supposition de $\mathrm{P} = 0$ donneroit une ellipse dont le petit axe seroit nul, & qui se confondroit avec la ligne droite. Et comme d'ailleurs

$$r^2 \rho^2 \,\partial\,\mathrm{P} - \mathrm{V}^2\,\mathrm{R}^2 \sin^2.\theta = 0,$$

la vîtesse relative de la Comète devroit être nulle, au moment où elle s'engageroit dans la sphère de la Terre.

Examinons maintenant ce que donne la condition $\cos.\theta = 0$.

(281) Puisque par la supposition $\cos.\theta = 0$; la direction du mouvement de la Comète doit être perpendiculaire au rayon vecteur, à l'instant où elle s'engage dans la sphère d'attraction de la Terre, ainsi que nous l'avons déjà remarqué, & c'est la seule condition qu'exige l'analyse. Le paramêtre peut donc être tout ce que l'on voudra; & en effet, quel que soit le paramêtre, pourvu que $\sin.\theta = r$, on aura toujours $a + \mathrm{E} - \mathrm{R} = 0$; mais il y a une considération qui exclut ce nombre illimité de solutions; il faut que la Comète puisse gagner la basse apside de sa trajectoire, sans sortir de la sphère d'attraction de la Terre; cette remarque fait voir que la dernière courbe qui satisfait au Problême, est le cercle dont le rayon seroit égal au rayon de la sphère d'attraction de la Terre; & comme dans le cercle $\mathrm{P} = 2\,\mathrm{R}$, l'équation $r^2 \,\partial\,\mathrm{P} - \mathrm{V}^2\,\mathrm{R}^2 = 0$, démontre que la vîtesse relative de la Comète devroit être dans ce cas de 2176, 1 pieds par seconde de tems. Une

Comète elliptique ne peut donc devenir Satellite de la Terre dans nos suppositions, qu'autant qu'à l'instant où elle s'engageroit dans la sphère d'attraction de la Terre, sa vîtesse relative seroit tout au plus de 2176, 1 pieds par seconde, la direction de son mouvement étant d'ailleurs perpendiculaire au rayon vecteur mené de la Terre ; la courbe qu'elle décriroit alors seroit un cercle situé à l'extrêmité de la sphère d'attraction.

(282) Si la vîtesse relative de la Comète étoit plus grande que 2176, 1 pieds par seconde, la Comète ne pourroit pas devenir Satellite de la Terre ; mais si cette vîtesse étoit plus petite, elle pourroit décrire une ellipse autour de notre globe, de sorte cependant qu'à chacune de ses révolutions elle passeroit à l'extrêmité de la sphère d'attraction de la Terre.

Remarque sur l'hypothèse du §. 184, relativement à la question présente.

(283) Si l'hypothèse dont nous sommes parti (§. 184) étoit rigoureuse, nos conclusions le seroient pareillement ; mais nous ne pouvons nous dissimuler que dans cette hypothèse l'on néglige de petites quantités, nulles, à la vérité, relativement aux questions que nous nous proposions d'examiner alors, mais qui dans le point de passage dont il s'agit ici, pourroient être comparables à celles que nous considérons ; il nous est donc impossible de prononcer définitivement si une Comète elliptique, ayant tourné primitivement autour du Soleil, ne pourroit pas devenir Satellite de la Terre ; ce qu'il y a de sûr, c'est que dans le cas même où géométriquement parlant, l'impossibilité n'en paroîtroit point démontrée, la réunion des circonstances qui devroient se rencontrer pour que cela eût lieu, est telle, que l'événement est contre toute probabilité. D'ailleurs cette Comète ne tiendroit presque point à la Terre ; & lorsqu'elle se trouveroit dans sa haute apside, la plus petite force finie paroîtroit devoir l'en

détacher. En un mot, puisque cette Comète seroit
venu d'un point pris hors de la sphère d'attraction de
la Terre, & qu'elle auroit primitivement circulé autour
du Soleil comme centre de ses mouvemens, lorsque la
suite des révolutions rameneroit les mêmes positions
respectives du Soleil, de la Terre & de la Comète,
elle devroit cesser de tourner autour de la Terre &
recommencer à circuler autour du Soleil.

Application des principes précédens à la Lune.

(284) Nous venons de discuter les raisons qui doivent faire douter qu'une Comète elliptique puisse dans
aucun cas devenir Satellite de la Terre ; mais il s'en
faut beaucoup, ce me semble, que relativement à la
Lune, l'incertitude soit aussi grande. La Lune est
beaucoup en-deçà de la limite que nous avons donnée
à la sphère d'attraction de la Terre ; sa vîtesse relative
est beaucoup plus grande que 2176, 1 pieds par seconde
de tems ; elle paroît d'ailleurs fortement attachée à la
Terre ; ses mouvemens calculés par les formules les plus
rigoureuses du Problème des trois corps, & pris dans
un ordre rétrograde, ne présentent aucune circonstance
où l'on puisse soupçonner qu'elle soit dans le cas de
cesser de tourner autour de notre globe. Quand donc
on auroit quelqu'incertitude sur la possibilité du fait,
relativement à des Comètes qui seroient à-peu-près
dans le cas que nous avons discuté (§. 282), ces doutes
ne pourroient pas, suivant moi, s'appliquer à la
Lune.

(285) Il me paroît suivre évidemment de ce qui
vient d'être dit, que la Terre ne peut espérer de
nouveau Satellite. Certainement elle ne peut forcer
aucune Comète parabolique ou hyperbolique à tourner
autour d'elle ; quand donc même on ne regarderoit
point comme impossible l'hypothèse du §. 281, elle
ne pourroit espérer de nouveau Satellite qu'autant

qu'elle forceroit une Comète elliptique à s'attacher à elle. Mais une pareille Comète auroit nécessairement une orbite qui approcheroit dans beaucoup de points de celle de la Terre ; & elle n'auroit pas échappée aux observateurs.

(286) Si la Terre ne peut espérer de nouveau Satellite, elle ne doit pas craindre par la même raison de devenir Satellite d'une Comète. Son orbite pourroit être extrêmement altérée si cette Comète avoit une très-grande Masse ; mais la Terre continueroit d'avoir le Soleil pour centre de ses mouvemens.

Remarque sur les Satellites de Jupiter & de Saturne.

(287) Ce que nous avons dit de la Lune, s'applique également aux Satellites de Jupiter & de Saturne. Il y a même des raisons encore plus fortes pour ces Satellites, que pour la Lune ; ils sont, toute proportion gardée, beaucoup plus en-deçà de la limite des sphères d'attraction de ces Planètes, que la Lune même. D'ailleurs dans leur haute apside ils paroîtroient devoir tous remonter à-peu-près à une même distance de la Planète, c'est-à-dire, à l'extrémité du rayon de la sphère d'attraction ; ce qui est contraire à ce que l'on observe. Tout me paroît donc écarter l'idée de regarder la Lune, & les Satellites de Jupiter & de Saturne, comme des Comètes, qui, ayant tourné primitivement autour du Soleil, ont été obligées, par notre globe, par Jupiter & par Saturne, de circuler autour d'eux ; du moins si l'on ne fait entrer en ligne de compte que la seule attraction. Examinons maintenant ce qui résulteroit de l'hypothèse dans laquelle on supposeroit qu'il y ait eû choc entre ces corps, ou qu'à l'approche de ces Planètes, les Comètes aient rencontré un fluide qui leur ait fait perdre une partie de leur mouvement.

Examen

*Examen de ce qui arriveroit, si à l'approche de la
Planète, la Comète rencontroit un fluide qui lui fit
perdre une partie de son mouvement.*

(288) Pour se former plus facilement l'idée de ce
qui arriveroit, si à l'approche de la Planète, la Comète
rencontroit un fluide qui lui fit perdre une partie de
son mouvement ; considérons ce qui auroit lieu si la
Comète & la Planète tendoient à se rencontrer centre à
centre. Soit B *b* la direction relative du mouvement Fig. XIV.
de la Comète & de la Planète, passant par le centre
F de la Planète que je suppose susceptible de pénétration ; B le point par lequel la Comète entre dans
la sphère d'attraction de la Planète ; *b* le point par
lequel elle en sort ; *a a a a* une sphère de fluide qui
environne la Planète. A cause de l'attraction du corps F,
la Comète sera accélérée de B en F, de manière
qu'elle pourra remonter en *b* en vertu de cette accé-
lération. Au point *b* tout le mouvement acquis pendant la chûte B F, sera détruit, & il ne restera à la
Comète que le mouvement primitif qu'elle avoit en B,
avec lequel elle continuera de se mouvoir comme si
elle n'eût pas traversé la sphère d'activité du corps F ;
dans l'hypothése toutes fois qu'elle n'ait point rencontré de fluide qui lui ait fait perdre de son mouvement. Supposons maintenant que la Comète ait
perdu de sa vitesse par la rencontre du fluide qui
environne la Planète. Dans ce cas la Comète arrivée
au point *b*, continuera de se mouvoir avec une vitesse
moindre que celle qu'elle avoit au point B, si la résistance du milieu n'a pas été capable de détruire toute la
vitesse qu'elle avoit au point B. Si au contraire, à
cause de cette résistance, elle n'a pu remonter en *b*,
elle oscillera quelque tems, jusqu'à ce que toute sa
vitesse ayant été détruite dans ses différens passages
par l'atmosphère du corps F, elle retombera enfin sur
ce corps.

(289) Quoique j'aie supposé l'orbite relative rectiligne, il est évident que le même genre de démonstration s'appliqueroit à une orbite relative curviligne. Dans chaque passage de la Comète par le fluide, où elle seroit ramenée à chaque révolution, elle perdroit de sa vîtesse tangentielle ; les grands-axes de ses différentes orbites diminueroient de plus en plus, & elle retomberoit sur la Planète , comme dans le premier cas.

Examen de ce qui arriveroit si la Planète & la Comète venoient à se choquer.

(290) Il faut examiner maintenant ce qui arriveroit si la Planète supposée dans un repos relatif , venoit à être choquée par la Comète. Soit P la Planète ; C la Comète ; D le point de contact ; C M la direction du mouvement relatif. Le mouvement suivant C M , se décomposera suivant C D , D M ; le mouvement D M étant parallèle à la Tangente au point de contact, ne souffrira aucune altération. Quant au mouvement suivant D C , il se distribuera suivant les loix des collisions. Si les corps P & C étoient parfaitement élastiques ; comme alors d'après les loix des chocs , les vîtesses relatives seroient les mêmes avant & après le choc, il ne résulteroit autre chose de ce choc, qu'un changement de direction dans le mouvement relatif. Si au contraire les corps P & C étoient parfaitement durs , comme alors il y auroit perte de vîtesse relative dans le sens de la direction C D , le corps C pourroit rester dans la sphère d'attraction du corps P ; mais cette explication ne seroit guère satisfaisante pour expliquer comment une Comète pourroit devenir Planète sécondaire. En effet , dans le cas où le corps C ne sortiroit point de la sphère d'attraction du corps P ; en vertu des loix des forces centrales , à chacune de ses révolutions, le corps C tendroit à passer par le point D; il seroit donc perpétuellement ramené à

la surface du corps P, il devroit donc à la fin perdre tout son mouvement, par ces différens chocs, ou du moins prendre une orbite qui le fît toujours circuler à la surface du corps P.

(291) Si il se trouvoit des aspérités à la surface des corps P & C, il pourroit résulter un mouvement de rotation, du choc de ces corps, & une partie du mouvement seroit employée à produire cette rotation.

(292) Il me semble infiniment probable, & j'oserois presque dire, démontré, d'après ces réflexions, que la Lune n'est point une Planète qui ait circulé autour du Soleil ; tout me paroît au contraire porter l'empreinte d'un arrangement primitif aussi ancien que notre globe.

(293) Un des Philosophes les plus illustres de notre Siecle, à qui l'Histoire Naturelle a tant d'obligations, & qui a sçu joindre aux raisonnemens les plus profonds, le charme du style le plus brillant, frappé de voir que la Terre & les Planètes font leurs révolutions dans le même sens & presque dans le même plan, a supposé, pour rendre raison de ce phénomène, qu'elles ont été détachées en même tems du Soleil, par le choc d'une Comète ; qu'une partie de la substance solaire a été lancée jusqu'à la distance de Saturne, & a formé Saturne & ses Satellites ; qu'une autre partie a été lancée à la distance de Jupiter, de Mars, de la Terre, de Vénus, de Mercure ; & a formé Jupiter & ses Satellites, Mars, la Terre & son Satellite, Vénus & Mercure. Rien n'est plus ingénieux que cette hypothèse ; voici cependant une objection tirée de la théorie des forces centrales, que j'ose présenter à l'illustre Auteur de ce système, & que je soumets entièrement à ses lumières. On sçait que les orbites de Saturne, de Jupiter, de Mars, de la Terre, de Vénus & de Mercure sont presque circulaires ; cette forme de trajectoires semble s'opposer à l'explication dont il s'agit. Supposons en effet, que les différentes Planètes ayent été lancées en masses, & telles qu'elles

exiftent actuellement ; il eft démontré par la théorie des forces centrales que dans cette hypothèfe , à chacune de leurs révolutions autour du Soleil , ces corps devroient paffer précifément par les mêmes points d'où ils ont été lancés ; & comme par la fuppofition ils ont été détachés d'une même partie du Soleil , ils devroient avoir des points de leurs orbites extrêmement voifins les uns des autres ; de plus ces orbites devroient approcher très-près du Soleil dans le périhélie , puifqu'anciennement ces points faifoient partie du corps même du Soleil. On dira fans doute que les Planètes n'ont point été lancées en maffes ; que le fluide folaire , d'abord éparpillé par le choc de la Comète , s'eft enfuite fucceffivement ramaffé autour d'un centre d'attraction. Cette fuppofition ne paroît pas déranger les conclufions précédentes. Prenons en effet l'exemple de la Terre ; il eft évident que toutes les parties du fluide , qui en fe rapprochant auroient formé notre globe dans cette hypothèfe , n'auroient pas dû être fort éloignées du point qui forme actuellement le centre de la Terre ; autrement l'action du Soleil fur un corpufcule placé au-delà d'une certaine limite , l'auroit empêché de fe réunir à la Terre ; & cette limite ne peut être infiniment plus grande que celle déterminée §. 190. On doit donc ce me femble , confidérer cette maffe de fluide comme circonfcrite dans une fphère d'une étendue très-limitée , & l'on peut appliquer à ce fyftême particulier de corps , les loix générales du mouvement. Les actions qu'ils ont exercées les uns fur les autres pour fe réunir , n'ont donc point dû changer l'état du centre de gravité de ce fyftême particulier ; & tout ce que nous avons dit dans la fuppofition que les Planètes auroient été détachées en maffe , paroît s'appliquer à l'hypothèfe préfente.

Je n'ai point eu égard dans les raifonnemens précédens , à l'action de la partie du fluide folaire , qui , détachée du Soleil en même tems que les Planètes , feroit

retombée dans cet Astre. Cette considération pourroit
peut-être ôter à ces raisonnemens la rigueur d'une démonstration géométrique. Il me paroît cependant contraire à toute probabilité, que cette circonstance ait pu
altérer les orbites des Planètes au point de les rendre
toutes presque circulaires, de très-excentriques qu'elles
auroient été sans cela. Cette remarque s'applique également aux orbites des Satellites, dont il ne paroît point
que l'on explique la circularité & la direction dans le
même sens.

SECTION NEUVIÈME.

*Des trajectoires que les Satellites de Jupiter, de
Saturne & de la Terre, décriroient autour du Soleil,
si la Terre, Saturne ou Jupiter, venoient à être
anéantis tout-à-coup.*

(294) QUOIQUE la détermination des trajectoires
que les Satellites de Jupiter, de Saturne & de la Terre
décriroient autour du Soleil, si la Terre, Saturne ou
Jupiter venoient à être anéantis tout - à - coup, ne
paroisse pas tenir directement à l'objet dont nous nous
sommes occupés jusqu'ici; que d'ailleurs cette recherche
ne puisse avoir aucune application dans la nature; elle
m'a semblé cependant présenter un motif de curiosité
assez singulier pour ne pas la passer sous silence. Je
suppose à cet instant, l'action des différens Satellites
les uns sur les autres, infiniment petite relativement
à celle du Soleil. Comme cette recherche dépend du
nombre de pieds qu'un corps grave parcourroit à la
surface du Soleil pendant la première seconde de sa
chûte, je vais m'occuper de cet objet.

De la vitesse d'un corps grave à la surface du Soleil.

(295) Nous avons donné (§. 156) l'expression du

nombre δ de pieds que parcourt un corps grave pendant la première seconde de sa chûte, à la surface d'une sphère d'attraction, lorsque l'on connoît le rayon ρ de cette sphère d'attraction, la distance a d'un corps qui circule autour de ce centre d'attraction, & le tems X que ce corps emploie à décrire sa trajectoire. Cette formule va nous servir à résoudre la question proposée.

Pour déterminer le nombre de pieds que parcourt un corps grave, à la surface du Soleil, il est naturel d'employer les élémens de la Terre, celle de toutes les Planètes dont nous connoissons le plus exactement la révolution sidérale ; elle est de 365, 256379 jours. Quant à la distance de la Terre au Soleil, il y a un peu plus de difficulté à ce sujet ; puisque les Astronomes ne sont point d'accord sur cette distance. Pour donner au calcul la plus grande généralité dont il est susceptible, nous appellerons π la parallaxe du Soleil, évaluée en secondes de degrés, & ρ' le rayon de la Terre évalué en pieds. Il est évident que dans cette hypothèse, $\dfrac{360°}{\pi}$ exprimera le nombre de fois que le rayon de la Terre est contenu dans la circonférence de l'orbite terrestre ; & que par conséquent $\dfrac{360°}{\pi}\rho'$ exprimera la circonférence de l'orbite de la Terre. Si donc l'on multiplie cette expression par le rapport $\dfrac{n}{2\,m}$ du rayon à la circonférence du cercle, on aura $\dfrac{n}{m}\times\dfrac{180°}{\pi}\rho'$ pour l'expression de la distance de la Terre au Soleil. Si dans l'équation du §. 156 l'on substitue cette valeur à la quantité a ; on aura

$$\delta = \frac{2\,n}{m} \times \left(\frac{180°}{\pi}\right)^3 \times \frac{\rho'^3}{\rho^3 X^2} ;$$

Soit σ la valeur moyenne du demi‑diamètre du Soleil, évalué en degré ;

puisqu'évidemment $\rho : \rho' :: \sigma : \pi$, l'équation précédente deviendra

$$\delta = \frac{2\,n}{m} \times \frac{(180^{\circ})^{3} \times \rho'}{\pi\,\sigma^{2}\,\mathrm{X}^{2}} ;$$

$$d\,\delta = - \frac{\delta\,d\,\pi}{\pi}.$$

(296) Dans les équations du §. 295 nous supposerons $\sigma = 15'\ 58'',75$; $\rho' = 19613800$ pieds ; $\mathrm{X} = 365,256379 \times 86400''$; $\pi = 8'',55$; & l'on aura

$$\delta = 434,08 \text{ pieds.}$$

Maintenant si l'on entend par $d\,\delta$ la variation de la vîtesse du corps grave exprimée en pieds ; par $d\,\pi$ l'incertitude de la parallaxe du Soleil exprimée en centièmes de secondes de degré, on aura

$$d\,\delta = - 0,5077\ d\,\pi.$$

(297) Nous pouvons maintenant résoudre les questions proposées ; nous commencerons par Jupiter, dont les quatre Satellites offrent une plus grande variété dans les résultats.

Des trajectoires que les Satellites de Jupiter décriroient autour du Soleil, si Jupiter venoit à être anéanti tout‑à‑coup.

(298) On sçait que la moyenne distance de Jupiter au Soleil, est à la moyenne distance de la Terre au Soleil, comme 5,201 est à 1. On sçait aussi que cette Planète est accompagnée de quatre Satellites, qui circulent à des distances inégales. La distance du premier Satellite au centre de Jupiter, exprimée en demi‑diamètres de Jupiter pris dans le sens de son petit‑axe, est de 6,424 ; sa révolution relativement aux étoiles, est de 1^{jour} 18h 27' 33'' ou de 152853'' de tems. La distance du second Satellite au centre de Ju‑

piter est de 10, 192 demi-diamètres ; sa révolution est de 3^{jours} 13^h 13′ 42″ ou de 306822″ de tems. La distance du troisième Satellite est de 16, 306 demi-diamètres de Jupiter ; sa révolution est de 7^{jours} 3^h 42′ 33″ ou de 618153″. La distance du quatrième Satellite est de 28, 678 demi-diamètres ; sa révolution est de 16^{jours} 16^h 32′ 8″ ou de 1441928″ de tems. D'ailleurs le demi petit-axe de Jupiter est au demi-diamètre de la Terre vû à une même distance, comme 10, 581 est à 1.

(299) Si Jupiter venoit tout-à-coup à être anéanti, & que l'action des Satellites les uns sur les autres, fût infiniment petite relativement à l'attraction du Soleil, il est évident que chacun des Satellites commenceroit à décrire une nouvelle trajectoire autour du Soleil, & que cette trajectoire seroit une section conique. Mais cette trajectoire seroit-elle parabolique, hyperbolique ou elliptique ? c'est ce qu'il s'agit d'examiner. En général cela dépendroit du point où le Satellite se trouveroit dans l'orbite qu'il décrit actuellement autour de Jupiter. Il faut donc déterminer à quel point de l'orbite actuelle du Satellite, la nouvelle trajectoire autour du Soleil seroit une parabole ; car cette courbe étant le passage de l'hyperbole à l'ellipse, on aura par-là une idée nette de ce qui arrivera dans tous les points de l'orbite.

(300) Soit

  a le demi grand axe d'une section conique ;
  E la distance du foyer au centre de la section ;
  R le rayon vecteur ;
  P le paramètre ;
  θ l'angle de la Tangente à la courbe, avec le rayon vecteur ;
  u l'angle du rayon vecteur avec le grand-axe ;
  r le rayon du cercle sur lequel cet angle est mesuré ;
  V la vîtesse tangentielle ;
  ρ le rayon de la sphère attirante ;

δ le nombre de pieds qu'un corps grave parcourt pendant la première seconde de sa chûte à la surface de la sphère attirante.

Il suit de ce qui a été démontré dans la Section sixième que dans le cas de la parabole $a = E$, & que par conséquent (§. 145) $4 R \sin^2. \theta - P r^2 = 0$; d'ailleurs (§. 150) $P = \dfrac{V^2 R^2 \sin^2. \theta}{r^2 \rho^2 \delta}$; donc

$$4 \rho^2 \delta - V^2 R = 0.$$

Dans cette équation, R est le rayon vecteur mené du Satellite au Soleil ; V est la vîtesse du Satellite relativement au Soleil ; ρ est le demi-diamètre du Soleil ; & δ est le nombre de pieds qu'un corps grave parcourroit à la surface du Soleil pendant la première seconde de sa chûte.

(301) Pour déterminer R & V en dimensions de l'orbite du Satellite de Jupiter ; soit   Fig. XVI.

> D la distance T S de Jupiter au Soleil ;
> R' le rayon T L de l'orbite circulaire du Satellite de Jupiter autour de cette Planète ; A est le point supérieur de cette orbite relativement au Soleil ; & L est le point où se trouve le Satellite ;
> u' l'angle A L qu'il a parcouru dans son orbite depuis son passage par le point A.

Il est évident que le Satellite au point L a deux mouvemens différens ; l'un qui lui est commun avec Jupiter autour du Soleil, & que je représenterai par L N ; l'autre qui résulte de son mouvement autour de Jupiter, & que je représenterai par L M. Il a donc relativement au Soleil, le mouvement L B diagonale du parallélograme L M B N. Du point L j'abaisse sur le prolongement de B M la perpendiculaire L K ; soit

> v la vîtesse de Jupiter autour du Soleil ;
> v' la vîtesse du Satellite dans son orbite.

Fig. XVI. Puisque la trajectoire du Satellite autour de Jupiter est circulaire, & que M L est Tangente à cette trajectoire, dans le triangle L M K rectangle en K, l'angle en M est égal à l'arc A L traversé par le Satellite dans son orbite depuis son passage par le point A; d'ailleurs L M est la vîtesse du Satellite dans son orbite; donc $MK = \dfrac{v'\, \cos. u'}{r}$; $LK = \dfrac{v'\, \sin. u'}{r}$. De plus $BM = LN$ est la vîtesse v commune au Satellite & à Jupiter; BL est la vîtesse V du Satellite, par rapport au Soleil; donc

$$V^2 = v^2 + v'^2 + \frac{2\,v\,v'\, \cos. u'}{r}.$$

(302) Maintenant du point L si l'on abaisse sur la droite S T A la perpendiculaire L Q, que l'on nomme R' le rayon T L, R le rayon S L, D la distance T S de Jupiter au Soleil, & que l'on conserve les définitions précédentes; dans le triangle T Q L rectangle en Q, on aura $QL = \dfrac{R'\, \sin. u'}{r}$; $QT = \dfrac{R'\, \cos. u'}{r}$, & par conséquent $R^2 = D^2 + \dfrac{2\,R'\,D\, \cos. u'}{r} + R'^2.$

(303) Si l'on porte ces valeurs de R^2 & V^2 dans l'équation $4\rho^2 \delta - V^2 R = 0$, elle deviendra

$$4\rho^2\delta = \left(v^2 + v'^2 + \frac{2\,v\,v'\, \cos. u'}{r}\right)\sqrt{\left(D^2 + R'^2 + \frac{2\,R'\,D\, \cos u'}{r}\right)}.$$

On trouvera donc les points où devroit se trouver le Satellite dans son orbite, pour que sa nouvelle trajectoire autour du Soleil fût une parabole.

(304) L'équation du §. précédent seroit par rapport à u', une équation du troisième degré dont deux des racines seroient imaginaires. Quoique cette solution n'ait rien d'embarrassant, on peut cependant simplifier encore la question. En effet comme la distance de

Jupiter au Soleil est extrêmement grande relative-Fig. XVI.
ment à la distance des Satellites à Jupiter, la quantité
sous le signe radical pourra sans erreur sensible se réduire à D^2 ; on aura alors

$$4 \rho^2 \delta - D v^2 - D v'^2 - \frac{2 D v v' \cosin. u'}{r} = 0 ;$$

d'où l'on tire

$$\cosin. u' = \frac{2 \rho^2 \delta r}{D v v'} - \frac{v r}{2 v'} - \frac{v' r}{2 v} .$$

(305) Non-seulement on déterminera l'espèce de la
trajectoire, on aura de plus la trajectoire individuelle
décrite par le Satellite autour du Soleil. En effet nous
avons vu que le rayon vecteur du Satellite rapporté au
Soleil, à l'instant où il commenceroit à décrire sa nouvelle trajectoire, a pour expression (§. 302)

$$R = \sqrt{\left(D^2 + R'^2 + \frac{2 R' D \cosin. u'}{r} \right)} ;$$

de plus (§. 301) sa vîtesse tangentielle s'exprime par

$$V = \sqrt{\left(v^2 + v'^2 + \frac{2 v v' \cosin. u'}{r} \right)} ;$$

d'ailleurs on connoîtra l'angle BLH du rayon vecteur LS avec la Tangente BL à la nouvelle orbite ; car
cet angle est égal à la somme des angles BLK, KLH.
D'après les constructions précédentes l'angle BLK a
évidemment pour expression de sa Tangente,

$$\frac{r \; BK}{KL} = \frac{r^2 v + r v' \cosin. u'}{v' \sin u'} .$$

Quant à l'angle KLH, il est égal à l'angle TSL,
qui a pour expression de sa Tangente

$$\frac{r \times QL}{QS} = \frac{r R' \sin. u'}{D r + R' \cosin. u'} ;$$

donc (Trigonométrie rectiligne)

$$\text{Tang.} BLH = \frac{D r (r v + v' \cos. u') + R' r (r v' + v \cos. u')}{(D v' - R' v) \sin. u'} .$$

Fig. XVI. On connoîtra donc par les formules de la Section sixième , toutes les dimensions de la nouvelle trajectoire décrite autour du Soleil.

(306) Nous remarquerons ici un cas singulier, celui où l'angle B L H seroit nul , & où par conséquent le Satellite tomberoit en ligne droite dans le Soleil ; on auroit alors

$$D (r v + v' \cosin. u') + R' (r v' + v \cosin. u') = o.$$

d'où l'on tire

$$\cosin. u' = - \frac{r (D v + R' v')}{D v' + R' v}.$$

Application du calcul aux Satellites de Jupiter.

Premier Satellite.

(307) Si l'on applique ce calcul au premier Satellite de Jupiter , & que l'on parte du point de l'orbite du Satellite , qui répond à l'opposition relativement au Soleil ; on verra que si Jupiter venoit tout-à-coup à être anéanti, le premier Satellite décriroit une trajectoire hyperbolique autour du Soleil , si il se trouvoit dans toute la partie supérieure de son orbite autour de Jupiter ; il décriroit une parabole , si il se trouvoit à 104° 40′ 20″ de l'opposition. Dans toute la partie inférieure de son orbite , distante de plus de 104° 40′ 20″ de l'opposition , sa nouvelle trajectoire seroit une ellipse ; de sorte cependant qu'entre 104° 40′ 20″ & 140° 59′ 40″ de distance de l'opposition , la nouvelle trajectoire autour du Soleil , seroit directe ; & que par-delà 140° 59′ 40″ la trajectoire seroit rétrograde. À 140° 59′ 40″ le Satellite tomberoit en ligne droite dans le Soleil.

Second Satellite.

(308) Si l'on part , comme dans le §. précédent , du point de l'orbite du Satellite qui répond à l'oppo-

fition relativement au Soleil ; le fecond Satellite décriroit une trajectoire hyperbolique autour du Soleil , fi il
fe trouvoit dans toute la partie fupérieure de fon
orbite. Il décriroit une parabole , fi il fe trouvoit à
91° 1′ 40″ de l'oppofition. Dans la partie inférieure
de fon orbite , diftante de plus de 91° 1′ 40″ de l'oppofition , fa nouvelle trajectoire autour du Soleil feroit
une ellipfe ; de forte cependant qu'entre 91° 1′ 40″
& 169° 22′ 40″ de diftance de l'oppofition , la trajectoire feroit directe ; que par-delà 169° 22′ 40″ , la
trajectoire feroit rétrograde ; & qu'à 169° 22′ 40″ de
diftance de l'oppofition , le Satellite tomberoit en ligne
droite dans le Soleil.

Troifième Satellite.

(309) Relativement au troifième Satellite ; fi il fe
trouvoit dans la partie fupérieure de fon orbite , fa
nouvelle trajectoire autour du Soleil feroit une hyperbole ; elle feroit une parabole , à 77° 30′ 10″ de
diftance de l'oppofition. Par-delà 77° 30′ 10″ , & dans
toute la partie inférieure de l'orbite , la nouvelle trajectoire feroit une ellipfe ; mais elle feroit toujours
directe , & le Satellite ne pourroit point tomber en
ligne droite dans le Soleil.

Quatrième Satellite.

(310) A 58° 49′ 20″ de diftance de l'oppofition ,
la nouvelle trajectoire de ce Satellite autour du Soleil ,
feroit une parabole. Dans la partie fupérieure de l'orbite
elle feroit une hyperbole ; & dans la partie inférieure ,
elle feroit une ellipfe. Dans le cas où la trajectoire
feroit une ellipfe , elle ne pourroit être que directe ;
& le Satellite ne pourroit point tomber en ligne droite
dans le Soleil.

Application du calcul à la Lune.

(311) Le mouvement de la Lune dans son orbite autour de la Terre, est au mouvement de la Terre autour du Soleil, à-peu-près dans le rapport de 3292 à 95085. Il est donc évident que dans toutes les positions de la Lune, soit que l'on ajoute son mouvement à celui de la Terre, soit qu'on l'en souftraie, la vitesse résultante de la Lune relativement au Soleil, ne peut différer beaucoup de celle de la Terre; il en est de même de l'angle de la Tangente avec le rayon vecteur. La trajectoire de la Lune seroit donc dans tous les cas, une trajectoire elliptique, dont les dimensions différeroient peu de celles de l'orbite de la Terre.

Remarque relative aux Satellites de Saturne.

(312) Comme les plans des orbites des quatre premiers Satellites de Saturne, sont inclinés d'environ 30° sur l'écliptique de cette Planète, & que le plan de l'orbite du cinquième Satellite est incliné de 15°; le Problême est plus compliqué que pour les Satellites de Jupiter, dont à cause de leurs très-petites inclinaisons, nous avons supposé les orbites couchées sur l'écliptique de la Planète. Indépendamment du point de l'orbite où se trouveroit le Satellite, il faudroit encore connoître la position actuelle des nœuds du Satellite, relativement à la ligne qui joint les centres du Soleil & de Saturne. Cette considération ajouteroit une nouvelle indétermination au Problême, si on vouloit le résoudre dans toute sa généralité. Mais quoique plus compliqué quant au calcul, il n'en seroit pas moins dans le cas d'être résolu par des méthodes analogues à celles dont on a fait usage par les Satellites de Jupiter. On parviendroit seulement à des équations d'un degré plus élevé. En effet il ne seroit question que de projetter l'orbite du Satellite autour de Saturne sur le

plan de l'écliptique de Saturne ; cette projection donneroit une ellipse. Il faudroit ensuite déterminer la vîtesse correspondante à chacun des points de la projection. Il faudroit enfin calculer dans quelle circonstance la vîtesse dans la courbe de projection , combinée avec la vîtesse du Soleil, commune à Saturne & au Satellite , donneroit une courbe parabolique pour la projection de la nouvelle trajectoire décrite autour du Soleil ; car cette projection seroit évidemment une parabole, dans les mêmes circonstances que la nouvelle trajectoire du Satellite autour du Soleil.

(313) On voit maintenant à quoi tient la complication du Problème relativement à Saturne ; elle résulte de ce qu'il faut calculer dans l'ellipse, plusieurs quantités que nous avons calculées dans le cercle relativement à Jupiter. Il me suffit d'indiquer la route qu'il faudroit suivre pour résoudre ce Problème , dont la simplicité dans l'analyse a fait seule le mérite , relativement aux Satellites de Jupiter. Je remarquerai seulement que le cinquième Satellite de Saturne ne pourroit jamais décrire qu'une orbite elliptique autour du Soleil.

Des conditions qui doivent avoir lieu pour qu'un corps lancé puisse circuler autour d'une sphère d'attraction à la manière des Satellites.

(314) Pour qu'un corps puisse circuler autour d'un centre d'attraction à la manière des Satellites , il est évident qu'il doit y avoir une relation entre le rayon de la sphère d'attraction, le nombre de pieds qu'un corps parcourt à la surface de cette sphère , pendant la première seconde de sa chûte , la vîtesse du corps lancé , la direction de son mouvement , & sa distance au centre de la sphère d'attraction ; autrement le projectile pourroit ne pas décrire une courbe fermée autour du centre d'attraction , ou bien même l'épaisseur de la sphère

pourroit s'oppofer à fon mouvement ; je vais déterminer cette relation.

(315) Si l'on conferve les définitions du §. 300 , &
que l'on nomme de plus

ρy la diftance du corps lancé, au centre de la
fphère d'attraction ;

on voit d'abord que la diftance à laquelle le projectile
pourroit être lancé fans devenir Satellite de la fphère
d'attraction , eft celle où la trajectoire cefferoit d'être une
courbe fermée , & commenceroit à avoir des branches
infinies ; on auroit donc (§. 300 $E = a$; d'ailleurs fi
l'on jette les yeux fur les expreffions de E , de a & de P
des §. 142 & 150, & que l'on fubftitue dans ces équations
ρy à R , on aura pour une des limites du Problême,

$$y = \frac{4 \rho \delta}{V^2} \text{ .}$$

C'eft le cas où la trajectoire feroit une parabole.

(316) Le cas où le projectile décriroit une courbe
circulaire , feroit celui où l'on auroit à la fois $E = 0$,
fin. $\theta = r$, & $P - 2 R = 0$; d'où l'on tire

$$y = \frac{2 \rho \delta}{V^2} \text{ .}$$

(317) Pour déterminer maintenant le cas où l'épaif-
feur de la fphère s'oppoferoit à la defcription de la
trajectoire entière , je remarque que le projectile ne
peut décrire fa trajectoire entière , qu'autant que la
diftance du projectile parvenu à l'apfide inférieure, eft au
moins égale au rayon de la fphère d'attraction ; on doit
donc avoir $a - E = \rho$. D'ailleurs on a généralement
$R = \rho y$; fi donc l'on fubftitue ces valeurs dans les
équations des §. 145 & 150, on aura

$$(4 \rho^2 r^2 \delta^2 - 4 \rho \delta V^2 y \sin^2. \theta + V^4 y^2 \sin^2. \theta) y^2$$
$$- r^2 (2 \rho \delta y + V^2 y - 4 \rho \delta)^2 = 0.$$

D'où l'on voit que l'on pourroit déterminer généralement

lement la question, quelle que soit la direction du mouvement, lors du point de départ ; mais on auroit à
résoudre une équation du quatrième degré. Parmi ces
solutions, remarquons le cas particulier où sinus $\theta = r$,
c'est-à-dire celui où le corps seroit lancé perpendiculairement au rayon vecteur ; l'équation précédente se
décomposera alors dans les deux suivantes ;

$$y^2 + y - \frac{4\rho\delta}{V^2} = 0 \;;\; y^2 - y - \frac{4\rho y}{V^2} + \frac{4\rho\delta}{V^2} = 0 \;;$$

d'où l'on tire

$$y = -\tfrac{1}{2} + \tfrac{1}{2}\sqrt{\left(\frac{16\rho\delta}{V^2} + 1\right)} \;;$$

$$y = -\tfrac{1}{2} - \tfrac{1}{2}\sqrt{\left(\frac{16\rho\delta}{V^2} + 1\right)} \;;$$

$$y = 1 \;;$$

$$y = \frac{4\rho\delta}{V^2}.$$

De ces quatre valeurs, la première seule appartient
véritablement à la question. Quant aux autres valeurs,
ce sont des solutions purement analytiques, qui se
trouvent exclues par des considérations particulières.
En effet j'ai supposé $a - E = \rho$; E contient un radical
dans son expression ; cette première supposition n'a
donc pu être séparée de la suivante, $a + E = \rho$.
D'ailleurs analitiquement rien ne nécessite a à être
plus grand ou plus petit que E, quoique cette seconde
supposition ne puisse avoir lieu pour l'ellipse. Telle est
l'origine des quatre valeurs de y.

(318) Si l'on applique le calcul à Jupiter, & que
l'on suppose un projectile lancé perpendiculairement
au rayon vecteur, avec la plus petite vîtesse relative qu'une Comète parabolique puisse avoir à cette
distance du Soleil, on verra que le projectile ne pourroit décrire sa trajectoire entière autour de Jupiter,
qu'autant qu'il seroit lancé à une distance du centre

de cette Planète , égale à 10 , 611 demi-petits-axes de la Planète ; si le projectile étoit lancé à une distance de 61, 70 demi-petits-axes, avec la même vîtesse que ci-dessus , il décriroit un cercle ; si il étoit lancé à une distance 123, 20 demi-petits-axes, il décriroit une parabole.

(319) On prouveroit de même que par rapport à Saturne , un projectile lancé perpendiculairement au rayon vecteur , avec la plus petite vîtesse relative qui puisse convenir à une Comète parabolique , ne décriroit sa trajectoire entière autour de Saturne, qu'autant qu'il seroit lancé à une distance plus grande que 8, 462 demi-diamètres de la Planète ; le projectile décriroit un cercle , si il étoit lancé à la distance de 40, 036 demi diamètres. Il décriroit une parabole , si il étoit lancé à la distance de 80, 072 demi-diamètres de Saturne.

SECTION DIXIEME.

De l'usage de quelques équations démontrées précédemment , pour calculer les lieux apparens d'une Comète , d'après ses élemens supposés connus ; & les élémens d'après les lieux observés.

(320) JE terminerai cet Ouvrage par indiquer l'usage de quelques équations démontrées précédemment , pour calculer les lieux apparens d'une Comète , d'après ses élémens supposés connus ; & les élémens d'après les lieux observés. Le premier Problême ne présente aucune difficulté ; quant au second , on sçait que M. Newton le regardoit comme un des plus difficiles de l'Astronomie sphérique. Je me propose de faire voir à quoi tient la difficulté du Problême considéré

du côté de l'analyse, en donnant toutes les équations qui pourroient servir à le résoudre généralement.

Détermination des lieux apparens d'une Comète, d'après ses élémens supposés connus.

(321) Soit R le rayon vecteur de la Comète à un instant quelconque ;

I l'angle d'inclinaison du plan de l'orbite de la Comète sur l'écliptique ;

u l'angle du rayon vecteur de la Comète avec la ligne des nœuds ; cet angle doit être compté sur le plan de l'orbite de la Comète, en partant du nœud ascendant, & en allant dans le sens du mouvement de la Comète ;

D la distance périhélie de la Comète ;

β la longitude du nœud ascendant moins la longitude du périhélie, si la Comète est directe ; ou la longitude du périhélie moins la longitude du nœud ascendant, si la Comète est rétrograde ;

T le rayon vecteur de la Terre ;

u' l'angle du rayon vecteur de la Terre avec la ligne des nœuds ; cet angle doit être compté sur l'écliptique, en partant du nœud ascendant de la Comète ;

Δ la distance de la Comète à la Terre ;

X le nombre de secondes de tems que la Comète emploie à parvenir du périhélie, à l'extrêmité du rayon R ;

ρ le rayon de la sphère du Soleil ;

δ le nombre de pieds qu'un corps grave parcourt à la surface du Soleil, pendant la première seconde de sa chûte.

Nous avons démontré (§. 63) que si du lieu de la

Comète dans le plan de son orbite, on abaisse une perpendiculaire sur la ligne des nœuds, cette perpendiculaire aura pour expression $\frac{R \sin. u}{r}$; & que la distance du Soleil au point où la ligne des nœuds est coupée par cette perpendiculaire, s'exprime par $\frac{R \cos. u}{r}$. Par la même raison, si du lieu de la Terre dans l'écliptique, on abaisse une perpendiculaire sur la ligne des nœuds, cette perpendiculaire aura pour expression $\frac{T \sin. u'}{r}$, & la distance du Soleil au point où la ligne des nœuds est coupée par cette perpendiculaire, s'exprime par $\frac{T \cos. u'}{r}$; d'ailleurs la perpendiculaire abaissée de la Comète sur le plan de l'écliptique, aura pour expression $\frac{R \sin. u \sin. I}{r^2}$; & la distance perpendiculaire de la projection de la Comète sur l'écliptique, à la ligne des nœuds, s'exprimera par $\frac{R \sin. u \cos. I}{r^2}$; d'où nous avons conclu

$$\Delta = \sqrt{\left(T^2 + R^2 - \frac{2TR}{r} \times \left(\frac{\cos. u \cos. u'}{r} + \frac{\sin. u \sin. u' \cos. I}{r^2} \right) \right)}.$$

(322) Nous avons vu de plus (§. 41 & 168) que

$$X = \frac{2}{3} \times \frac{D^{\frac{1}{2}} (r - \cos. (u + \delta))^{\frac{1}{2}} \times (2r + \cos. (u + \delta))}{\wp (r + \cos in. (u + \delta))^{\frac{1}{2}} \sqrt{\delta}}.$$

$$R (r + \cos in. (u + \delta)) - 2Dr = 0.$$

Ces équations vont servir à résoudre les questions proposées. Nous remarquerons seulement que la première des deux équations peut aussi être mise sous la forme suivante plus commode pour le calcul ;

$$X = \frac{2}{3} \frac{(R + 2D) \sqrt{(R - D)}}{\wp \sqrt{\delta}}.$$

Détermination de la latitude apparente de la Comète.

(323) Puisque Δ est la distance de la Terre à la Comète, & que $\dfrac{R \sin. u \sin. I}{r^2}$ est l'expression de la perpendiculaire abaissée de la Comète sur le plan de l'écliptique, il est évident que l'on aura la proportion suivante ;

$$\Delta : \frac{R \sin. u \sin. I}{r^2} :: r : \sin. (\text{lat. appar. de la Comète});$$

donc

$$\sin. (\text{latit. app. Comète}) = \frac{R \sin. u \sin. I}{\Delta r}.$$

La latitude apparente de la Comète est boréale, si l'expression précédente est positive ; la latitude est australe, si l'expression précédente est négative.

Détermination de la longitude apparente de la Comète.

(324) Maintenant si par la projection de la Comète sur l'écliptique, on mène une parallèle à la ligne des nœuds ; que du lieu de la Terre on abaisse une perpendiculaire sur cette parallèle ; cette perpendiculaire aura pour expression $\dfrac{T \sin. u'}{r} - \dfrac{R \sin. u \cos. I}{r^2}$; & la distance de la projection de la Comète au point où cette perpendiculaire rencontre la parallèle à la ligne des nœuds, s'exprimera par $\dfrac{T \cos. u'}{r} - \dfrac{R \cos. u}{r}$; on aura donc

$$\text{Tang} (\text{longit. app. Comète} - \text{longit. nœud} - 180°)$$
$$= \frac{T r \sin. u' - R \sin. u \cos. I}{T \cos. u' - R \cos. u}.$$

(325) D'après les constructions précédentes, la droite menée du lieu de la Terre, à la projection

de la Comète fur l'écliptique , peut s'exprimer par

$$\frac{R \sin. u \sin. I}{r \times \text{Tang. (lat. app. Comète)}} \; ; \text{ on aura donc}$$

$$\sin. (\text{longit. app. Comète} - \text{longit. Soleil} + u') = \frac{\text{Tang. (latit. app. Comète)} \times (T r \sin. u' - R \sin. u \cos. I)}{R \sin. u \sin. I} \cdot$$

On pourroit auffi parvenir à l'équation fuivante ;

$$\text{Tang. (longit. app. Comète} - \text{longit. Soleil} + u') = \frac{T r \sin. u' - R \sin. u \cos. I}{T \cos. u' - R \cos. u} \cdot$$

Fig. XVII. (326) Les conclufions précédentes feront fenfibles au moyen de la Figure XVII. T eft le lieu de la Terre ; C la projection de la Comète fur l'écliptique ; S le Soleil ; S F la ligne des nœuds ; C f, T g, des parallèles à la ligne des nœuds , menées par la projection de la Comète & par la Terre ; T F, C G, des perpendiculaires abaiffées fur la ligne des nœuds , de la Terre & de la projection de la Comète ; T C la diftance de la Terre à la projection de la Comète. L'angle T H f, égal à l'angle T S F, eft celui que nous avons nommé u' ; l'angle C T H eft égal à la longitude du Soleil moins la longitude apparente de la Comète ; l'angle C T g eft égal à la longitude apparente de la Comète moins la longitude du nœud moins $180°$; enfin l'angle T C f eft égal à l'angle T H f moins l'angle C T H.

(327) Il eft facile de déterminer maintenant pour un inftant quelconque , les lieux apparens d'une Comète dont on connoît les élémens. En effet , puifque l'inftant eft donné , ainfi que les élémens de la Comète , on connoîtra les quantités β , D , I ; on connoîtra pareillement les quantités qui dépendent de la Terre , fon rayon vecteur T , l'angle u' de ce rayon vecteur avec la ligne des nœuds. Quant aux quantités R & u, il faudra avoir recours aux équations du §. 322. Dans la dernière des équations de ce paragraphe , on

connoît le nombre X de secondes horaires écoulées depuis le passage de la Comète par son nœud , jusqu'à l'instant dont il s'agit ; on aura donc à résoudre une équation du troisième degré , par rapport à R; c'est à quoi se réduit toute la difficulté du Problême pour déterminer R & u.

(328) On peut dans l'usage éluder cette difficulté , au moyen de *la Table générale du mouvement des Comètes*, dont nous avons parlé (§. 169) , & que l'on doit regarder comme une suite de solutions de la première équation du §. 322. En effet , nous avons vu (§. 169) que pour des Comètes qui circulent autour du même centre d'attraction , les tems correspondans aux mêmes anomalies , ou si l'on veut , aux mêmes angles $u + \beta$, sont comme les racines quarrées du cube des grands-

axes ; si donc l'on multiplie par $\dfrac{D'^{\frac{3}{2}}}{D^{\frac{3}{2}}}$ le tems X écoulé

depuis le passage de la Comète par son nœud ; (D' est la distance périhélie de la Comète de 169 jours $= 100000$); & que l'on cherche dans la Table , la valeur de l'anomalie correspondante , on aura la valeur de $u + \beta$. Un exemple va nous éclaircir.

Application de la théorie précédente à la Comète de 1773.

(329) Cette Comète a été découverte par M. Messier le 13 Octobre 1773 , dans la constellation du Lion. M. Pingré en a calculé l'orbite de la manière suivante.

<pre>
    Nœud ascendant . . . . 4ˢ 1° 15' 37"
    Périhélie 2   15   35 43
    Inclinaison de l'orbite 61   25   21
    Passage au périh. . . 5 Sept. 11h 18' 45". tems moyen
    Distance périhélie . . . . . 113390.
    Sens du mouvement . . . direct.
</pre>

O iv

(330) Suppofons maintenant que l'on veuille déterminer le lieu apparent de cette Comète, pour le
1 Avril 1774, à midi tems moyen. Le lieu de la Terre
étoit à cet inftant dans 6ſ 11° 48′ 36″; donc la
Terre avoit parcouru 70° 32′ 59″ depuis fon paffage par le nœud afcendant de la Comète; donc
$u' = 70°\ 32'\ 59''$. La diftance de la Terre au Soleil
étoit alors de 100053; donc $T = 100053$; d'ailleurs
$I = 61°\ 25'\ 21''$; $\beta = 45°\ 39'\ 54''$. Depuis le
5 Septembre 11ʰ 18′ 45″ tems moyen, jufqu'au 1 Avril
0ʰ 0′ 0″, il s'eft écoulé 207,53 jours; donc $X = 207,53$.

$$X \times \frac{D'^{\frac{1}{2}}}{D^{\frac{7}{2}}} = 171,88.$$ Dans la Table générale du

mouvement des Comètes, l'angle qui répond à cette
quantité, eft une anomalie vraie de 105° 46′ 15″;
donc $u + \beta = 105°\ 46'\ 15''$; $u = 60°\ 6'\ 21''$;
Donc $R = 311421$; $\Delta = 168857$; latitude apparente de la Comète $= 61°\ 52'\ 0''$; longitude apparente de la Comète $= 137°\ 11'\ 43''$.

(331) Dans le fait, M. Meffier a obfervé les pofitions
fuivantes de la Comète.

	Afcenfion droite.	*Déclinaifon.*
31 Mars 7ʰ 59′ 19″	189° 36′ 42″	69° 20′ 12″
2 Avril 7 52 21	188 45 42	69 17 45

d'où l'on conclut pour les mêmes inftans (§. 333).

	Longitude.	*Latitude.*
31 Mars 7ʰ 59′ 19″	137° 31′ 40″	61° 51′ 20″
2 Avril 7 52 21	137 15 50	61 55 36

La longitude de la Comète étoit donc de 137° 25′ 32″
le 1 Avril 1774 à 0ʰ 0′ 0″, & fa latitude étoit

de 61° 45′ 26″. Les élémens calculés par M. Pingré, représentent donc, à 13′ 49″ près, la longitude observée le 1 Avril, & à 6′ 34″ près, la latitude observée.

Réflexions sur les méthodes que l'on peut tirer des équations précédentes, pour déterminer les élémens des Comètes, d'après les lieux observés.

(332) Je vais présenter sommairement quelques réflexions sur les méthodes que l'on peut tirer des équations précédentes, pour déterminer les élémens des Comètes d'après les lieux observés. Je supposerai que l'on ait trois observations complettes d'une Comète, c'est-à-dire, que l'on connoisse pour trois instans différens, la longitude & la latitude de cette Comète ; au reste, ces instans peuvent être aussi éloignés entre eux que l'on voudra.

(333) Les observations ne donnent point immédiatement la longitude & la latitude d'une Comète ; ce sont ordinairement sa déclinaison & son ascension droite que l'on peut observer, & c'est de cette observation qu'il faut conclure la longitude & la latitude de la Comète. Il n'est pas difficile de déduire ces dernières quantités des premières.

Soit en effet B un angle tel que

cos B sin. ½ (obliq. de l'éclipt. + dist. Comète au pôle bor. de l'éq.) = √ (cos². ½ (90° + asc. dr. Comète) sin. (obl. écl.) cos. (décl. Com.)) ;

on a

$$\text{sin. } \tfrac{1}{2} \text{ (distance Comète au pôle boréal de l'écliptique)} = \frac{\text{sin } \tfrac{1}{2} \text{(obl. de l'éclipt.} + \text{dist. Comète au pôle bor. de l'équat.) sin. B}}{r}$$

On a pareillement

cos. (lat. Comète) × cos. (long. Comète) — cos. (déclin. Comète) × cos. (ascension droite Comète) = 0.

Je ne donne point ici de démonſtration de ces propoſitions qui ſont du reſſort de la Trigonométrie, & qui ſerviront à conclurre la longitude & la latitude de la Comète, de ſa déclinaiſon & de ſon aſcenſion droite obſervées.

(334) Soit maintenant

D la diſtance périhélie de la Comète;

β la différence en longitude du nœud aſcendant de la Comète & de ſon périhélie;

I l'inclinaiſon du plan de l'orbite de la Comète ſur l'écliptique;

ρ le rayon de la ſphère du Soleil;

δ le nombre de pieds qu'un corps grave parcourt à la ſurface du Soleil, pendant la première ſeconde de ſa chûte;

R le rayon vecteur de la Comète, lors de la première obſervation;

u l'angle du rayon vecteur de la Comète avec la ligne des nœuds, lors de cette première obſervation;

T le rayon vecteur de la Terre lors de la première obſervation;

u' l'angle du rayon vecteur de la Terre avec la ligne des nœuds de la Comète, lors de la première obſervation;

A la longitude apparente de la Comète moins la longitude du Soleil, lors de la première obſervation;

Δ la diſtance de la Comète à la Terre, lors de la première obſervation;

L la latitude de la Comète lors de la première obſervation;

X le tems écoulé depuis le paſſage de la Comète par ſon périhélie, juſqu'à l'inſtant de la première obſervation;

R ι le rayon vecteur de la Comète lors de la ſeconde obſervation;

u 1 l'angle du rayon vecteur de la Comète avec la ligne des nœuds, lors de la seconde observation ;

T 1 le rayon vecteur de la Terre lors de la seconde observation ;

A 1 la longitude apparente de la Comète moins la longitude du Soleil , lors de la seconde observation ;

Δ 1 la distance de la Comète à la Terre , lors de la seconde observation ;

L 1 la latitude de la Comète , lors de la seconde observation ;

X 1 le tems écoulé depuis le passage de la Comète par son périhélie , jusqu'à l'instant de la seconde observation ;

y 1 le tems écoulé entre la première & la seconde observation ;

m 1 l'angle décrit par la Terre dans son orbite, entre la première & la seconde observation ;

R 2 le rayon vecteur de la Comète , lors de la troisième observation ;

u 2 l'angle du rayon vecteur de la Comète avec la ligne des nœuds , lors de la troisième observation ;

T 2 le rayon vecteur de la Terre , lors de la troisième observation ;

A 2 la longitude apparente de la Comète moins la longitude du Soleil , lors de la troisième observation ;

Δ 2 la distance de la Comète à la Terre , lors de la troisième observation ;

L 2 la latitude de la Comète, lors de la troisième observation ;

X 2 le tems écoulé depuis le passage de la Comète par son périhélie , jusqu'à l'instant de la troisième observation ;

y : le tems écoulé entre la première & la troisième observation ;

m : l'angle décrit par la Terre dans son orbite, entre la première & la troisième observation.

D'après les démonstrations précédentes, il est évident que relativement à la première observation, l'on aura

$$(1)\ \mathrm{R}\,(r + \mathrm{cosin.}\,(u + \beta)) - 2\,\mathrm{D}\,r = 0 ;$$

$$(2)\ \mathrm{X} = \tfrac{1}{3}\ \frac{(\mathrm{R} + 2\mathrm{D})\ \sqrt{}\ (\mathrm{R} - \mathrm{D})}{\rho\ \sqrt{}\ \delta} ;$$

$$(3)\ \Delta = \sqrt{}\ \left(\mathrm{T}^2 + \mathrm{R}^2 - \frac{2\,\mathrm{T}\,\mathrm{R}}{r}\left(\frac{\mathrm{cos.}\,u\ \mathrm{cos.}\,u'}{r} + \frac{\mathrm{sin.}\,u\ \mathrm{sin.}\,u'\ \mathrm{cos.}\,\mathrm{I}}{r^2}\right)\right) ;$$

$$(4)\ \mathrm{sin.}\,\mathrm{L} = \frac{\mathrm{R}\ \mathrm{sin.}\,u\ \mathrm{sin.}\,\mathrm{I}}{\Delta\,r} ;$$

$$(5)\ \mathrm{Tang.}\,(\mathrm{A} + u') = \frac{\mathrm{T}\,r\ \mathrm{sin.}\,u' - \mathrm{R}\ \mathrm{sin.}\,u\ \mathrm{cosin.}\,\mathrm{I}}{\mathrm{T}\ \mathrm{cosin.}\,u' - \mathrm{R}\ \mathrm{cosin.}\,u} .$$

(335) Les équations relatives à la seconde observation, ne diffèrent des premières, qu'en ce que les quantités R, T, u, X, L, A, Δ, deviennent R1, T1, u1, X1, L1, A1, Δ1 ; & que u' devient $u' + m$1 ; on aura donc pour cette seconde observation

$$(6)\ \mathrm{R}1\,(r + \mathrm{cosin.}\,(u1 + \beta)) - 2\,\mathrm{D}\,r = 0 ;$$

$$(7)\ \mathrm{X}1 = \tfrac{1}{3}\ \frac{(\mathrm{R}1 + 2\mathrm{D})\ \sqrt{}\ (\mathrm{R}1 - \mathrm{D})}{\rho\ \sqrt{}\ \delta} ;$$

$$(8)\ \Delta1 = \sqrt{}\ \left(\mathrm{T}^2 1 + \mathrm{R}^2 1 - \frac{2\,\mathrm{T}1\,\mathrm{R}1}{r}\left(\frac{\mathrm{cos.}\,u1\ \mathrm{cos.}\,(u' + m1)}{r} + \frac{\mathrm{sin.}\,u1\ \mathrm{cos.}\,\mathrm{I}\ \mathrm{sin.}\,(u' + m1)}{r^2}\right)\right) ;$$

$$(9)\ \mathrm{sin.}\,\mathrm{L}1 = \frac{\mathrm{R}1\ \mathrm{sin.}\,u1\ \mathrm{sin.}\,\mathrm{I}}{\Delta1\,r} ;$$

$$(10)\ \mathrm{Tang.}(A1+u'+m1)=\frac{T1r\sin.(u'+m1)-R1\sin.u1\cos.I}{T1\cos.(u'+m1)-R1\cos.u1}.$$

On aura pareillement pour la troisième observation ;

$$(11)\ R2\,(r+\cos.(u2+\beta))-2Dr=0;$$

$$(12)\ X2=\tfrac{1}{3}\frac{(R2+2D)\sqrt{(R2-D)}}{\rho\sqrt{\delta}};$$

$$(13)\ \Delta2=\sqrt{\Big(T^2 2+R^2 2}$$

$$-\frac{2T1R2}{r}\Big(\frac{\cos.u2\cos.(u'+m2)}{r}+\frac{\sin.u2\cos.I\sin.(u'+m2)}{r^2}\Big)\Big);$$

$$(14)\ \sin.L2=\frac{R2\sin.u2\sin.I}{\Delta2\,r};$$

$$(15)\ \mathrm{Tang.}'A2+u'+m2)=\frac{T2r\sin.(u'+m2)-R2\sin.u2\cos.I}{T2\cos.(u'+m2)-R2\cos.u2}.$$

(336) Si l'on souſtrait l'équation (2), des équations (7) & (12), on aura

$$(16)\ y1=\tfrac{1}{3}\Big(\frac{(R1+2D)\sqrt{(R1-D)}-(R+2D)\sqrt{R-D)}}{\rho\sqrt{\delta}}\Big);$$

$$(17)\ y2=\tfrac{1}{3}\Big(\frac{(R2+2D)\sqrt{(R2-D)}-(R+2D)\sqrt{(R-D)}}{\rho\sqrt{\delta}}\Big).$$

(337) A la place des équations (4), (9) & (14), on pourroit pareillement avoir les suivantes ;

$$(18)\ \mathrm{Tang.}\,L\,(T\,r\sin.u'-R\sin.u\cos in.I)$$
$$-R\sin.u\sin.I\sin.(A+u')=0;$$

$$(19)\ \mathrm{Tang.}\,L1\,(T1r\sin.(u'+m1)-R1\sin.u1\cos.I)$$
$$-R1\sin.u1\sin.I\sin.(A1+u'+m1)=0;$$

$$(20)\ \mathrm{Tang.}\,L2\,(T2r\sin.(u'+m2)-R2\sin.u2\cos.I)$$
$$-R2\sin.u2\sin.I\sin.(A2+u'+m2)=0.$$

(338) Il eſt évident qu'au moyen des équations précédentes, on peut, géométriquement parlant, déter-

miner l'orbite de la Comète d'après trois observations.
En effet, si l'on jette les yeux sur les quantités définies
dans le §. 334, on verra que relativement au Problême dont il s'agit, les quantités inconnues sont la
distance périhélie de la Comète, la différence en longitude du nœud ascendant de la Comète & de son
périhélie ; l'inclinaison du plan de l'orbite de la Comète
sur l'écliptique ; les trois rayons vecteurs de la Comète
lors des trois observations ; les trois angles des rayons
vecteurs de la Comète avec la ligne des nœuds, lors
des mêmes observations ; l'angle du rayon vecteur de
la Terre avec la ligne des nœuds, lors de la première
observation. Je mets à l'écart le tems écoulé depuis
le passage de la Comète par son périhélie, jusqu'aux
momens des différentes observations, qui, ainsi que
les différentes distances de la Comète à la Terre,
sont des corollaires des valeurs précédentes. Quant
aux autres quantités du §. 334, elles sont évidemment
données par l'observation. On a donc dix inconnues ;
voyons maintenant si nous avons dix équations pour les
déterminer.

(339) Je vois d'abord que le §. 334 fournit deux
équations, (1), (5) ; que le §. 335 fournit quatre
autres équations (6), (10), (11), (15); que le §. 336
en fournit deux, (16), (17); que le §. 337 en fournit
trois, (18), (19), (20). On a donc dans le fait onze
équations & dix inconnues ; le Problême est donc
plus que déterminé par trois observations, ainsi qu'il
a été remarqué par M. Newton.

(340) On peut faire les réflexions suivantes relativement au Problême dont il s'agit. Si l'on ne supposoit point que la Comète décrivit une parabole, le Problême ne pourroit pas se résoudre
par l'analyse, d'après trois observations. En effet, les
équations (16) & (17) du §. 336, ne seroient
point données sous une forme finie ; puisque ces

équations dépendent de la surface de la courbe décrite, qui dans le cas de l'ellipse, n'auroit point une
expression algébrique. On peut aussi remarquer que
quoique dans le cas de la parabole, le Problême puisse
géométriquement se résoudre ; l'élimination des variables paroît si compliquée, qu'il est difficile d'espérer que l'on parvienne par cette route, à une
solution générale & utile de la question dont il s'a-
git. Voyons maintenant si en partant des véritables
équations, l'on ne pourroit pas parvenir à une solution du Problême.

Résultat de la différentiation des équations précédentes.

(341) Si l'on différencie les équations des §. précédens, on aura

$$(1)\quad 206265''\,(r+\cos.(u+\beta))\,dR-2\times206265''\,r\,dD$$
$$-R\sin.(u+\beta)\,du-R\sin.(u+\beta)\,d\beta=0;$$

$$(2)\quad 2\rho\sqrt{(\delta(R-D))}\,dX-R\,dR-R\,dD+2\,D\,dD=0;$$

$$(3)\quad 206265''\left(R-T\left(\frac{\cos.u\cos.u'}{r^2}+\frac{\sin.u\sin.u'\cos.I}{r^3}\right)\right)d\dot{R}$$
$$-\frac{RT}{r}\left(\frac{\cos.u\sin.u'\cos.I}{r^2}-\frac{\sin.u\cos.u'}{r}\right)du$$
$$-\frac{RT}{r}\left(\frac{\sin.u\cos.u'\cos.I}{r^2}-\frac{\cos.u\sin.u'}{r}\right)du'$$
$$+\frac{RT}{r}\times\frac{\sin.u\sin.u'\sin.I}{r^2}\,dI-206265''\,\Delta\,d\Delta=0;$$

$$(4)\quad 206265''\sin.u\sin.I\,dR+R\cos.u\sin.I\,du$$
$$+R\sin.u\,\mathrm{cosin.}\,I\,dI-\Delta r\,\mathrm{cosin.}\,L\,dL$$
$$-206265''\,r\sin.L\,d\Delta=0;$$

$$(5)\quad \left(\tfrac{1}{2}T r^2 \sin. u' \sin. 2(A+u') + R r^3 \cosin. u\right.$$
$$\left. - T r \cosin. u' \sin^2.(A+u')\right) d u'$$
$$- \left(\tfrac{1}{2}R r^2 \sin. u \sin. 2(A+u')\right.$$
$$\left. + R\cosin. u \cosin. I \cosin^2.(A+u')\right) d u$$
$$- r^3 (T\cosin. u' - R\cosin. u)\, d A$$
$$+ R\sin. u \sin. I \cosin^2.(A+u')\, d I$$
$$+ 206265'' \left(\tfrac{1}{2}r^2 \cos. u \sin. 2(A+u')\right.$$
$$\left. - \sin. u \cos. I \cos^2.(A+u')\right) d R = 0;$$

$$(6)\quad 206265''(r+\cos.(u1+\beta))\,dR1 - 2\times 206265''\, r\, dD$$
$$- R1 \sin.(u1+\beta)\, du1 - R1 \sin.(u1+\beta)\, d\beta = 0;$$

$$(7)\quad 2\rho\sqrt{(\rho(R1-D))}\,dX1 - R1\, dR1$$
$$- R1\, dD + 2D\, dD = 0;$$

$$(8)\quad 206265''\left(R1 - T1\left(\frac{\cos. u1 \cos.(u'+m1)}{r^2}\right.\right.$$
$$\left.\left. + \frac{\sin. u1 \cos. I \sin.(u'+m1)}{r^3}\right)\right) dR1$$
$$- \frac{R1\, T1}{r}\left(\frac{\cos. u1 \cos. I \sin.(u'+m1)}{r^2}\right.$$
$$\left. - \frac{\sin. u1 \cos.(u'+m1)}{r}\right) du1$$
$$- \frac{R1\, T1}{r}\left(\frac{\sin. u1 \cos. I \cos.(u'+m1)}{r^2}\right.$$
$$\left. - \frac{\cos. u1 \sin.(u'+m1)}{r}\right) du'$$
$$+ \frac{R1\, T1}{r}\times\frac{\sin. u1 \sin. I \sin.(u'+m1)}{r^2}\, dI$$
$$- 206265''\, \Delta1\, d\Delta1 = 0;$$

$$(9)\quad 206265''\ \sin.u_1\ \sin.I\ dR_1 + R_1\ \cos.u_1\ \sin.I\ du_1$$
$$+ R_1\ \sin.u_1\ \cos.I\ dI - \Delta_1\ r\ \cos.L_1\ dL_1$$
$$- 206265''\ r\ \sin.L_1\ d\Delta_1 = 0;$$

$$(10)\quad (\tfrac{1}{2}T_1\ r^2\ \sin.(u'+m_1)\sin.2(A_1+u'+m_1) + R_1\ r^3\cos.u_1$$
$$- T_1\ r\cos.(u'+m_1)\ \sin^2.(A_1+u'+m_1))\,du'$$
$$- (\tfrac{1}{2}R_1\ r^2\ \sin.u_1\ \sin.2(A_1+u'+m_1)$$
$$+ R_1\ \cos.u_1\ \cos.I\ \cos^2.(A_1+u'+m_1))\,du_1$$
$$- r^3(T_1\ \cos.(u'+m_1) - R_1\ \cos.u_1)\,dA_1$$
$$+ R_1\ \sin.u_1\ \sin.I\ \cos^2.(A_1+u'+m_1)\,dI$$
$$+ 206265''\,(\tfrac{1}{2}r^2\ \cos.u_1\ \sin.2(A_1+u'+m_1)$$
$$- \sin.u_1\ \cos.I\ \cos^2.(A_1+u'+m_1))\,dR_1 = 0;$$

$$(11)\quad 206265''\,(r+\cos.(u_2+\beta))\,dR_2 - 2\times206265''\,r\,dD$$
$$- R_2\ \sin.(u_2+\beta)\,du_2 - R_2\ \sin.(u_2+\beta)\,d\beta = 0;$$

$$(12)\quad 2\rho\sqrt{(\delta(R_2-D))}\,dX_2 - R_2\,dR_2$$
$$- R_2\,dD + 2D\,dD = 0;$$

$$(13)\quad 206265''\left(R_2 - T_2\left(\frac{\cos.u_2\ \cos.(u'+m_2)}{r^2}\right.\right.$$
$$\left.\left.+ \frac{\sin.u_2\ \cos.I\ \sin.(u'+m_2)}{r^3}\right)\right)dR_2$$
$$- \frac{R_2\ T_2}{r}\left(\frac{\cos.u_2\ \cos.I\ \sin.(u'+m_2)}{r^2}\right.$$
$$\left.- \frac{\sin.u_2\ \cos.(u'+m_2)}{r}\right)du_2$$
$$- \frac{R_2\ T_2}{r}\left(\frac{\sin.u_2\ \cos.I\ \cos.(u'+m_2)}{r^2}\right.$$
$$\left.- \frac{\cos.u_2\ \sin.(u'+m_2)}{r}\right)du'$$
$$+ \frac{R_2\ T_2}{r}\times\frac{\sin.u_2\ \sin.I\ \sin.(u'+m_2)}{r^2}\,dI$$
$$- 206265''\ \Delta_2\ d\Delta_2 = 0;$$

$$(14)\quad 206265''\,\sin. u\,2\,\sin. I\,dR2 + R2\,\cos. u\,2\,\sin. I\,du2$$
$$+\,R2\,\sin. u\,2\,\cos. I\,dI - \Delta\,2\,r\,\cos. L\,2\,dL2$$
$$-\,206265''\,r\,\sin. L\,2\,d\Delta 2 = 0.$$

$$(15)\quad (\tfrac{1}{2}T2r^2\sin.(u'+m2)\sin.2(A2+u'+m2)+R2r^3\cos. u2$$
$$-\,T2\,r\,\cos.(u'+m2)\,\sin^2.(A2+u'+m2))\,du'$$
$$-\,(\tfrac{1}{2}R2\,r^2\sin. u2\,\sin.2(A2+u'+m2)$$
$$+\,R2\,\cos. u2\,\cos. I\,\cos^2.(A2+u'+m2))\,du2$$
$$-\,r^3(T2\,\cos.(u'+m2) - R2\,\cos. u2)\,dA2$$
$$+\,R2\,\sin. u\,2\,\sin. I\,\cos^2.(A2+u'+m2)\,dI$$
$$+\,206265''\,(\tfrac{1}{2}r^2\cos. u\,2\,\sin.2(A2+u'+m2)$$
$$-\,\sin. u2\,\cos. I\,\cos^2.(A2+u'+m2))\,dR2 = 0;$$

$$(16)\quad R1\,\sqrt{(R-D)}\,dR1 - R\sqrt{(R1-D)}\,dR$$
$$+\,((R1-2D)\sqrt{(R-D)}-(R-2D)\sqrt{(R1-D)})dD$$
$$-\,2\rho\sqrt{\delta}\sqrt{((R-D)\times(R1-D))}\,dy1 = 0;$$

$$(17)\quad R2\,\sqrt{(R-D)}\,dR2 - R\sqrt{(R2-D)}\,dR$$
$$+\,((R2-2D)\sqrt{(R-D)}-(R-2D)\sqrt{(R2-D)})dD$$
$$-\,2\rho\sqrt{\delta}\sqrt{((R-D)\times(R2-D))}\,dy2 = 0.$$

$$(18)\quad 206265''(\sin. u\,\sin. I\,\sin.(A+u')+\mathrm{Tang.}L\,\sin. u\,\cos. I)dR$$
$$+\,(R\sin. u\,\cos. I\,\sin.(A+u') - R\,\mathrm{Tang.}L\,\sin. u\,\sin. I)\,dI$$
$$+\,(R\cos. u\,\sin. I\,\sin.(A+u')+R\,\mathrm{Tang.}L\,\cos. u\,\cos. I)du$$
$$-\,(Tr\,\mathrm{Tang.}L\,\cos. u' - R\,\sin. u\,\sin. I\,\cos.(A+u'))\,du'$$
$$+\,\frac{r^3}{\cos^2. L}\,(R\,\sin. u\,\cos. I - Tr\,\sin. u')\,dL$$
$$+\,R\,\sin. u\,\sin. I\,\cos.(A+u')\,dA = 0;$$

$$(19)\ 206265''\ (\sin. u\,1\,\sin. I\,\sin. (A\,1 + u' + m\,1)$$
$$+ \text{Tang. } L\,1\,\sin. u\,1\,\text{cosin. } I)\ dR\,1$$
$$+ (R\,1\,\sin. u\,1\,\text{cosin. } I\,\sin. (A\,1 + u' + m\,1)$$
$$- R\,1\,\text{Tang. } L\,1\,\sin. u\,1\,\sin. I)\ dI$$
$$+ (R\,1\,\cos. u\,1\,\sin. I\,\sin. (A\,1 + u' + m\,1)$$
$$+ R\,1\,\text{Tang. } L\,1\,\cos. u\,1\,\text{cos.} I)\ du\,1$$
$$- (T\,1\,r\,\text{Tang. } L\,1\,\text{cosin. } (u' + m\,1)$$
$$- R\,1\,\sin. u\,1\,\sin. I\,\cos. (A\,1 + u' + m\,1))\ du'$$
$$+ \frac{r^{3}}{\cos^{2}. L\,1}\ (R\,1\,\sin. u\,1\,\cos. I - T\,1\,r\,\sin. (u' + m\,1))\ dL\,1$$
$$+ R\,1\,\sin. u\,1\,\sin. I\,\cos. (A\,1 + u' + m\,1)\ dA\,1 = 0;$$

$$(20)\ 206265''\ (\sin. u\,2\,\sin. I\,\sin. (A\,2 + u' + m\,2)$$
$$+ \text{Tang. } L\,2\,\sin. u\,2\,\text{cosin. } I)\ dR\,2$$
$$+ (R\,2\,\sin. u\,2\,\text{cosin. } I\,\sin. (A\,2 + u' + m\,2)$$
$$- R\,2\,\text{Tang. } L\,2\,\sin. u\,2\,\sin. I)\ dI$$
$$+ (R\,2\,\cos. u\,2\,\sin. I\,\sin. (A\,2 + u' + m\,2)$$
$$+ R\,2\,\text{Tang. } L\,2\,\cos. u\,2\,\text{cos.} I)\ du\,2$$
$$- (T\,2\,r\,\text{Tang. } L\,2\,\cos. (u' + m\,2)$$
$$- R\,2\,\sin. u\,2\,\sin. I\,\cos. (A\,2 + u' + m\,2))\ du'$$
$$+ \frac{r^{3}}{\cos^{2}. L\,2}\ (R\,2\,\sin. u\,2\,\cos. I - T\,2\,r\,\sin. (u' + m\,2))\ dL\,2$$
$$+ R\,2\,\sin. u\,2\,\sin. I\,\cos. (A\,2 + u' + m\,2)\ dA\,2 = 0.$$

Le nombre 206265″ que l'on trouve souvent répété dans ces équations, n'est autre chose que le rayon du cercle évalué en secondes de degré.

(342) Dans les équations du §. précédent , il faut entendre par

d D la variation de la distance périhélie de la Comète , exprimée en parties telles que la moyenne distance de la Terre au Soleil contient 100000 de ces parties ;

d R la variation du rayon vecteur de la Comète correspondant à la première observation, exprimée dans les mêmes parties que ci-dessus;

d R 1 la variation du rayon vecteur de la Comète correspondant à la seconde observation ;

d R 2 la variation du rayon vecteur de la Comète correspondant à la troisième observation ;

d Δ la variation de la distance de la Comète à la Terre , correspondante à la première observation ;

d Δ 1 la variation de la distance de la Comète à la Terre , correspondante à la seconde observation ;

d Δ 2 la variation de la distance de la Comète à la Terre , correspondante à la troisième observation ;

d β la variation de la différence en longitude du nœud ascendant de la Comète & du périhélie , évaluée en secondes de degré ;

$d u$ la variation de l'angle du rayon vecteur de la Comète avec la ligne des nœuds , correspondant à la première observation ;

$d u$ 1 la variation de l'angle du rayon vecteur de la Comète avec la ligne des nœuds , correspondant à la seconde observation ;

$d u$ 2 la variation de l'angle du rayon vecteur de la Comète , avec la ligne des nœuds , correspondant à la troisième observation ;

$d u'$ la variation de l'angle du rayon vecteur de de la Terre , avec la ligne des nœuds de la Comète , correspondant à la première observation ;

$d\,A$ la variation de la différence entre la longitude de la Comète & celle du Soleil,
correspondante à la première observation ;

$d\,A\,1$ la variation de la différence entre la longitude de la Comète & celle du Soleil,
correspondante à la seconde observation ;

$d\,A\,2$ la variation de la différence entre la longitude de la Comète & celle du Soleil, correspondante à la troisième observation ;

$d\,I$ la variation de l'inclinaison du plan de
l'orbite de la Comète sur l'écliptique ;

$d\,L$ la variation de la latitude de la Comète,
correspondante à la première observation ;

$d\,L\,1$ la variation de la latitude de la Comète,
correspondante à la seconde observation ;

$d\,L\,2$ la variation de la latitude de la Comète,
correspondante à la troisième observation.

(343) Quant à X, $X\,1$, $X\,2$, $y\,1$, $y\,2$; si l'on
veut que dans les équations (2), (7), (12), (16),
(17), ces quantités expriment des secondes de tems,
on fera, Log. $\dfrac{1}{3^a \sqrt{a}} = -\,8,6256743$. Si l'on
l'on veut que ces quantités expriment des centièmes
de jour, on fera Log. $\dfrac{1}{3^a \sqrt{a}} = -\,11,5621880$.
Si l'on veut qu'elles expriment des millièmes de jour,
on fera Log. $\dfrac{1}{3^a \sqrt{a}} = -\,10,5621880$.

Si l'on veut pareillement que dans les équations
(16) & (17) du §. 341, $d\,y\,1$, $d\,y\,2$, expriment des
secondes de tems, on fera Log. $2^p \sqrt{a} = 8,4495830$;
si l'on veut que ces quantités expriment des centièmes
de jour, on fera Log. $2^p \sqrt{a} = 11,3860967$; si l'on
veut qu'elles expriment des millièmes de jour, on
fera Log. $2^p \sqrt{a} = 10,3860967$.

Ufage des équations précédentes , pour déterminer les orbites des Comètes d'après les obfervations.

(344) Au moyen des équations du §. 341 , il eft évident que fi l'on connoiffoit à-peu-près les élémens de l'orbite d'une Comète , on détermineroit avec la dernière rigueur, les véritables élémens de cette orbite. Suppofons en effet que l'on ait trois obfervations d'une même Comète ; c'eft-à-dire trois longitudes & trois latitudes obfervées à des intervalles de tems quelconques ; comme par la fuppofition l'on connoît à - peu-près les élémens de la Comète ; au moyen des équations (1), (2), (5), (6), (7) , (10) , (11), (12), (15), (18), (19), (20), des §. 334 , 335 & 337 , on calculera avec les élémens hypothétiques, les longitudes & les latitudes de la Comète pour les inftans des obfervations. On comparera les longitudes & les latitudes calculées d'après ces élémens , avec les longitudes & les latitudes obfervées ; on prendra enfuite, dans le §. 341 , les équations différentielles correfpondantes aux équations dont on aura fait ufage dans le premier calcul. Ce font les équations (1), (2), (5), (6), (7), (10), (11), (12), (15), (18), (19), (20) de ce paragraphe ; ou plutôt, au lieu des équations (2) , (7) , (12) , on fera ufage des équations (16) & (17) , qui font le réfultat de la combinaifon des équations (2), (7) , (12) ; l'on aura donc les équations (1) , (5), (6), (10), (11), (15), (16), (17), (18), (19) , (20). Dans les équations (5), (10), (15), (18), (19) & (20) , l'on fubftituera à dA la différence , entre la différence des longitudes du Soleil & de la Comète , obfervée lors de la première obfervation, & celle calculée ; à $dA1$, la différence analogue pour la feconde obfervation ; à $dA2$, la différence analogue pour la troifième obfervation ; à dL, la différence entre la latitude de la Comète obfervée lors de la première obfervation , &

la latitude calculée ; à $d\,L\,1$, la différence analogue pour la seconde obfervation ; à $d\,L\,2$, la différence analogue pour la troifième obfervation. De plus, comme le tems écoulé entre la première & la feconde obfervation, entre la première & la troifième obfervation , eft connu, dans les équations (16) & (17) du §. 341, on fera $d\,y\,1 = 0$, $d\,y\,2 = 0$. On aura donc dix inconnues , $d\,D$, $d\,R$, $d\,R\,1$, $d\,R\,2$, $d\beta$, $d\,u$, $d\,u\,1$, $d\,u\,2$, $d\,u'$, $d\,I$, & onze équations ; c'eft à-dire une équation de plus que d'inconnues , ainfi que nous l'avons déjà remarqué §. 339 ; & l'on pourra à volonté fe difpenfer de faire ufage de l'une des onze équations dont on vient de parler. Le Problême n'eft donc pas fimplifié quant au nombre d'équations qu'il faut employer ; car ce nombre eft dans la nature de la queftion ; mais il eft fimplifié quant au degré de ces équations , puifque dans l'efpèce préfente toutes les équations font du premier degré , & que par conféquent l'élimination eft poffible.

(345) Dans les §. précédens nous avons donné plus d'équations qu'il n'eft néceffaire pour réfoudre le Problême des Comètes ; nous avons préféré de multiplier le nombre de ces équations , & de donner toutes celles que l'on peut conclure des différentes recherches répandues dans ce Mémoire. Ce font , pour la plûpart des équations identiques , dont nous avons multiplié les formes , pour faciliter les folutions dans les occafions qui peuvent fe préfenter.

(346) Nous remarquerons ici qu'il feroit poffible d'avoir encore fix nouvelles équations. En effet , de la combinaifon des équations (5) & (18) , (10) & (19) , (15) & (20) des §. 334 , 335 & 337 , il peut auffi réfulter les équations fuivantes ;

[252]

(1) r Tang. L (T cofin. u' — R cofin. u)

  — R fin. u fin. I cofin. (A + u') = o ;

(2) r Tang. L1 (T 1 cof. (u' + m 1) — R 1 cof. u 1)

  — R 1 fin. u 1 fin. I cof. (A 1 + u' + m 1) = o ;

(3) r Tang. L 2 (T 2 cof. (u' + m 2) — R 2 cof. u 2)

  — R 2 fin. u 2 fin. I cof. (A 2 + u' + m 2) = o ;

(4) T r^2 fin. A — R r cof. u fin. (A + u')

  + R fin. u cof. I cof. (A + u') = o ;

(5) T 1 r^2 fin. A 1 — R 1 r cof. u 1 fin. (A 1 + u' + m 1)

  + R 1 fin. u 1 cof. I cof. (A 1 + u' + m 1) = o ;

(6) T 2 r^2 fin. A 2 — R 2 r cof. u 2 fin. (A 2 + u' + m 2)

  + R 2 fin. u 2 cof. I cof. (A 2 + u' + m 2) = o.

On pourra ajouter ces équations à celles des §. 334,
335, 336 & 337.

(347) Si l'on différencie les équations du §. précédent, l'on aura

(1) (R fin. u fin. I fin. (A + u') — r Tang. L T fin. u') $d\,u'$

  + (r Tang. L R fin. u — R cof. u fin. I cof. (A + u')) $d\,u$

  + R fin. u fin. I fin. (A + u') d A

  — R fin. u cofin. I cof. (A + u') d I

  + $\dfrac{r^4}{\cos^2. \text{L}}$ (T cof. u' — R cof. u) d L

  — 206265'' (r Tang. L cofin. u

  + fin. u fin. I cof. (A + u')) d R = o ;

(2) $(R\,1\,\sin.\,u\,1\,\sin.\,I\,\sin.\,(A\,1 + u' + m\,1)$

$\quad - r\,\text{Tang.}\,L\,1\,T\,1\,\sin.\,(u' + m\,1))\,d\,u'$

$\quad + (r\,\text{Tang.}\,L\,1\,R\,1\,\sin.\,u\,1$

$\quad - R\,1\,\cos.\,u\,1\,\sin.\,I\,\cos.\,(A\,1 + u' + m\,1))\,d\,u\,1$

$\quad + R\,1\,\sin.\,u\,1\,\sin.\,I\,\sin.\,(A\,1 + u' + m\,1)\,d\,A\,1$

$\quad - R\,1\,\sin.\,u\,1\,\cos\sin.\,I\,\cos.\,(A\,1 + u' + m\,1)\,d\,I$

$\quad + \dfrac{r^4}{\cos^2 L1}\,(T\,1\,\cos.\,(u' + m\,1) - R\,1\,\cos.\,u\,1)\,d\,L\,1$

$\quad - 206265''\,(r\,\text{Tang.}\,L\,1\,\cos.\,u\,1$

$\quad + \sin.\,u\,1\,\sin.\,I\,\cos.\,(A\,1 + u' + m\,1))\,d\,R\,1 = 0;$

(3) $(R\,2\,\sin.\,u\,2\,\sin.\,I\,\sin.\,(A\,2 + u' + m\,2)$

$\quad - r\,\text{Tang.}\,L\,2\,T\,2\,\sin.\,(u' + m\,2))\,d\,u'$

$\quad + (r\,\text{Tang.}\,L\,2\,R\,2\,\sin.\,u\,2$

$\quad - R\,2\,\cos.\,u\,2\,\sin.\,I\,\cos.\,(A\,2 + u' + m\,2))\,d\,u\,2$

$\quad + R\,2\,\sin.\,u\,2\,\sin.\,I\,\sin.\,(A\,2 + u' + m\,2)\,d\,A\,2$

$\quad - R\,2\,\sin.\,u\,2\,\cos.\,I\,\cos.\,(A\,2 + u' + m\,2)\,d\,I$

$\quad + \dfrac{r^4}{\cos^2 L2}\,(T\,2\,\cos.\,(u' + m\,2) - R\,2\,\cos.\,u\,2)\,d\,L\,2$

$\quad - 206265''\,(r\,\text{Tang.}\,L\,2\,\cos.\,u\,2$

$\quad + \sin.\,u\,2\,\sin.\,I\,\cos.\,(A\,2 + u' + m\,2))\,d\,R\,2 = 0;$

$$(4)\ (R\,r\,\text{sin.}\,u\,\text{sin.}\,(A + u') + R\,\text{cof.}\,u\,\text{cof.}\,I\,\text{cof.}\,(A + u'))\,d\,u$$
$$-\,(R\,r\,\text{cof.}\,u\,\text{cof.}\,(A + u') + R\,\text{sin.}\,u\,\text{cof.}\,I\,\text{sin.}\,(A + u'))\,d\,u'$$
$$+\,(T\,r^2\,\text{cof.}\,A - R\,r\,\text{cof.}\,u\,\text{cof.}\,(A + u')$$
$$-\,R\,\text{sin.}\,u\,\text{cof.}\,I\,\text{sin.}\,(A + u'))\,d\,A$$
$$-\,R\,\text{sin.}\,u\,\text{sin.}\,I\,\text{cof.}\,(A + u')\,d\,I$$
$$+\,206265''\,(\text{sin.}\,u\,\text{cof.}\,I\,\text{cof.}\,(A + u')$$
$$-\,r\,\text{cof.}\,u\,\text{sin.}\,(A + u'))\,d\,R = 0\,;$$

$$(5)\ (R\,1\,r\,\text{sin.}\,u\,1\,\text{sin.}\,(A\,1 + u' + m\,1)$$
$$+\,R\,1\,\text{cof.}\,u\,1\,\text{cof.}\,I\,\text{cof.}\,(A\,1 + u' + m\,1))\,d\,u\,1$$
$$-\,(R\,1\,r\,\text{cof.}\,u\,1\,\text{cof.}\,(A\,1 + u' + m\,1)$$
$$+\,R\,1\,\text{sin.}\,u\,1\,\text{cof.}\,I\,\text{sin.}\,(A\,1 + u' + m\,1))\,d\,u'$$
$$+\,(T\,1\,r^2\,\text{cof.}\,A\,1 - R\,1\,r\,\text{cof.}\,u\,1\,\text{cof.}\,(A\,1 + u' + m\,1)$$
$$-\,R\,1\,\text{sin.}\,u\,1\,\text{cof.}\,I\,\text{sin.}\,(A\,1 + u' + m\,1))\,d\,A\,1$$
$$-\,R\,1\,\text{sin.}\,u\,1\,\text{sin.}\,I\,\text{cof.}\,(A\,1 + u' + m\,1)\,d\,I$$
$$+\,206265''\,(\text{sin.}\,u\,1\,\text{cof.}\,I\,\text{cof.}\,(A\,1 + u' + m\,1)$$
$$-\,r\,\text{cof.}\,u\,1\,\text{sin.}\,(A\,1 + u' + m\,1))\,d\,R\,1 = 0\,;$$

$$(6)\ (R\,2\,r\,\text{sin.}\,u\,2\,\text{sin.}\,(A\,2 + u' + m\,2)$$
$$+\,R\,2\,\text{cof.}\,u\,2\,\text{cof.}\,I\,\text{cof.}\,(A\,2 + u' + m\,2))\,d\,u\,2$$
$$-\,(R\,2\,r\,\text{cof.}\,u\,2\,\text{cof.}\,(A\,2 + u' + m\,2)$$
$$+\,R\,2\,\text{sin.}\,u\,2\,\text{cof.}\,I\,\text{sin.}\,(A\,2 + u' + m\,2))\,d\,u'$$
$$+\,(T\,2\,r^2\,\text{cof.}\,A\,2 - R\,2\,r\,\text{cof.}\,u\,2\,\text{cof.}\,(A\,2 + u' + m\,2)$$
$$-\,R\,2\,\text{sin.}\,u\,2\,\text{cof.}\,I\,\text{sin.}\,(A\,2 + u' + m\,2))\,d\,A\,2$$
$$-\,R\,2\,\text{sin.}\,u\,2\,\text{sin.}\,I\,\text{cof.}\,(A\,2 + u' + m\,2)\,d\,I$$
$$+\,206265''\,(\text{sin.}\,u\,2\,\text{cof.}\,I\,\text{cof.}\,(A\,2 + u' + m\,2)$$
$$-\,r\,\text{cof.}\,u\,2\,\text{sin.}\,(A\,2 + u' + m\,2))\,d\,R\,2 = 0.$$

On ajoutera ces équations à celles du §. 341.

[235]

*Résultat de l'élimination entre les équations (1), (5),
(6), (10), (11), (15), (16), (17), (18) & (19),
du §. 341.*

(348) Quoique le Problême de la détermination des orbites des Comètes ne soit pas le principal objet que je me suis proposé dans cet Ouvrage, je n'ai pas cru devoir me dispenser de donner le résultat de l'élimination, entre les équations (1), (5), (6), (10), (11), (15), (16), (17), (18) & (19) du §. 341. Soit donc

$$B = \frac{\frac{1}{2} r^2}{r + \cos.(u + \beta)} ;$$

$$C = \frac{R \sin.(u + \beta)}{r + \cos.(u + \beta)} ;$$

$$E\, r^4 = \tfrac{1}{2}\, T\, r^2 \sin. u' \sin. 2\,(A + u') + R\, r^3 \cos. u$$
$$- T\, r \cos. u' \sin^2.(A + u') ;$$

$$F\, r^4 = - \tfrac{1}{2} R\, r^2 \sin. u \sin. 2\,(A + u')$$
$$- R \cos. u \cos. I \cos^2.(A + u') ;$$

$$G\, r = R \cos. u - T \cos. u' ;$$

$$H\, r^4 = R \sin. u \sin. I \cos^2.(A + u') ;$$

$$K\, r^3 = \tfrac{1}{2} r^2 \cos. u \sin. 2\,(A + u')$$
$$- \sin. u \cos. I \cos^2.(A + u') ;$$

$$M\, r^2 = \sin. u \sin. I \sin.(A + u')$$
$$+ \text{Tang. } L \sin. u \cos. I ;$$

$$N\, r^3 = R \sin. u \cos. I \sin.(A + u')$$
$$- R \text{ Tang. } L \sin. u \sin. I ;$$

$$P\, r^3 = R \cos. u \sin. I \sin.(A + u')$$
$$+ R \text{ Tang. } L \cos. u \cos. I ;$$

[236]

$$Q\, r^3 = R\, \sin. u \, \sin. I \, \cos. (A + u')$$
$$- T\, r\, \mathrm{Tang}. L \, \cos. u';$$

$$S\, r^3 = \frac{r^3}{\cos\sin^2. L} \, (R\, \sin. u \, \cos. I - T\, r\, \sin. u');$$

$$V\, r^3 = R\, \sin. u \, \sin. I \, \cos. (A + u');$$

$$W\, \sqrt{r} = R\, \mathrm{I}\, \sqrt{(R - D)};$$

$$Y\, \sqrt{r} = - R\, \sqrt{(R\, \mathrm{I} - D)};$$

$$Z\, \sqrt{r} = (R\, \mathrm{I} - 2D)\, \sqrt{(R - D)} - (R - 2D)\, \sqrt{(R\, \mathrm{I} - D)};$$

$$B\, \mathrm{I} = \frac{2\, r^3}{r + \cos. (u\, \mathrm{I} + \beta)};$$

$$C\, \mathrm{I} = \frac{R\, \mathrm{I} \, \sin. (u\, \mathrm{I} + \beta)}{r + \cos. (u\, \mathrm{I} + \beta)};$$

$$E\, \mathrm{I}\, r^4 = \tfrac{1}{2} T\, \mathrm{I} r^2 \sin. (u' + m\, \mathrm{I}) \sin. 2 (A\, \mathrm{I} + u' + m\, \mathrm{I}) + R\, \mathrm{I}\, r^3 \cos. u\, \mathrm{I}$$
$$- T\, \mathrm{I}\, r \, \cos. (u' + m\, \mathrm{I}) \sin^2. (A\, \mathrm{I} + u' + m\, \mathrm{I});$$

$$F\, \mathrm{I}\, r^4 = - \tfrac{1}{2} R\, \mathrm{I}\, r^2 \sin. u\, \mathrm{I} \, \sin. 2 (A\, \mathrm{I} + u' + m\, \mathrm{I})$$
$$- R\, \mathrm{I} \, \cos. u\, \mathrm{I} \, \cos. I \cos^2. (A\, \mathrm{I} + u' + m\, \mathrm{I});$$

$$G\, \mathrm{I}\, r = R\, \mathrm{I} \, \cos. u\, \mathrm{I} - T\, \mathrm{I} \, \cos. (u' + m\, \mathrm{I});$$

$$H\, \mathrm{I}\, r^4 = R\, \mathrm{I} \, \sin. u\, \mathrm{I} \, \sin. I \cos^2. (A\, \mathrm{I} + u' + m\, \mathrm{I});$$

$$K\, \mathrm{I}\, r^3 = \tfrac{1}{2} r^2 \cos. u\, \mathrm{I} \, \sin. 2 (A\, \mathrm{I} + u' + m\, \mathrm{I})$$
$$- \sin. u\, \mathrm{I} \, \cos. I \cos^2. (A\, \mathrm{I} + u' + m\, \mathrm{I});$$

$$M\, \mathrm{I}\, r^2 = \sin. u\, \mathrm{I} \, \sin. I \, \sin. (A\, \mathrm{I} + u' + m\, \mathrm{I})$$
$$+ \mathrm{Tang}. L\, \mathrm{I} \, \sin. u\, \mathrm{I} \, \cos. I;$$

$$N\, \mathrm{I}\, r^3 = R\, \mathrm{I} \, \sin. u\, \mathrm{I} \, \cos. I \, \sin. (A\, \mathrm{I} + u' + m\, \mathrm{I})$$
$$- R\, \mathrm{I} \, \mathrm{Tang}. L\, \mathrm{I} \, \sin. u\, \mathrm{I} \, \sin. I;$$

$$P\, \mathrm{I}\, r^3 = R\, \mathrm{I} \, \cos. u\, \mathrm{I} \, \sin. I \, \sin. (A\, \mathrm{I} + u' + m\, \mathrm{I})$$
$$+ R\, \mathrm{I} \, \mathrm{Tang}. L\, \mathrm{I} \, \cos. u\, \mathrm{I} \, \cos. I;$$

$$Q\,\mathrm{I}\,r^3 = R\,\mathrm{I}\,\sin. u\,\mathrm{I}\,\sin. I\,\cos. (A\,\mathrm{I} + u' + m\,\mathrm{I})$$
$$- T\,\mathrm{I}\,r\,\mathrm{Tang.}\,L\,\mathrm{I}\,\cos. (u' + m\,\mathrm{I});$$

$$S\,\mathrm{I}\,r^3 = \frac{r^3}{\cos\mathrm{in}^2. L\,\mathrm{I}}\,(R\,\mathrm{I}\,\sin. u\,\mathrm{I}\,\cos. I - T\,\mathrm{I}\,r\sin.(u' + m\,\mathrm{I}));$$

$$V\,\mathrm{I}\,r^3 = R\,\mathrm{I}\,\sin. u\,\mathrm{I}\,\sin. I\,\cos. (A\,\mathrm{I} + u' + m\,\mathrm{I});$$

$$B\,2 = \frac{2\,r^2}{r + \cos. (u\,2 + \beta)};$$

$$C\,2 = \frac{R\,2\,\sin. (u\,2 + \beta)}{r + \cos. (u\,2 + \beta)};$$

$$E\,2\,r^4 = \tfrac{1}{2} T\,2\,r^2\sin.(u' + m\,2)\sin.2(A\,2 + u' + m\,2) + R\,2\,r^3\cos. u\,2$$
$$- T\,2\,r\cos. (u' + m\,2)\,\sin^2. (A\,2 + u' + m\,2);$$

$$F\,2\,r^4 = -\tfrac{1}{2} R\,2\,r^2\,\sin. u\,2\,\sin. 2\,(A\,2 + u' + m\,2)$$
$$- R\,2\,\cos. u\,2\,\cos. I\cos^2. (A\,2 + u' + m\,2);$$

$$G\,2\,r = R\,2\,\cos\mathrm{in}. u\,2 - T\,2\,\cos\mathrm{in}. (u' + m\,2);$$

$$H\,2\,r^4 = R\,2\,\sin. u\,2\,\sin. I\cos^2. (A\,2 + u' + m\,2);$$

$$K\,2\,r^3 = \tfrac{1}{2}\,r^2\cos\mathrm{in}. u\,2\,\sin. 2\,(A\,2 + u' + m\,2)$$
$$- \sin. u\,2\,\cos. I\cos^2. (A\,2 + u' + m\,2);$$

$$W\,\mathrm{I}\,\sqrt{r} = R\,2\,\sqrt{(R - D)};$$

$$Y\,\mathrm{I}\,\sqrt{r} = - R\,\sqrt{(R\,2 - D)};$$

$$Z\,\mathrm{I}\,\sqrt{r} = (R\,2 - 2D)\sqrt{(R - D)} - (R - 2D)\sqrt{(R\,2 - D)}.$$

Les équations (1), (5), (6), (10), (11), (15), (16), (17), (18) & (19) du §. 541 deviendront.

$$(1)\ 206265''\,dR - 206265''\frac{B}{r}\,dD - C\,da - C\,d\beta = 0;$$

$$(2)\ E\,r\,du' + F\,r\,du + G\,r\,dA + H\,r\,dI$$
$$+ 206265''\,K\,dR = 0;$$

(3) $206265'' dR_1 - 206265'' \frac{B_1}{r} dD$
$\qquad - C_1 du_1 - C_1 d\beta = 0;$

(4) $E_1 r du' + F_1 r du_1 + G_1 r dA_1$
$\qquad + H_1 r dI + 206265'' K_1 dR_1 = 0;$

(5) $206265'' dR_2 - 206265'' \frac{B_2}{r} dD$
$\qquad - C_2 du_2 - C_2 d\beta = 0;$

(6) $E_2 r du' + F_2 r du_2 + G_1 r dA_2 + H_2 r dI$
$\qquad + 206265'' K_2 dR_2 = 0;$

(7) $W dR_1 + Y dR + Z dD = 0;$

(8) $W_1 dR_2 + Y_1 dR + Z_1 dD = 0;$

(9) $206265'' M dR + N r dI + P r du$
$\qquad + Q r du' + S r dL + V r dA = 0;$

(10) $206265'' M_1 dR_1 + N_1 r dI + P_1 r du_1$
$\qquad + Q_1 r du' + S_1 r dL_1 + V_1 r dA_1 = 0.$

(349) Soit maintenant

$B' r = F r + K C;$
$B'_1 r = F_1 r + K_1 C_1;$
$B'_2 r = F_2 r + K_1 C_2;$
$C' r = C M + P r;$
$C'_1 r = C_1 M_1 + P_1 r;$
$E' r = B Y + Z r + B_1 W;$
$E'_1 r = B Y_1 + Z_1 r + B_2 W_1;$
$F' r = C Y + C_1 W;$
$F'_1 r = C Y_1 + C_2 W_1;$

$$G'r = MB - \frac{C'KB}{B'};$$

$$G'_1 r = M_1 B_1 - \frac{C'_1 K_1 B_1}{B'_1};$$

$$H' = Q - \frac{C'E}{B'};$$

$$H'_1 = Q_1 - \frac{C'_1 E_1}{B'_1};$$

$$K' = V - \frac{C'G}{B'};$$

$$K'_1 = V_1 - \frac{C'_1 G_1}{B'_1};$$

$$M' = N - \frac{C'H}{B'};$$

$$M'_1 = N_1 - \frac{C'_1 H_1}{B'_1};$$

$$N'r = CM - \frac{KCC'}{B'};$$

$$N'_1 r = C_1 M_1 - \frac{K_1 C_1 C'_1}{B'_1};$$

$$P' = \frac{YCKB}{B'r^2} + \frac{WC_1 K_1 B_1}{B'_1 r^2} - E';$$

$$P'_1 = \frac{Y_1 CKB}{B'r^2} + \frac{WC_2 K_2 B_2}{B'_2 r^2} - E'_1;$$

$$Q'r = \frac{YCE}{B'} + \frac{WC_1 E_1}{B'_1};$$

$$Q'_1 r = \frac{Y_1 CE}{B'} + \frac{WC_2 E_2}{B'_2};$$

$$S'r = \frac{YCH}{B'} + \frac{WC_1 H_1}{B'_1};$$

$$S'_1 r = \frac{Y_1 CH}{B'} + \frac{WC_2 H_2}{B'_2};$$

$$V' = \frac{Y\,C^2\,K}{B'\,r^2} + \frac{W\,C^2{}_1\,K_1}{B'_1\,r^2} - F';$$

$$V'_1 = \frac{Y_1\,C^2\,K}{B'\,r^2} + \frac{W_1\,C^2{}_2\,K_2}{B'_2\,r^2} - F'_1.$$

On aura 1°. les quatre équations suivantes ;

$$(1)\quad 206265'' \frac{G'}{r}\,dD + H'\,du' + M'\,dI$$
$$\qquad + N'\,d\beta + K'\,dA + S\,dL = 0;$$

$$(2)\quad 206265'' \frac{G'_1}{r}\,dD + H'_1\,du' + M'_1\,dI$$
$$\qquad + N'_1\,d\beta + K'_1\,dA_1 + S_1\,dL_1 = 0;$$

$$(3)\quad 206265'' \frac{P'}{r}\,dD + Q'\,du' + S'\,dI + V'\,d\beta$$
$$\qquad + \frac{Y\,C\,G}{B'\,r}\,dA + \frac{W\,C_1\,G_1}{B'_1\,r}\,dA_1 = 0;$$

$$(4)\quad 206265'' \frac{P'_1}{r}\,dD + Q'_1\,du' + S'_1\,dI + V'_1\,d\beta$$
$$\qquad + \frac{Y_1\,C\,G}{B'\,r}\,dA + \frac{W_1\,C_2\,G_2}{B'_2\,r}\,dA_1 = 0.$$

Équations qui, ainsi qu'il est aisé de le voir, renferment les quatre principales inconnues du Problême,
la distance périhélie, la position du nœud, l'inclinaison de l'orbite, la différence en longitude du nœud
ascendant & du périhélie, combinées entre elles &
avec des connues.

(350) On a de plus les six équations suivantes ;

$$(1)\quad du = - \frac{E}{B'}\,du' - \frac{G}{B'}\,dA - \frac{H}{B'}\,dI$$
$$\qquad - \frac{K\,C}{B'\,r}\,d\beta - 206265'' \frac{K\,B}{B'\,r^2}\,dD;$$

$$(2)\ du_1 = -\ \frac{E_1}{B'_1}\ du' -\ \frac{G_1}{B'_1}\ dA_1 -\ \frac{H_1}{B'_1}\ dI$$

$$-\ \frac{K_1 C_1\, d\beta}{B'_1\, r} -\ 206265''\ \frac{K_1 B_1}{B'_1\, r^2}\ dD\,;$$

$$(3)\ du_2 = -\ \frac{E_2}{B'_2}\ du' -\ \frac{G_2}{B'_2}\ dA_2 -\ \frac{H_2}{B'_2}\ dI$$

$$-\ \frac{K_2 C_2\, d\beta}{B'_2\, r} -\ 206265''\ \frac{K_2 B_2}{B'_2\, r^2}\ dD\,;$$

$$(4)\ 206265''\, dR = 206265''\ \frac{B}{r}\ dD$$

$$+\ C\, du +\ C\, d\beta\,;$$

$$(5)\ 206265''\, dR_1 = 206265''\ \frac{B_1}{r}\ dD$$

$$+\ C_1\, du_1 +\ C_1\, d\beta\,;$$

$$(6)\ 206265''\, dR_2 = 206265''\ \frac{B_2}{r}\ dD$$

$$+\ C_2\, du_2 +\ C_2\, d\beta.$$

D'où l'on voit que quand les quatre inconnues des équations du §. 349 seront connues, les autres quantités le seront pareillement.

(351) Soit enfin

$$a = H'_1 -\ \frac{H' G'_1}{G'}\,;$$

$$b = M'_1 -\ \frac{M' G'_1}{G'}\,;$$

$$c = N'_1 -\ \frac{N' G'_1}{G'}\,;$$

$$e = Q' -\ \frac{H' P'}{G'}\,;\qquad e_1 = Q'_1 -\ \frac{H' P'_1}{G'}\,;$$

$$f = S' -\ \frac{M' P'}{G'}\,;\qquad f_1 = S'_1 -\ \frac{M' P'_1}{G'}\,;$$

Q

$$g = V' - \frac{N'P'}{G'} \; ; \quad g1 = V'1 - \frac{N'P'1}{G'} \; ;$$

$$h = \frac{YCG}{B'r} - \frac{K'P'}{G'} \; ; \quad h1 = \frac{Y1CG}{B'r} - \frac{K'P'1}{G'} \; ;$$

$$l = f - \frac{be}{a} \; ; \quad l1 = f1 - \frac{be1}{a} \; ;$$

$$n = g - \frac{ce}{a} \; ; \quad n1 = g1 - \frac{ce1}{a} \; ;$$

$$p = h + \frac{K'G'1e}{aG'} \; ; \quad p1 = h1 + \frac{K'G'1e1}{aG'} \; ;$$

$$q = \frac{SG'1e}{aG'} - \frac{SP'}{G'} \; ; \quad q1 = \frac{SG'1e1}{aG'} - \frac{SP'1}{G'} \; ;$$

$$t = \frac{WC1G1}{B'1r} - \frac{K'1e}{a} \; ;$$

$$a' = \frac{ln1}{n} - l1 \; ;$$

$$b' = p1 - \frac{pn1}{n} \; ;$$

$$c' = q1 - \frac{qn1}{n} \; ;$$

$$d' = \frac{S1en1}{an} - \frac{S1e1}{a} \; ;$$

$$f' = - \frac{K'1e1}{a} - \frac{tn1}{n} \; ;$$

$$g' = \frac{W1C2G2}{B'1r} \; .$$

On aura

$$dl = \frac{b'}{a}\,dA + \frac{f'}{a}\,dA_1 + \frac{g'}{a}\,dA_2$$
$$+ \frac{c'}{a}\,dL + \frac{e'}{a}\,dL_1;$$

$$d\beta = -\frac{l\,dl}{n} - \frac{p\,dA}{n} - \frac{t\,dA_1}{n}$$
$$- \frac{q\,dL}{n} + \frac{S_1\,e\,dL_1}{an};$$

$$du' = -\frac{b\,dl}{a} - \frac{c\,d\beta}{a} + \frac{K'G'_1}{aG'}\,dA$$
$$- \frac{K'_1\,dA_1}{a} + \frac{SG'_1}{aG'}\,dL - \frac{S_1\,dL_1}{a};$$

$$206265''\,dD = -\frac{H'r\,du'}{G'} - \frac{M'r\,dl}{G'}$$
$$- \frac{N'r\,d\beta}{G'} - \frac{K'r\,dA}{G'} - \frac{Sr\,dL'}{G'}.$$

(552) Le Problême proposé est maintenant résolu ; mais en même tems il demande beaucoup d'attention dans la pratique, soit sur le figne, soit fur la quantité de chacune des valeurs. Comme plusieurs de ces valeurs dépendent des finus, cosinus & tangentes d'angles, il fera à propos de fe rappeller que relativement à un angle compris entre 0° & 90°, le finus, le cosinus & la tangente font positifs ; que relativement à un angle compris entre 90° & 180°, le finus est positif ; mais que le cosinus & la tangente font négatifs ; que relativement à un angle compris entre 180° & 270°, le finus & le cosinus font négatifs, mais que la tangente est positive ; que relativement à un angle compris entre 270° & 360°, le cosinus est positif ; mais que le finus & la tangente font négatifs.

(353) Il faut également avoir attention au signe des quantités $d1$, $d\beta$, du', dL, $dL1$, dA, $dA1$, $dA2$, du, $du1$, $du2$. En général, lorsque ces quantités sont positives, cela indique que le véritable angle évalué dans le sens de la supposition primitive, est plus grand que l'angle hypothétique. Prenons pour exemple une latitude observée de la Comète. Supposons que cette latitude soit australe, & que dL soit positif ; on seroit conduit à un résultat erroné, si l'on concluoit que dans ce cas la latitude australe vraie est plus grande que la latitude hypothétique. En effet, dans la construction primitive, nous avons supposé que la latitude de la Comète étoit boréale ; une latitude australe est donc une latitude boréale qui surpasse $270°$; si donc l'on ajoute une quantité positive à la latitude hypothétique, on aura une latitude vraie qui rapprochera davantage la Comète du plan de l'écliptique, & qui donne une latitude australe plus petite. Je n'entrerai point dans un plus grand détail sur ce sujet. Cet exemple suffit pour guider dans les conclusions que l'on doit tirer dans tous les cas. Il faut également avoir attention au signe des quantités $d\mathrm{D}$, $d\mathrm{R}$, $d\mathrm{R}1$, $d\mathrm{R}2$, $d\Delta$, $d\Delta1$, $d\Delta2$, &c.

(354) Si l'on jette les yeux sur les §. précédens, on sera peut-être effrayé du nombre de termes qu'il faut évaluer pour déterminer l'orbite d'une Comète. Ce seroit à tort que l'on voudroit en tirer une objection contre notre méthode, puisque ce nombre de termes est dans la nature même de la question.

(355) Il pourroit arriver que l'on ne voulut combiner que deux observations. Il est facile de déterminer ce que deviendroient alors les formules des §. 348, 349 & suivans. En effet, on peut considérer le cas de deux observations, comme celui de trois observations, dont la troisième observation co-incide avec la seconde. On a donc $\mathrm{R}1 = \mathrm{R}2$; $u1 = u2$; $\mathrm{T}1 = \mathrm{T}2$;

$A_1 = A_2$; $\Delta_1 = \Delta_2$; $L_1 = L_2$; $X_1 = X_2$; $y_1 = y_2$; $m_1 = m_2$; $dR_1 = dR_2$; $d\Delta_1 = d\Delta_2$; $du_1 = du_2$; $dA_1 = dA_2$; $dL_1 = dL_2$; $B_1 = B_2$; $C_1 = C_2$; $E_1 = E_2$; $F_1 = F_2$; $G_1 = G_2$; $H_1 = H_2$; $K_1 = K_2$; $W = W_1$; $Y = Y_1$; $Z = Z_1$; $B'_1 = B'_2$; $E' = E'_1$; $F' = F'_1$; $P' = P'_1$; $Q' = Q'_1$; $S' = S'_1$; $V' = V'_1$. D'où l'on voit que la troisième & la quatrième équations du §. 349 sont entiérement semblables. On a donc dans ce cas quatre variables, & trois équations seulement ; & le Problème est indéterminé , ainsi qu'il a été déjà remarqué ci-dessus. Les équations (2) & (3), (5) & (6) du §. 350 sont pareillement semblables. L'on a de plus $e = e_1$; $f = f_1$; $g = g_1$; $h = h_1$; $l = l_1$; $n = n_1$; $p = p_1$; $q = q_1$; $a' = 0$; $b' = 0$; $c' = 0$; $e' = 0$; $f' + g' = 0$; & la valeur de dl est arbitraire ; ce qui est conforme aux réflexions précédentes.

(356) Comme dans le cas de deux observations , une des inconnues du Problème est arbitraire ; cette manière de comparer ensemble les observations deux à deux, est peut-être commode, pour parvenir à une connoissance approchée des élémens. On a, à la vérité, deux systêmes d'élémens à faire cadrer ensemble , mais aussi on a dans chaque cas une inconnue dont on peut disposer.

(357) Je remarquerai que dans les §. 334, 335, 336, 337 & 341, plusieurs équations sont indépendantes de la nature de la trajectoire de la Comète ; telles sont, par exemple, les équations (3), (4), (5), (8), (9), (10), (13), (14), (15), (18), (19) & (20) ; il en est de même des six équations des §. 346 & 347. Ces équations sont donc vraies dans tout systême ; soit que l'on suppose la trajectoire rectiligne , parabolique , elliptique ou hyperbolique. J'observerai enfin que si il s'étoit glissé quelqu'erreur dans les observations , la forme des équations du §. 351 permettroit d'y avoir égard sans être obligé de faire de nouveaux calculs.

Calcul des orbites des Comètes dans l'ellipse & dans l'hyperbole.

(358) Nous avons donné une méthode pour déterminer les orbites des Comètes, dans la supposition que ces Astres décrivent des Paraboles. Cette supposition est certainement très-naturelle, puisqu'il est prouvé par le fait, que les Comètes observées jusqu'ici, ont toutes décrit des trajectoires, qui se sont confondues sensiblement avec la parabole, dans la partie de leurs orbites que l'on a pu observer. Il faut cependant convenir que théoriquement parlant, la parabole n'est pas la véritable courbe décrite par les Comètes. En effet la parabole n'étant que le passage entre l'hyperbole & l'ellipse, il est contre toute probabilité qu'elle soit la véritable trajectoire des Comètes. Je vais donc indiquer en peu de mots la méthode que l'on peut suivre pour calculer les Comètes, dans des orbites elliptiques ou même hyperboliques, pourvu toutefois que l'on suppose que ces trajectoires diffèrent peu de la parabole, dans la partie de leurs orbites, où elles sont visibles.

(359) Ce calcul est fondé sur les réflexions suivantes. Nous avons déjà dit (§. 357) que parmi les équations des §. 334, 335, 336, 337, 341, 346 & 347; les unes sont indépendantes de la trajectoire que l'on suppose décrite par la Comète; telles sont, par exemple, les équations (3), (4), (5) du §. 334; (8), (9), (10), (13), (14), (15) du §. 335; (18), (19), (20) du §. 337; (1), (2), (3), (4), (5), (6) du §. 346; ainsi que les différentielles de ces équations. Les autres équations dépendent au contraire de la nature de la trajectoire de la Comète. Dans les calculs précédens, nous avons supposé que cette trajectoire étoit parabolique, & nous avons fait usage des équations (1), (2), (6), (7), (11), (12), (16) & (17) des §. 334,

335, 336 ; ainsi que de leurs différentielles §. 341. Nous remarquerons même, pour mettre plus d'analogie entre ce que nous avons dit & ce qui nous reste à dire, que si l'on nomme

P le paramètre de la section conique, décrite par la Comète ;

on a dans la parabole P $=$ 4 D. Maintenant j'observe que si l'on conserve toutes les définitions précédentes, l'équation générale aux sections coniques, au lieu d'être

$$R \left(r + \cos. \left(u + \beta \right) \right) - \frac{rP}{2} = 0,$$

ainsi que nous l'avons supposé pour la parabole, a réellement la forme suivante ;

$$R \left(r + \frac{E}{a} \left(\cos. u + \beta \right) \right) - \frac{rP}{2} = 0.$$

Dans cette dernière équation, on doit entendre par

E la distance du foyer au centre de la section conique ;

a le demi-grand axe de la section.

On ne doit point aussi perdre de vue, que dans l'ellipse, E est moindre que a ; que dans l'hyperbole, E surpasse a ; & qu'enfin dans les trajectoires des Comètes, E & a diffèrent peu d'être des quantités égales entre elles. Je supposerai donc, pour la facilité du calcul, que E $= \left(1 - x \right) a$, x étant d'ailleurs une quantité très-petite, positive dans l'ellipse, négative dans l'hyperbole. L'équation générale aux sections coniques deviendra donc

$$R \left(r + \left(1 - x \right) \cos. \left(u + \beta \right) \right) - \frac{rP}{2} = 0 ;$$

qui, étant différenciée, donne

$$206265'' \left(r + \left(1 - x \right) \cos. \left(u + \beta \right) \right) dR - 206265'' \frac{r\,dP}{2}$$
$$- R \left(1 - x \right) \sin. \left(u + \beta \right) du - R \left(1 - x \right) \sin. \left(u + \beta \right) d\beta$$
$$- R \cos. \left(u + \beta \right) dx = 0.$$

(360) Je remarque aussi, qu'il résulte du §. 162, que si l'on veut calculer en général dans une section conique, au lieu des équations (2), (7), (12), (16) & (17) des §. 334, 335 & 336, on a des équations de cette forme.

$$(1) \quad X = \int \frac{R^2 \, (du + d\beta)}{\rho r \sqrt{P\delta}} \, ;$$

$$(2) \quad X_1 = \int \frac{R^2_1 \, (du_1 + d\beta)}{\rho r \sqrt{P\delta}} \, ;$$

$$(3) \quad X_2 = \int \frac{R^2_2 \, (du_2 + d\beta)}{\rho r \sqrt{P\delta}} \, ;$$

$$(4) \quad X_3 = \int \frac{R^2_3 \, (du_3 + d\beta)}{\rho r \sqrt{P\delta}} \, ;$$

& ainsi de suite.

$$(5) \quad y_1 = \int \frac{R^2_1 \, (du_1 + d\beta)}{\rho r \sqrt{P\delta}} - \int \frac{R^2 \, (du + d\beta)}{\rho r \sqrt{P\delta}} \, ;$$

$$(6) \quad y_2 = \int \frac{R^2_2 \, (du_2 + d\beta)}{\rho r \sqrt{P\delta}} - \int \frac{R^2 \, (du + d\beta)}{\rho r \sqrt{P\delta}} \, ;$$

$$(7) \quad y_3 = \int \frac{R^2_3 \, (du_3 + d\beta)}{\rho r \sqrt{P\delta}} - \int \frac{R^2 \, (du + d\beta)}{\rho r \sqrt{P\delta}} \, ;$$

& ainsi de suite.

(361) Si l'on différencie maintenant les équations (5), (6), (7), en regardant comme variables, non-seulement les quantités u, u_1, u_2, u_3, β; mais encore R, R_1, R_2, R_3, P; en vertu des *Méthodes pour différencier sous le signe*, on aura dans la supposition de $dy_1 = 0$, $dy_2 = 0$, $dy_3 = 0$;

[249]

$$(1)\quad \frac{R^2{}_1\,du_1}{\sqrt{P}} - \frac{R^2\,du}{\sqrt{P}} + \frac{(R^2{}_1 - R^2)}{\sqrt{P}}\,d\beta$$

$$+\, dR_1 \int \frac{2R_1\,(du_1 + d\beta)}{\sqrt{P}} - dR \int \frac{2R\,(du + d\beta)}{\sqrt{P}}$$

$$-\, dP \left(\int \frac{R^2{}_1\,(du_1 + d\beta)}{2P^{\frac{3}{2}}} - \int \frac{R^2\,(du + d\beta)}{2P^{\frac{3}{2}}} \right) = 0;$$

$$(2)\quad \frac{R^2{}_2\,du_2}{\sqrt{P}} - \frac{R^2\,du}{\sqrt{P}} + \frac{(R^2{}_2 - R^2)\,d\beta}{\sqrt{P}}$$

$$+\, dR_2 \int \frac{2R_2\,(du_2 + d\beta)}{\sqrt{P}} - dR \int \frac{2R\,(du + d\beta)}{\sqrt{P}}$$

$$-\, dP \left(\int \frac{R^2{}_2\,(du_2 + d\beta)}{2P^{\frac{3}{2}}} - \int \frac{R^2\,(du + d\beta)}{2P^{\frac{1}{2}}} \right) = 0;$$

$$(3)\quad \frac{R^2{}_3\,du_3}{\sqrt{P}} - \frac{R^2\,du}{\sqrt{P}} + \frac{(R^2{}_3 - R^2)}{\sqrt{P}}\,d\beta$$

$$+\, dR_3 \int \frac{2R_3\,(du_3 + d\beta)}{\sqrt{P}} - dR \int \frac{2R\,(du + d\beta)}{\sqrt{P}}$$

$$-\, dP \left(\int \frac{R^2{}_3\,(du_3 + d\beta)}{2P^{\frac{1}{2}}} - \int \frac{R^2\,(du + d\beta)}{2P^{\frac{3}{2}}} \right) = 0;$$

& ainsi de suite. Dans ces équations du, du_1, du_2, du_3, $d\beta$, sont des quantités linéaires. Voyons quel usage l'on peut faire de ces équations.

(362) Je remarque d'abord que dans le cas de l'ellipse ou de l'hyperbole, on a une inconnue de plus que pour la parabole ; puisqu'indépendamment du paramètre de la section, qui tient lieu de la distance périhélie, on a d'ailleurs à déterminer le rapport du demi-grand axe à l'excentricité, ou, si l'on veut, la valeur de dx.

(363) Je remarque en second lieu que dans les équations (1), (2), (3) du §. 361 la quantité P , qui se

trouve fous les différentes intégrales, peut être regardée comme connue ; puifque par la nature de la queſtion, la véritable valeur de P différe peu de la valeur hypo-thétique. Les équations (1), (2), (3) du §. 361 feront donc diviſibles par $\sqrt{P}$.

(364) J'obſerve en troiſième lieu que les quantités

$$\int \frac{R^2{}_1(du_1+d\beta)}{2P} - \int \frac{R^2(du+d\beta)}{2P},$$

$$\int \frac{R^2{}_2(du_2+d\beta)}{2P} - \int \frac{R^2(du+d\beta)}{2P},$$

$$\int \frac{R^2{}_3(du_3+d\Omega)}{2P} - \int \frac{R^2(du+d\beta)}{2P},$$

qui multiplient dP, après la réduction dont on vient de parler, peuvent être miſes ſous la forme ſuivante.

$$\frac{\rho r\sqrt{\partial}}{2\sqrt{P}}\left(\int \frac{R^2{}_1(du_1+d\beta)}{\rho r\sqrt{P\delta}} - \int \frac{R^2(du+d\beta)}{\rho r\sqrt{P\delta}}\right);$$

$$\frac{\rho r\sqrt{\partial}}{2\sqrt{P}}\left(\int \frac{R^2{}_2(du_2+d\beta)}{\rho r\sqrt{P\delta}} - \int \frac{R^2(du+d\beta)}{\rho r\sqrt{P\delta}}\right);$$

$$\frac{\rho r\sqrt{\partial}}{2\sqrt{P}}\left(\int \frac{R^2{}_3(du_3+d\beta)}{\rho r\sqrt{P\partial}} - \int \frac{R^2(du+d\beta)}{\rho r\sqrt{P\delta}}\right).$$

Mais $\int \frac{R^2{}_1(du_1+d\beta)}{\rho r\sqrt{P\partial}} - \int \frac{R^2(du+d\beta)}{\rho r\sqrt{P\partial}}$ & ainſi de ſuite, ſont reſpectivement égales à y_1, y_2, y_3 ; on pourra donc donner aux termes

$$- d\mathrm{P}\left(\int \frac{R^2{}_1(du_1+d\beta)}{2P} - \int \frac{R^2(du+d\beta)}{2P}\right)$$

& ainſi de ſuite, cette autre forme plus commode,

$$- \frac{\rho r y_1\sqrt{\partial}}{2\sqrt{P}}\times d\mathrm{P}, \quad - \frac{\rho r y_2\sqrt{\partial}}{2\sqrt{P}}\times d\mathrm{P}, \quad - \frac{\rho r y_3\sqrt{\partial}}{2\sqrt{P}}\times d\mathrm{P}.$$

(365) Il reste maintenant à évaluer les termes de la forme suivante ;

$$d\,R \int 2\,R\,(du + d\beta)\,; \; d\,R\,\text{\scriptsize I} \int 2\,R\,\text{\scriptsize I}\,(du\,\text{\scriptsize I} + d\beta)\; \&c.$$

Comme par la supposition, la section conique diffère peu de la parabole ; sous le signe d'intégration je substituerai à R & à R 1 , &c. , leurs valeurs tirées de la parabole. J'aurai donc

$$2\,R = \frac{P\,r}{r + \cos.\,(u + \beta)}\,; \; 2\,R\,\text{\scriptsize I} = \frac{P\,r}{r + \cos.\,(u\text{\scriptsize I} + \beta)}\; \&c.$$

donc

$$\int 2\,R\,(du + d\beta) = \int \frac{P\,r\,(du + d\beta)}{r + \cos.(u + \beta)} = \int \frac{P\,r^{2}\,(du + d\beta)}{2\cos^{2}.\frac{1}{2}\,(u + \beta)}\,;$$

$$\int 2\,R\,\text{\scriptsize I}\,(du\,\text{\scriptsize I} + d\beta) = \int \frac{P\,r\,(du\,\text{\scriptsize I} + d\beta)}{r + \cos.(u\text{\scriptsize I} + \beta)} = \int \frac{P\,r^{2}\,(du\,\text{\scriptsize I} + \beta)}{2\cos^{2}.\frac{1}{2}\,(u\text{\scriptsize I} + \beta)}\,;$$

& ainsi de suite. Donc , en intégrant ,

$$\int 2\,R\,(du + d\beta) = P\,\text{Tang.}\,\tfrac{1}{2}\,(u + \beta)\,;$$

$$\int 2\,R\,\text{\scriptsize I}\,(du\,\text{\scriptsize I} + d\beta) = P\,\text{Tang.}\,\tfrac{1}{2}\,(u\text{\scriptsize I} + \beta)\,;$$

& ainsi de suite. On pourra donc donner respectivement aux termes

$$d\,R \int 2\,R\,(du + d\beta)\,; \; d\,R\,\text{\scriptsize I} \int 2\,R\,\text{\scriptsize I}\,(du\,\text{\scriptsize I} + d\beta)\,, \&c.$$

la forme suivante ,

$$P\,\text{Tang.}\,\tfrac{1}{2}\,(u + \beta)\,d\,R\,, \; P\,\text{Tang.}\,\tfrac{1}{2}\,(u\text{\scriptsize I} + \beta)\,d\,R\,\text{\scriptsize I}\,, \&c.$$

(366) On voit maintenant la forme complette des équations du §. 361 ; on aura donc en supposant que l'on entende par du, $du\,\text{\scriptsize I}$, $du\,\text{\scriptsize 2}$, $du\,\text{\scriptsize 3}$ & $d\beta$ des secondes de degré , & non pas des quantités linéaires comme dans le §. 361 ;

$$(1)\quad R^2_1 \, du_1 - R^2 \, du + (R^2_1 - R^2)\, d\beta$$

$$+\; 206265'' \frac{P}{r}\, \text{Tang.} \tfrac{1}{2}(u_1 + \beta)\, dR_1$$

$$-\; 206265'' \frac{P}{r}\, \text{Tang.} \tfrac{1}{2}(u + \beta)\, dR$$

$$-\; \frac{206265'' \, y_1 \, \rho \sqrt{\delta}}{2\sqrt{P}}\, dP = 0;$$

$$(2)\quad R^2_2 \, du_2 - R^2 \, du + (R^2_2 - R^2)\, d\beta$$

$$+\; 206265'' \frac{P}{r}\, \text{Tang.} \tfrac{1}{2}(u_2 + \beta)\, dR_2$$

$$-\; 206265'' \frac{P}{r}\, \text{Tang.} \tfrac{1}{2}(u + \beta)\, dR$$

$$-\; \frac{206265'' \, y_2 \, \rho \sqrt{\delta}}{2\sqrt{P}}\, dP = 0;$$

$$(3)\quad R^2_3 \, du_3 - R^2 \, du + (R^2_3 - R^2)\, d\beta$$

$$+\; 206265'' \frac{P}{r}\, \text{Tang.} \tfrac{1}{2}(u_3 + \beta)\, dR_3$$

$$-\; 206265'' \frac{P}{r}\, \text{Tang.} \tfrac{1}{2}(u + \beta)\, dR$$

$$-\; \frac{206265'' \, y_3 \, \rho \sqrt{\delta}}{2\sqrt{P}}\, dP = 0.$$

(367) Comme la parabole, ainsi qu'il a déjà été remarqué ci-dessus, approche de satisfaire aux observations ; dans les co-efficiens des différens termes des équations du §. 359, on pourra supposer $x = 0$; & ces équations deviendront

$$(1)\ 206265''\ (r + \cos.\ (u + \beta))\ dR$$

$$- 206265''\ \frac{r\,dP}{2} - R\sin.\ (u + \beta)\ du$$

$$- R\sin.\ (u + \beta)\ d\beta - R\cos.\ (u + \beta)\ dx = 0;$$

$$(2)\ 206265''\ (r + \cos.\ (u1 + \beta))\ dR1$$

$$- 206265''\ \frac{r\,dP}{2} - R1\sin.\ (u1 + \beta)\ du1$$

$$- R1\sin.\ (u1 + \beta)\ d\beta - R1\cos.\ (u1 + \beta)\ dx = 0;$$

$$(3)\ 206265''\ (r + \cos.\ (u2 + \beta))\ dR2$$

$$- 206265''\ \frac{r\,dP}{2} - R2\sin.\ (u2 + \beta)\ du2$$

$$- R2\sin.\ (u2 + \beta)\ d\beta - R2\cos.\ (u2 + \beta)\ dx = 0;$$

$$(4)\ 206265''\ (r + \cos.\ (u3 + \beta)\ dR3$$

$$- 206265''\ \frac{r\,dP}{2} - R3\sin.\ (u3 + \beta)\ du3$$

$$- R3\sin.\ (u3 + \beta)\ d\beta - R3\cos.\ (u3 + \beta)\ dx = 0.$$

(368) L'analyse précédente indique naturellement la route qu'il faudroit suivre, si l'on vouloit calculer l'orbite d'une Comète dans une section conique quelconque ; c'est-à-dire, si l'on vouloit faire cadrer une quatrième observation avec les trois premières, en employant la supposition de l'orbite elliptique ou hyperbolique. Il est d'abord évident que pour la quatrième observation, on auroit des équations de la même forme que pour les trois premières ; & de ces équations, les unes dépendroient de la nature de la trajectoire, les autres en seroient indépendantes. Un simple coup-d'œil sur les §. 334, 335, 337, 341, 346 & 347, suffira pour donner la forme de ces équations indépendantes. On aura de plus les équations du §. 366 & 367, qui

dépendent de la nature de la trajectoire. On calculera donc les quatre observations dans la parabole, on comparera les positions calculées avec les positions observées; on égalera respectivement les différences, à dA, dA_1, dA_2, dA_3, dL, dL_1, dL_2, dL_3; & comme l'on a treize inconnues, dR, dR_1, dR_2, dR_3, du, du_1, du_2, du_3, du', dI, $d\beta$, dP, dx; l'on emploiera treize des équations, qui appartiennent aux quatre observations; l'on éliminera entre ces treize équations, ainsi que nous l'avons pratiqué entre les dix équations pour la parabole, & le Problême sera résolu.

(369) Nous nous sommes contentés de donner l'élimination pour le cas de la parabole, parce que le calcul en est beaucoup moins compliqué; d'ailleurs je craindrois que la méthode, quoique rigoureuse en théorie, n'exigeât des observations trop exactes, & peut-être d'une précision au-dessus de celle que l'on peut se promettre naturellement. On peut voir, à ce sujet, un excellent Mémoire, publié en 1770, par M. Lexell.

Remarque sur les méthodes précédentes, & sur celles qui font en usage parmi les Astronomes.

(370) Les méthodes que je viens de mettre sous les yeux du Lecteur, loin d'exclure celles par lesquelles on cherche à connoître à-peu-près les élémens des Comètes, les supposent au contraire, puisque l'on ne peut faire usage de nos formules, qu'autant que l'on a une connoissance déjà approchée de l'orbite de la Comète. Je vais donc donner une idée de quelques-unes des méthodes pratiquées par les Astronomes. Au reste, je ne parlerai que de celles qui n'exigent aucun calcul pour être entendues, ou qui peuvent être rendues sensibles au moyen des équations démontrées dans cet Ouvrage.

(371) J'aurois desiré pouvoir donner l'analyse de la

méthode de M. Newton, que l'on trouve à la fin des Principes Mathématiques ; & de payer à cet homme immortel le tribut, d'admiration qui lui est dû par tous les Géomètres. Comme cette méthode est en partie graphique, & en partie fondée sur des propriétés de la parabole, que je n'ai point eu occasion de développer, cela m'éloigneroit trop de mon sujet ; je renverrai donc à l'Ouvrage même de M. Newton. Pour donner de cette méthode l'idée que l'on en doit avoir, il suffit d'avoir nommé son Auteur, & d'ajouter qu'il en faisoit grand cas.

(372) Je parlerai d'abord d'une méthode purement graphique, que M. Struick paroît avoir pratiqué avec succès. On a une platte forme qui représente le plan de l'écliptique ; sur cette platte forme on trace l'orbite elliptique de la Terre ; plus le rayon de cette orbite sera grand, plus les résultats seront exacts ; on a ensuite pour les différentes distances périhélies des Comètes, différentes paraboles tracées sur la même échelle que l'orbite de la Terre, & divisées en jours. Les résultats seront d'autant plus exacts, que ces paraboles seront plus multipliées. Supposons maintenant que l'on ait trois observations d'une même Comète ; on place la Terre dans son orbite pour chacune des trois observations ; comme ensuite, au moyen des latitudes & des longitudes observées de la Comète, on connoit la direction des rayons visuels menés de la Terre à la Comète, pour chacune des observations ; on mène ces rayons ; on essaye les différentes Comètes en ayant attention de mettre le Soleil au foyer de la parabole ; on voit celle qui s'ajuste le mieux, c'est-à-dire celle qui est telle que les nombres des jours interceptés entre les fils, soient égaux aux intervalles des observations. Cette parabole est la parabole approchée. On peut voir à ce sujet l'Astronomie de M. de la Lande (nouv. édit. §. 3045.)

(373) La seconde méthode en usage parmi les Astronomes, pour déterminer les élémens d'une Co-

mète , est celle que l'on peut appeller *Méthode des hypothèses*. Quoique la méthode que je vais exposer diffère en quelque chose de celle des Astronomes, il sera aisé de sentir que ces différences ne sont point essentielles. En général , la difficulté du Problème des Comètes consiste uniquement dans l'élimination des variables ; car il n'a pas été difficile d'avoir les équations qui le résolvent. Si l'on ne considére qu'une seule observation , les inconnues sont D , R , δ , u , I , u' ; elles sont au nombre de six , mais en même tems (§. 334 & 337) on a trois équations , & le Problème a, si j'ose m'exprimer ainsi , trois degrés d'indétermination. Si l'on considére une seconde observation , on a deux nouvelles variables , R 1 , u 1 ; mais aussi (§. 335 , 336 & 337) on a quatre nouvelles équations , & le Problème n'a plus qu'un degré d'indétermination. Si l'on considére une troisième observation , le Problème est plus que déterminé , ainsi que nous l'avons déjà remarqué ; car alors on a deux nouvelles variables , R 2 , u 2 , c'est-à-dire , dix en tout ; & quatre nouvelles équations , c'est-à-dire onze en tout. On a donc examiné si en supposant connues deux de ces variables , il ne seroit pas possible d'avoir par des procédés simples , la valeur des autres variables ; il est évident en effet que l'on a dans ce cas , un système d'élémens hypothétiques , qui satisfait à huit des dix équations , qui doivent être nulles à la fois. On porte ces élémens dans les deux équations dont on n'a point fait usage , & si ces équations sont encore satisfaites , l'hypothèse est vraie. Si, au contraire , ces équations ne sont point satisfaites , on essaye une nouvelle hypothèse , jusqu'à ce que l'on rencontre à la fin , celle qui satisfait à toutes les équations.

(374) Pour me faire entendre plus clairement , supposons que l'on veuille faire usage des équations (1) , (6) , (11) , (16) , (17) des §. 334, 335, 336 , &

des

des équations (1), (2), (4), (5), (6) du §. 346. Suppofons de plus, qu'à l'inftant d'une des obfervations la Comète ait paffé par fon nœud ; il eft évident que puifque dans le nœud, l'angle du rayon vecteur de la Comète avec la ligne des nœuds eft nul, on a, ou $u = o$, ou $u 1 = o$, ou $u 2 = o$; imaginons donc que l'on fuppofe connus, par exemple, R & R 1 ; il eft évident qu'au moyen de l'équation (16) du §. 336, l'on déterminera D ; qu'au moyen de l'équation (17) du §. 336, l'on déterminera R 2 ; qu'au moyen des équations (1), (6) & (11) des §. 334 & 335, l'on déterminera $u + \beta$, $u 1 + \beta$, $u 2 + \beta$, & par conféquent u, $u 1$, $u 2$, β, puifque l'on connoît la valeur de u, ou de $u 1$, ou de $u 2$. Il eft encore évident que la fuppofition de fin. $u = o$, ou de fin. $u 1 = o$, ou de fin. $u 2 = o$, réduit l'une des équations (4), (5) ou (6) du §. 346, à la forme fuivante ;

$$T \operatorname{fin.} A - R \operatorname{fin.} (A + u') = o ;$$

$$T 1 \operatorname{fin.} A 1 - R 1 \operatorname{fin.} (A 1 + u' + m 1) = o ;$$

$$T 2 \operatorname{fin.} A 2 - R 2 \operatorname{fin.} (A 2 + u' + m 2) = o ;$$

d'où l'on voit que l'on connoîtra u'. On déterminera enfuite I au moyen de l'une des deux autres équations ; & la troifième équation, ainfi que l'une des équations (1) ou (2) du §. 346, fervira à vérifier l'hypothèfe ; car la fuppofition de $u = o$, $L = o$, ou de $u 1 = o$, & $L 1 = o$, fait évanouir l'une des équations (1) ou (2) du §. 346.

(375) Il n'eft pas néceffaire que la Comète ait paffé par fon nœud lors d'une des obfervations, pour pouvoir employer cette efpèce d'analyfe ; mais alors le calcul eft moins fimple, & il faut fuppofer connus d'autres élémens. Imaginons en effet que l'on regarde comme connus u' & u, & que l'on compare les équations (1) & (4) du §. 346 ; on aura

r fin. A fin. u cofin. $(A + u')$ fin. I

$+$ Tang. L fin. u cofin. u' cof. $(A + u')$ cof. I

$+ r^2$ fin. A cofin. u Tang. L

$- r$ cof. u cof. u' Tang. L fin. $(A + u') = 0$;

d'où l'on voit que l'on pourra déterminer I ; & enfuite R , au moyen de l'équation (1) ou (4) du §. 346.

Comparons maintenant les équations (2) & (5) du §. 346 , on aura

$(r$ fin. A 1 cofin. $(A 1 + u' + m 1)$ fin. I

$+$ Tang. L1 cof. $(u' + m1)$ cof.$(A1 + u' + m1)$ cof.I$)$ fin.$u1$

$+ (r$ fin. A 1 $-$ cof. $(u' + m 1)$ fin. $(A 1 + u' + m 1))$

$\times r$ Tang. L 1 cofin. $u1 = 0$;

d'où l'on voit que l'on pourra déterminer $u 1$; & enfuite R 1 , au moyen de l'équation (2) ou (5) du §. 346.

On déterminera pareillement $u 2$, en comparant les équations (3) & (6) du §. 346 ; & l'on aura

$(r$ fin. A 2 cofin. $(A 2 + u' + m 2)$ fin. I

$+$ Tang. L 2 cof. $(u' + m2)$ cof.$(A2 + u' + m2)$ cof. I$)$ fin. $u2$

$+ (r$ fin. A 2 $-$ cof. $(u' + m 2)$ fin. $(A 2 + u' + m 2))$

$\times r$ Tang. L 2 cofin. $u2 = 0$.

On déterminera enfuite R 2 , au moyen de l'équation (3) ou (6) du §. 346.

On déterminera enfin D , au moyen de l'équation (16) du §. 356 ; δ , au moyen de l'équation (1) du §. 334 ; & l'on aura pour vérifier l'hypothèfe , les équations (6) & (11) du §. 345.

On remarquera que quelques-unes des équations précédentes ont plufieurs racines ; la vérification ne fera complette , qu'autant que l'on aura employé ces différentes racines.

(376) La troifième méthode en ufage parmi les

Aſtronomes, eſt celle dans laquelle on ſuppoſe la trajectoire de la Comète, rectiligne. On ſent par-là que
pour calculer dans cette hypothèſe, on doit prendre
des obſervations peu diſtantes les unes des autres, &
que cette trajectoire rectiligne n'eſt autre choſe que la
Tangente à la parabole, au point dont il s'agit. Ce
ſimple énoncé fait voir en quoi cette méthode diffère
des précédentes. Toutes les équations indépendantes
de la nature de la trajectoire des Comètes, ſeront les
mêmes que dans les Problêmes précédens. Quant aux
autres équations, il faut y ſubſtituer celles relatives à la
ligne droite. Si donc l'on conſerve toutes les définitions
du §. 334, & que l'on nomme de plus

   ζ la perpendiculaire abaiſſée du Soleil ſur
    la trajectoire de la Comète, conſidérée
    comme rectiligne;

   Ω l'angle de cette perpendiculaire avec la
    ligne des nœuds;

au lieu des équations (1), (6) & (11) des §. 334 &
335, on aura évidemment des équations de la forme
ſuivante;

$$(1)\quad R\cos.(u + \Omega) - r\zeta = 0;$$

$$(2)\quad R\,1\cos.(u\,1 + \Omega) - r\zeta = 0;$$

$$(3)\quad R\,2\cos.(u\,2 + \Omega) - r'\zeta = 0.$$

(377) Quant aux équations qu'il faut ſubſtituer à
celles du §. 336, on remarquera que la vîteſſe, dans la
ligne droite dont il s'agit, n'eſt autre choſe que la vîteſſe
dans le point correſpondant de la parabole, à laquelle
cette droite eſt tangente. On ſçait en général que dans
la parabole, la vîteſſe d'une Comète, lorſqu'elle ſe
trouve à une même diſtance du Soleil que la Terre,
eſt à la vîteſſe correſpondante de la Terre, comme
$\sqrt{2}$ eſt à 1; de plus la vîteſſe dans les différens points
d'une même parabole, ſont en raiſon inverſe de la

racine quarrée des rayons vecteurs ; si donc l'on nomme

> V l'espace que la Terre décrit pendant une seconde de tems, lorsqu'elle est à sa moyenne distance du Soleil ;

la vîtesse correspondante de la Comète, à cette même distance du Soleil, sera égale à $V\sqrt{2}$; & en général la vîtesse de la Comète, dans un point quelconque de son orbite, pour une seconde de tems, sera exprimée

par $\dfrac{V\sqrt{2}\sqrt{r}}{\sqrt{R}}$

> r étant d'ailleurs la moyenne distance de la Terre au Soleil ;
>
> R la distance actuelle de la Comète au Soleil.

Si donc l'on nomme

> y_1 un nombre quelconque de secondes de tems ;

$y_1 \times \dfrac{V\sqrt{2r}}{\sqrt{R}}$ sera l'expression de l'espace parcouru par la Comète, dans son orbite supposée rectiligne ; mais d'ailleurs cet espace a évidemment aussi pour expression $\dfrac{\zeta\,\mathrm{tang.}\,(u_1+\Omega)-\zeta\,\mathrm{tang.}\,(u+\Omega)}{r}$; donc

(1) $y_1 r V\sqrt{2r}-(\zeta\,\mathrm{tang.}(u_1+\Omega)-\zeta\,\mathrm{tang.}(u+\Omega))\sqrt{R})=0$;

on substituera cette équation à l'équation (16) du §. 336 ; on aura de plus, au lieu de l'équation (17) du même paragraphe ;

(2) $y_2 r V\sqrt{2r}-(\zeta\,\mathrm{tang.}(u_2+\Omega)-\zeta\,\mathrm{tang.}(u+\Omega))\sqrt{R})=0$.

Lorsque l'on aura déterminé la nature de l'orbite rectiligne de la Comète, on passera à la détermination de la véritable trajectoire parabolique, en considérant que cette droite n'est qu'une tangente à la parabole décrite par la Comète ; ou si l'on veut, en substituant dans les équations relatives à la parabole des §. 334, 335 & 336, les valeurs que l'on aura déterminées pour la ligne droite.

(378) J'ai fait mention de cette derniere méthode, pour n'omettre aucunes de celles qui font le plus généralement en usage parmi les Astronomes. Je serois éloigné cependant de la regarder comme exacte. Sans parler des autres inconvéniens de la méthode, il est au moins incontestable que les erreurs inséparables des observations, ont un très-grand rapport avec les quantités qui doivent servir à déterminer les élémens ; & il est à craindre que l'on ne parvienne à des résultats qui participent de ces erreurs ; aussi les Astronomes qui en ont parlé, ne l'emploient-ils que comme approximation.

(379) Je remarquerai ici que la méthode prescrite par M. Newton dans son Arithmétique universelle, pour quatre observations peu éloignées entre elles, & qui consiste à faire couper par une ligne droite, les quatre rayons visuels menés de la Terre à la Comète, de sorte que les parties de la ligne droite, interceptées entre les rayons visuels, soient proportionnelles aux tems ; si elle étoit réduite en calcul, reviendroit à employer quatre équations de la forme de celles du §. 376. Mais au lieu des équations du §. 377, on auroit d'autres équations de la forme suivante ;

$$t 1 \left(\tang. (u 1 + \Omega) - \tang. (u + \Omega) \right)$$
$$- t \left(\tang. (u 2 + \Omega) - \tang. (u 1 + \Omega) \right) = 0 ;$$
$$t 2 \left(\tang. (u 1 + \Omega) - \tang. (u + \Omega) \right)$$
$$- t \left(\tang. (u 3 + \Omega) - \tang. (u 2 + \Omega) \right) = 0.$$

Dans ces équations t, $t 1$, $t 2$, doivent être dans le rapport des intervalles écoulés entre la première &

la feconde obfervation, entre la feconde & la troifième obfervation, entre la troifième & la quatrième
obfervation. On a de plus, toutes les équations indépendantes de la nature de la trajectoire.

(380) L'Académie de Berlin ayant propofé pour
fujet du prix de 1774, de déterminer les orbites des
Comètes par trois obfervations, il y a tout lieu de
croire qu'il en réfultera les méthodes les plus directes,
les plus faciles, & les plus rigoureufes que l'on puiffe
efpérer fur ce fujet. Je remarquerai feulement que
lorfqu'une Comète paroît très-peu de tems, quelque
méthode que l'on employe, & quelqu'exactitude que
l'on mette dans les calculs, il eft peut-être impoffible
de répondre des élémens avec la dernière précifion.
Cela vient de ce que dans ce cas, les erreurs inféparables
des obfervations, influent d'une manière fenfible fur
les réfultats.

*Remarques fur une Table analogue à la Table générale
du mouvement des Comètes.*

(381) Nous avons parlé (§. 169 & 318) d'une
Table connue en Aftronomie fous le nom de *Table gé-
nerale du mouvement des Comètes.* Nous avons fait voir
que cette Table n'eft autre chofe qu'une fuite de folutions d'une équation du troifième degré, dont nous
avons donné la forme §. 322. Comme dans cet Ouvrage nous avons fubftitué à cette équation, une autre
équation qui nous a paru plus commode, nous allons
faire voir comment on pourroit conftruire, relativement à cette dernière équation, une Table analogue à
celle que l'on trouve dans les différens Traités d'Aftronomie.

(382) Soit

    X le tems écoulé depuis le paffage de la
       Comète par fon périhélie, jufqu'à un inf-
       tant quelconque ;

    R le rayon vecteur de la Comète ;

    D la diftance périhélie ;

$\wp$ le rayon de la sphère du Soleil ;

$\flat$ le nombre de pieds qu'un corps grave parcourt à la surface du Soleil, pendant la première seconde de sa chûte.

Nous avons vu que l'on avoit l'équation suivante ;

$$3 \wp \times \sqrt{\flat} = (R + 2D) \sqrt{(R - D)}.$$

Il est maintenant évident que l'on peut représenter toutes les valeurs de R, par $R = m D$; m étant d'ailleurs un nombre entier ou fractionnaire, plus grand cependant que l'unité ; l'équation deviendra alors

$$\frac{3 \wp \times \sqrt{\flat}}{D^{\frac{3}{2}}} = (m + 2) \sqrt{(m - 1)}.$$

Il s'agit donc, pour déterminer la valeur de R, lorsque la distance périhélie & le tems sont connus, c'est-à-dire lorsque $\dfrac{3 \wp \times \sqrt{\flat}}{D^{\frac{3}{2}}}$ est donné, de savoir quel est le nombre m auquel cette quantité répond ; or, c'est ce qui s'exécuteroit facilement au moyen d'une Table que l'on construiroit de la maniere suivante. La première colomne contiendroit les logarithmes des quantités $\dfrac{3 \wp \times \sqrt{\flat}}{D^{\frac{3}{2}}}$ ou de $(m + 2) \sqrt{(m - 1)}$, qui leur sont égales. La seconde & la troisième colomnes renfermeroient les quantités m correspondantes, & leurs logarithmes. Lors donc que l'on auroit déterminé dans chaque cas particulier, le logarithme de la quantité $\dfrac{3 \wp \times \sqrt{\flat}}{D^{\frac{3}{2}}}$, on chercheroit dans la Table le logarithme de m correspondant ; on ajouteroit ce logarithme au logarithme de la distance périhélie D, & l'on auroit le logarithme de R demandé. Je vais mettre sous les yeux, quelques termes de cette Table, afin de faire mieux juger de la forme qu'elle auroit.

Table pour trouver les rayons vecteurs des Comètes.

Log. $\dfrac{3:X\sqrt{\ }}{D^{\frac{1}{2}}}$	m.	Log. m.	Log. $\dfrac{3:X\sqrt{\ }}{.D^{\frac{1}{2}}}$	m.	Log. m.
	1,0	0,0000000	0,8494850	3,0	0,4771213
−0,0086383	1,1	0,0413927	0,8686798	3,1	0,4913617
+0,1556650	1,2	0,0791812	0,8871146	3,2	0,5051500
0,2570745	1,3	0,1139434	0,9051398	3,3	0,5185133
0,3325089	1,4	0,1461280	0,9224994	3,4	0,5314789
0,3935530	1,5	0,1760913	0,9393327	3,5	0,5440680
0,4453781	1,6	0,2041200	0,9556746	3,6	0,5563025
0,4907507	1,7	0,2304489	0,9715568	3,7	0,5682017
0,5513286	1,8	0,2552725	0,9870070	3,8	0,5797835
0,5681858	1,9	0,2787536	1,0020510	3,9	0,5910646
0,6020600	2,0	0,3010300	1,0167119	4,0	0,6020600
0,6334301	2,1	0,3222193	1,0310106	4,1	0,6127835
0,6628399	2,2	0,3424227	1,0449667	4,2	0,6232493
0,6904402	2,3	0,3617278	1,0585974	4,3	0,6334685
0,7165167	2,4	0,3802112	1,0719199	4,4	0,6434527
0,7412581	2,5	0,3979400	1,0849470	4,5	0,6532125
0,7648178	2,6	0,4149733	1,0976952	4,6	0,6627578
0,7873223	2,7	0,4313638	1,1101756	4,7	0,6720979
0,8088774	2,8	0,4471580	1,1224007	4,8	0,6812412
0,8295729	2,9	0,4623980	1,1343814	4,9	0,6901961
0,8494850	3,0	0,4771213	1,1461280	5,0	0,6989700
				&c.	

(383) On peut juger aisément de la manière dont on continueroit cette Table, dont je n'ai donné ici qu'une légere exquisse. Il ne s'agiroit que de prendre la suite des nombres, dont on diviseroit en dixièmes l'intervalle entre chacun; on mettroit ces nombres dans la seconde colomne, le logarithme de ces nombres dans la troisième colomne, & l'on calculeroit pour la première colomne, le logaritme de $(m+2)\sqrt{(m-1)}$, ou de son égal $\dfrac{3:X\sqrt{\ }}{D^{\frac{1}{2}}}$. Il faudroit même, pour plus d'exactitude, diviser en centièmes, l'intervalle entre les nombres; surtout entre 1 & 2. Il faudroit peut-

être pousser l'exactitude jusqu'à diviser en 400 parties, ce premier intervalle, qui comprend depuis le péri-hélie jusqu'à 90° d'anomalie.

(384) Dans l'usage de cette Table, lorsque pour chaque cas particulier l'on évaluera le logarithme de $\frac{3\rho X \sqrt{\delta}}{D^{\frac{3}{2}}}$; si l'on entend par X des secondes de tems, on fera Log. $3\rho\sqrt{\delta} = 8,6256743$; si l'on entend par X des minutes de tems, on fera Log. $3\rho\sqrt{\delta} = 10,403855$; si l'on entend par X des centièmes de jour, on fera Log. $3\rho\sqrt{\delta} = 11,5621880$; si l'on entend par X des millièmes de jour, on fera Log. $3\rho\sqrt{\delta} = 10,5621880$.

Remarques sur la manière de représenter les orbites des Comètes, en les projettant sur l'écliptique.

(385) Il est certain que de chaque point de l'orbite d'une Comète, si l'on abaisse une perpendiculaire sur l'écliptique, il en résultera une courbe de projection, qui sera par exemple une parabole, si la courbe projettée est elle-même une parabole. Il est également évident que comme la courbe projettée est unique pour chaque trajectoire ; au lieu de distinguer chaque Co-mète par la véritable courbe qu'elle décrit dans l'espace, on pourroit la distinguer par sa courbe de projection sur l'écliptique ; & il seroit tout aussi facile de la reconnoître par ce symptôme. Mais, il me paroît en même tems, que ce moyen dont on n'a point fait usage jusqu'ici, ne devroit être employé, qu'autant qu'il simpli-fieroit les calculs ; c'est cette dernière question que j'entreprends d'examiner sommairement.

(386) Il est d'abord sensible que les différens mouvemens que l'on calcule, se passant tous dans le plan de l'écliptique, les équations que nous avons désignées sous le nom d'*équations indépendantes de la nature de*

la trajectoire, doivent être fort simplifiées. 1°. Tou
les termes qui contiennent la latitude de la Comète,
deviennent nuls ; 2°. dans tous les autres termes il
faut supposer sin. I $= 0$, & cosin. I $= r$. Ces
simplifications font voir que pour chaque observation,
on a une équation de la forme suivante (§. 346) ;

$$T r \sin. A - R (\sin. (A + u') \cos. u - \cos. (A + u') \sin. u) = 0 ;$$

ou, ce qui revient au même,

$$T \sin. A - R \sin. (A + u' - v) = 0.$$

Cette première considération semble devoir simplifier
la question ; examinons donc si d'ailleurs elle n'est pas
plus compliquée.

(387) On doit encore faire usage de la réflexion
suivante. Dans la courbe projettée, les aires décrites
par les rayons vecteurs sont proportionnelles aux tems,
comme dans la véritable trajectoire. Rapportons en
effet à la ligne des nœuds, les équations à la véritable
courbe & à la courbe projettée. Soit

> R le rayon vecteur de la véritable trajec-
> toire ;
> R' le rayon vecteur correspondant dans la
> courbe projettée ;
> u l'angle traversé depuis la ligne des nœuds,
> dans la véritable courbe ;
> v l'angle traversé correspondant, dans la
> courbe projettée ;
> I l'inclinaison du plan de la véritable orbite
> de la Comète, sur l'écliptique ;
> r le sinus total.

Les aires décrites en même tems dans les deux
courbes, auront respectivement pour expressions,
$\int \frac{R^2 \, d u}{2 r}$, $\int \frac{R'^2 \, d v}{2 r}$. Mais il suit des constructions
précédentes de cet Ouvrage, que

$$R'^2 = R^2 \left(\frac{\cos^2. u}{r^2} + \frac{\sin^2. u \, \cos^2. I}{r^4} \right);$$

$$\frac{\sin. v}{\cos. v} = \frac{\sin. u}{\cos. u} \times \frac{\cos. I}{r};$$

$$\frac{d v}{\cos^2. v} = \frac{d u}{\cos^2. u} \times \frac{\cos. I}{r};$$

$$\text{donc} \int \frac{R'^2 \, dv}{2 r} = \frac{\cos. I}{r} \int \frac{R^2 \, d u}{2 r};$$

d'où l'on voit que l'aire de la courbe projettée, est un multiple de l'aire de la véritable trajectoire, & que leur rapport dépend de l'inclinaison du plan de l'orbite.

(388) Puisque dans la courbe projettée les aires sont proportionnelles aux tems, il suit évidemment que si l'on a, par exemple, trois observations; que de plus le tems écoulé entre la première & la seconde observation, soit au tems écoulé entre la seconde & la troisième observation, comme t est à $t\,1$; & qu'enfin l'on nomme R', v, les valeurs correspondantes à la première observation; $R'\,1$, $v\,1$, les valeurs correspondantes à la seconde; $R'\,2$, $v\,2$, les valeurs correspondantes à la troisième; on aura une équation de la forme suivante;

$$\int \frac{R'^2\,1 \, dv\,1}{2 r} - \int \frac{R'^2 \, dv}{2 r} : \int \frac{R^2\,2 \, dv\,2}{2 r} - \int \frac{R'^2\,1 \, dv\,1}{2 r} :: t : t\,1.$$

Et en général on aura autant d'équations de cette forme que d'observations, moins deux. Il ne sera question que d'éliminer R', $R'\,1$, $R'\,2$, au moyen de l'équation à la parabole, & d'intégrer, ce qui sera toujours possible. Examinons maintenant quelle sera la forme des équations à la parabole, pour pouvoir juger de la simplicité ou de la complication du Problême, relativement à l'élimination.

(389) Dans la parabole de projection, le Soleil n'est

point au foyer de la courbe, il eſt ſeulement dans le plan. Nommons donc

P' le paramêtre de la parabole projettée ;

R' le rayon vecteur ;

v l'angle traverſé ; ces quantités ſont évaluées en prenant le Soleil pour pôle, & la droite, menée du Soleil au foyer de la parabole, pour origine des angles traverſés ;

r le ſinus total ;

ε la diſtance du Soleil au foyer de la parabole projettée ;

β' l'angle du grand-axe de la parabole projettée, avec la droite ε ;

u' l'angle du rayon vecteur de la Terre, avec la droite ε, lors de la première obſervation.

Il eſt aiſé de démontrer que l'équation à la parabole de projection, ſera

$$R'^2 \sin^2. (v + \beta')$$

$$+ R'(2\varepsilon r \cos. v - 2\varepsilon \cos. \beta' \cos. (v + \beta') + P'r \cos. (v + \beta'))$$

$$+ \varepsilon^2 \sin^2. \beta' + P'r\varepsilon \cos. \beta' - \frac{P'^2 r^2}{4} = 0 ;$$

équation plus compliquée, que ſi le Soleil étoit au foyer de cette parabole ($\S$. 334 & 335, éq. (1). (6) & (11)).

(390) Cette complication n'eſt pas la ſeule, que l'hypothèſe dont nous nous occupons maintenant, introduiſe dans le calcul. En effet ſi l'on différencie l'équation précédente par rapport à R' & v, & que l'on en tire la relation entre dv & dR', pour pouvoir intégrer les équations du $\S$. 388, il en réſultera une expreſſion beaucoup plus compliquée, que ſi le Soleil étoit au foyer de la parabole ($\S$. 334, 335, 336,

éq. (2) , (7) , (12) , (16) & (17)). D'ailleurs il faudroit faire usage de six observations. En effet on a quatre quantités principales à déterminer ; le paramêtre P' de la parabole projettée ; la distance ι du Soleil au foyer de la parabole ; l'angle β' du grand-axe de la parabole avec la droite ι ; & la position de cette droite dans le Ciel ; position déterminée par la valeur de u'. De plus, chaque observation introduit deux nouvelles variables, R', v, $R'1$, $v1$, $R'2$, $v2$, &c. ; il faut donc employer un certain nombre d'observations, jusqu'à ce que les variables introduites dans le calcul , & les quatre principales variables dont on vient de parler , puissent être éliminées ; & c'est ce qui ne peut avoir lieu qu'avec six observations ; car avec six observations l'on a seize variables & seize équations ; savoir, pour chaque observation, une équation de la forme de celle du §. 389, & une équation de la forme de celle du §. 386. On a de plus quatre équations de la forme du §. 388.

(391) Les considérations précédentes me portent à croire que la méthode de représenter les orbites des Comètes, en les projettant sur l'écliptique , loin de simplifier l'élimination des variables , la rendroit plus difficile ; & je serois tenté de penser , que si l'on essayoit cette route , on seroit ramené à la méthode ordinaire , comme plus simple. Il en est de même de tout autre plan , sur lequel on pourroit projetter l'orbite de la Terre & celle de la Comète ; on seroit toujours conduit à des résultats plus compliqués que ceux de la Nature.

(392) Je ne serois cependant pas éloigné de croire, que si l'on projettoit sur l'écliptique, la trajectoire de la Comète, considérée comme rectiligne , ainsi que le prescrit M. Newton, dans son Arithmétique universelle, on pourroit par un calcul assez simple , acquérir des lumières sur les premières approximations dont il faudroit faire usage. Soit en effet

ζ' la perpendiculaire abaissée du Soleil sur la projection rectiligne de la trajectoire de la Comète ;

$R', R'1, R'2, R'3$ les quatre rayons vecteurs menés du Soleil, à la projection de la Comète, lors des quatre observations ;

$v, v1, v2, v3$ les angles des quatre rayons vecteurs, avec la droite ζ' ;

$t, t1, t2$ les intervalles de tems écoulés entre la première & la seconde observation ; entre la première & la troisième observation ; entre la première & la quatrième observation ;

u'' l'angle du rayon vecteur de la Terre, avec la perpendiculaire ζ', lors de la première observation ;

& conservons d'ailleurs toutes les autres définitions. Puisque la projection de la trajectoire est rectiligne, l'on aura des équations de la forme suivante ;

$$(1) \quad R' \cos. v - r \zeta' = 0 ;$$

$$(2) \quad R'1 \cos. v 1 - r \zeta' = 0 ;$$

$$(3) \quad R'2 \cos. v 2 - r \zeta' = 0 ;$$

$$(4) \quad R'3 \cos. v 3 - r \zeta' = 0 .$$

(393) De plus, puisque les différens mouvemens que l'on calcule, se passent dans l'écliptique, on aura §. 346.

$$(5) \quad T r \sin. A - R' \cos. v \sin. (A + u'') + R' \sin. v \cos. (A + u'') = 0 ;$$

$$(6) \quad T 1 r \sin. A 1 - R'1 \cos. v 1 \sin. (A 1 + u'' + m 1)$$
$$+ R'1 \sin. v 1 \cos. (A 1 + u'' + m 1) = 0 ;$$

$$(7) \quad T 2 r \sin. A 2 - R'2 \cos. v 2 \sin. (A 2 + u'' + m 2)$$
$$+ R'2 \sin. v 2 \cos. (A 2 + u'' + m 2) = 0 ;$$

$$(8) \quad T 3 r \sin. A 3 - R'3 \cos. v 3 \sin. (A 3 + u'' + m 3)$$
$$+ R'3 \sin. v 3 \cos. (A 3 + u'' + m 3) = 0 ;$$

(394) D'ailleurs comme dans la projection, les espaces parcourus sont proportionnels au tems, on aura

(9) t_1 (tang. v_1 — tang. v) — t (tang. v_2 — tang. v) $= 0$;

(10) t_2 (tang. v_1 — tang. v) — t (tang. v_3 — tang. v) $= 0$.

(395) Si l'on combine les équations (1) (5), (2) (6), (3) (7), (4) (8); on aura

(11) $T r \sin. A — r \zeta' \sin.(A + u'') + \zeta'$ tang. $v \cos.(A + u'') = 0$;

(12) $T_1 r \sin. A_1 — r \zeta' \sin. (A_1 + u'' + m_1)$
$$+ \zeta' \text{ tang. } v_1 \cos. (A_1 + u'' + m_1) = 0;$$

(13) $T_2 r \sin. A_2 — r \zeta' \sin. (A_2 + u'' + m_2)$
$$+ \zeta' \text{ tang. } v_2 \cos. (A_2 + u'' + m_2) = 0;$$

(14) $T_3 r \sin. A_3 — r \zeta' \sin. (A_3 + u'' + m_3)$
$$+ \zeta' \text{ tang. } v_3 \cos. (A_3 + u'' + m_3) = 0.$$

(396) Substituons dans les équations (9) & (10), les valeurs de tang. v, tang. v_1, tang. v_2, tang. v_3, tirées des équations (11), (12), (13) & (14), on aura

(15) $(\zeta' r \sin.(A_1 — A + m_1) — T_1 \sin. A_1 \cos.(A + u'')$
$$+ T \sin. A \cos.(A_1 + u'' + m_1)) \times t_1 \cos.(A_2 + u'' + m_2)$$
$$— (\zeta' r \sin. (A_2 — A + m_2) — T_2 \sin. A_2 \cos.(A + u'')$$
$$+ T \sin. A \cos. (A_2 + u'' + m_2))$$
$$\times t \cos. (A_1 + u'' + m_1) = 0;$$

(16) $(\zeta' r \sin. (A_1 — A + m_1) — T_1 \sin. A_1 \cos.(A + u'')$
$$+ T \sin. A \cos.(A_1 + u'' + m_1)) \times t_2 \cos.(A_3 + u'' + m_3)$$
$$— (\zeta' r \sin. (A_3 — A + m_3) — T_3 \sin. A_3 \cos. (A + u'')$$
$$+ T \sin. A \cos. (A_3 + u'' + m_3))$$
$$\times t \cos. (A_1 + u'' + m_1) = 0.$$

(397) Combinons enfin les équations (15) & (16) du §. précédent, & supposons pour abréger;

$$F r = t\,1\,\sin.(A\,1 - A + m\,1)\cos.(A\,2 + u'' + m\,2)$$
$$- t\,\sin.(A\,2 - A + m\,2)\cos.(A\,1 + u'' + m\,1);$$
$$G\,r^3 = t1\,T1\,\sin.A1\,\cos.(A + u'')\cos.(A2 + u'' + m2)$$
$$- t\,T2\,\sin.A2\,\cos.(A + u'')\cos.(A1 + u'' + m1);$$
$$H r^3 = (t1 - t)\times T\sin.A\cos.(A1 + u'' + m1)\cos.(A2 + u'' + m2);$$
$$F' r = t\,2\,\sin.(A\,1 - A + m\,1)\cos.(A\,3 + u'' + m\,3)$$
$$- t\,\sin.(A\,3 - A + m\,3)\cos.(A\,1 + u'' + m\,1);$$
$$G'\,r^3 = t2\,T1\,\sin.A1\,\cos.(A + u'')\cos.(A3 + u'' + m3)$$
$$- t\,T3\,\sin.A3\,\cos.(A + u'')\cos.(A1 + u'' + m1);$$
$$H' r^3 = (t2 - t)\times T\sin.A\cos.(A1 + u'' + m1)\cos.(A3 + u'' + m3);$$

l'on aura

$$(17)\quad \zeta'\,F - G\,r + H\,r = 0;$$
$$(18)\quad \zeta'\,F' - G'\,r + H'\,r = 0;$$

d'où l'on tire

$$F'(G - H) - F(G' - H') = 0.$$

Comme cette dernière équation seroit difficile à résoudre par rapport à u'', attendu son degré; il sera plus à propos d'essayer quelle est la valeur particulière de u'' qui la rend nulle.

(398) Lorsque la quantité u'' sera déterminée, l'on connoîtra toutes les autres valeurs, par de simples équations du premier degré. On déterminera par exemple ζ' au moyen d'une des deux équations, (17) ou (18); v, $v\,1$, $v\,2$, $v\,3$, au moyen des équations (11), (12), (13) & (14); R', $R'\,1$, $R'\,2$, $R'\,3$, au moyen des équations (1), (2), (3), (4).

(399)

(399) Il est facile maintenant de connoître les quatre rayons vecteurs, R, R 1, R 2, R 3, correspondans aux quatre observations, ainsi que les distances de la Terre, à la projection de la Comète, & les valeurs des quatre perpendiculaires abaissées de la Comète sur le plan de l'écliptique. Soit en effet

Δ', Δ' 1, Δ' 2, Δ' 3 les quatre distances de la Terre à la projection de la Comète ;

L, L 1, L 2, L 3 les quatre latitudes géocentriques de la Comète ;

p, p 1, p 2, p 3 les quatre perpendiculaires abaissées de la Comète sur l'écliptique ;

Comme les distances de la Terre à la projection de la Comète, sont prises dans le plan de l'écliptique, il est évident que l'on aura (§. 334) des équations de la forme suivante ;

$$\Delta'^2 = T^2 + R'^2 - \frac{2 \, T R' \, \cos. (v - u'')}{r} \, ;$$

$$\Delta'^2 1 = T^2 1 + R'^2 1 - \frac{2 T 1 \, R' 1 \, \cos. (v 1 - u'' - m 1)}{r} \, ;$$

$$\Delta'^2 2 = T^2 2 + R'^2 2 - \frac{2 T 2 \, R' 2 \, \cos. (v 2 - u'' - m 2)}{r} \, ;$$

$$\Delta'^2 3 = T^2 3 + R'^2 3 - \frac{2 T 3 \, R' 3 \, \cos. (v 3 - u'' - m 3)}{r} \, ;$$

$$p = \frac{\Delta' \, \text{Tang.} \, L}{r} \, ; \quad p 1 = \frac{\Delta' 1 \, \text{Tang.} \, L 1}{r} \, ;$$

$$p 2 = \frac{\Delta' 2 \, \text{Tang.} \, L 2}{r} \, ; \quad p 3 = \frac{\Delta' 3 \, \text{Tang.} \, L 3}{r} \, ;$$

$$R = \sqrt{(R'^2 + p^2)} \, ; \quad R 1 = \sqrt{(R'^2 1 + p^2 1)} \, ;$$

$$R 2 = \sqrt{(R'^2 2 + p^2 2)} \, ; \quad R 3 = \sqrt{(R'^2 3 + p^2 3)}.$$

(400) Si l'on vouloit avoir l'expression des parties

de la projection, interceptées entre les rayons R', R'1 ; R', R'2, R, R'3, on auroit en nommant

$n, n1, n2$ les parties interceptées entre ces rayons,

$$n = \frac{R' \sin. (v1 - v)}{\cos. v1} ; \quad n1 = \frac{R' \sin. (v2 - v)}{\cos. v2} ;$$

$$n2 = \frac{R' \sin. (v3 - v)}{\cos. v3} .$$

L'on auroit enfin, pour déterminer les points où la trajectoire rectiligne coupe sa projection sur l'écliptique, des équations de la forme suivante ;

$$q = \frac{np}{p1 - p} ; \quad q = \frac{n1 p}{p2 - p} ; \quad q = \frac{n2 p}{p3 - p} .$$

Dans ces équations j'entends par q, la distance du pied de la perpendiculaire p, ou, ce qui revient au même, de l'extrêmité du rayon R', au point où la trajectoire rectiligne de la Comète coupe sa projection.

(401) Puisque l'on connoît le point où la trajectoire rectiligne coupe sa projection sur l'écliptique ; on connoîtra l'angle de la ligne des nœuds, avec la droite ζ' ; si donc l'on souftrait cet angle, de l'angle u'' déterminé précédemment, on connoîtra l'angle u', du rayon vecteur de la Terre lors de la premiere obfervation, avec la ligne des nœuds ; d'ailleurs par l'équation (1) du §. 346, dans laquelle on fubftituera $p r^2$ à la quantité R fin. u fin. 1, l'on connoîtra la valeur de u, c'eft-à-dire l'angle du rayon vecteur de la Comète avec la ligne des nœuds, lors de la première obfervation ; & l'on continuera le calcul comme il a été prefcrit dans le §. 375.

SECTION ONZIÈME.

Notice des différentes Comètes dont on a déterminé les orbites.

(402) On ne sera pas fâché de trouver ici la Notice des différentes Comètes (*a*) dont on a déterminé les orbites. L'Histoire nous a conservé la mémoire d'un bien plus grand nombre de Comètes , que celles dont on connoît les élémens. On peut consulter à ce sujet le *Theatrum Cometicum* de Lubiénitz. Mais la plûpart de ces apparitions sont rapportées d'une maniere si vague par les Historiens , qu'il a été impossible de calculer les orbites de ces Comètes. Elles cessent donc d'être intéressantes aux yeux des Astronomes , à qui elles ne laissent que le regret de ne pouvoir pas les assujetir au calcul.

Comète de 837.

(403) La première Comète que l'on ait calculée , est celle de 837. Ses élémens ont été déterminés par M. Pingré , d'après des observations faites à la Chine , & recueillies par le P. Gaubil. Voici ses élémens.

Longitude du nœud ascendant.	Longitude du périhélie.	Inclinaison de l'orbite.
6ſ 26° 33′ 0″.	9ſ 19° 3′ 0″.	10° 0′ 0″.
Distance périhélie.	Passage au périhélie ; tems moyen à Paris.	Sens du mouvement.
58000.	1 Mars 0h 0′ 0″.	rétrograde.

(*a*) MM. Messier & Pingré ont bien voulu me communiquer des éclaircissemens sur plusieurs de ces Comètes. Je saisis avec empressement l'occasion de leur en témoigner ma reconnoissance.

Cette Comète, dont nous avons déjà parlé (§. 15, 16, 17, 18, 19, 20, 21 & 75), est une de celles qui peuvent approcher le plus près de l'orbite terrestre; & comme d'ailleurs (§. 176) elle a passé fort près de la Terre en revenant du périhélie, on ne doit point être étonné de la frayeur qu'elle causa à Louis le Débonnaire (§. 75). Depuis le 22 Mars qu'elle fut apperçue dans le signe du Verseau, jusqu'au 28 Avril qu'elle disparut, elle parcourut les étoiles du Capricorne, du Sagittaire, du Scorpion, de la Balance, de la Vierge, du Lion, & de l'Ecrévisse. Elle étoit chevelue, & s'éloigna peu de l'écliptique.

Cette Comète peut faire juger de l'état de l'Astronomie du neuvième Siècle, en Europe & à la Chine. Tandis que les Peuples de l'Europe ne voyoient dans cette Comète qu'un signe de la colère céleste, à la Chine on l'observoit avec assez d'exactitude pour que l'on en ait pu conclure ses élémens.

Comète de 1231.

(404) Cette Comète a été calculée par M. Pingré, d'après des observations faites à la Chine, & recueillies par le P. Gaubil. Voici ses élémens.

Longitude du nœud ascendant.	Longitude du périhélie.	Inclinaison de l'orbite.
0ˢ 13° 30′ 0″.	4ˢ 14° 48′ 0″.	6° 5′ 0″.

Distance périhélie.	Passage au périhélie; tems moyen à Paris.	Sens du mouvement.
94780.	30 Janv. 7ʰ 22′ 0″.	direct.

Elle fut observée à la Chine, depuis le 6 Février jusqu'au 1 Mars & au-delà; elle parcourut le Cigne, la Lyre, la main & la tête d'Hercule, le Serpentaire, le front du Scorpion, & s'enfonça ensuite dans le Sud-est.

Comète de 1264.

(405) Cette Comète a été calculée par M. Pingré, dans un Mémoire inféré parmi ceux de l'Académie des Sciences de Paris, de l'année 1760. Voici ses élémens.

Longitude du nœud ascendant.	Longitude du périhélie.	Inclinaison de l'orbite.
5ˢ 28° 45′ 0″.	9ˢ 5° 45′ 0″.	30° 25′ 0″.

Distance périhélie.	Passage au périhélie; tems moyen à Paris.	Sens du mouvement.
41081.	17 Juillet 6ʰ 10′ 0″.	direct.

Il paroît que cette Comète a été vue depuis le milieu de Juillet, jusqu'au commencement d'Octobre; elle parcourut la partie du Ciel, entre le Lion, l'Ecrévisse, les Gémeaux, l'Hydre, le petit Chien & Orion. Sa queue étoit fort considérable. Elle fut observée à la Chine & au Japon, dans le même tems & dans les mêmes Constellations. On croit que cette Comète est la même que celle observée depuis en 1556; sa période seroit donc de 292 ans, & elle devroit reparoître en 1848. Les Historiens du tems prétendirent qu'elle préfageoit la mort du Pape Urbain IV, parce qu'elle ceffa d'être observée le jour que ce Pontife mourut. On a des Vers de Thieri de Vaucouleurs sur ce sujet.

Comète de 1299.

(406) Cette Comète a été calculée par M. Pingré, d'après des observations faites à la Chine, & recueillies par le P. Gaubil. Voici ses élémens.

Longitude du nœud ascendant.	Longitude du périhélie.	Inclinaison de l'orbite.
3ˢ 17° 8′ 0″.	0ˢ 5° 20′ 0″.	68° 57′ 0″.

Distance périhélie.	Passage au périhélie; tems moyen à Paris.	Sens du mouvement.
31790.	31 Mars 7ʰ 38′ 0″.	rétrograde.

S iij

Cette Comète, une de celles qui peuvent approcher de l'orbite de la Terre (§. 22), fut observée à la Chine le 24 Janvier, & en Europe vers la fin du même mois. Elle parcourut la Colombe, l'Eridan, la Baleine, & le Bélier.

Comète de 1301.

(407) Cette Comète a été calculée par M. Pingré, d'après des observations faites à la Chine, & recueillies par le P. Gaubil. Voici ses élémens.

Longitude du nœud ascendant.	Longitude du périhélie.	Inclinaison de l'orbite.
o^f 15° o' o".	9^f environ.	70° environ.

Distance périhélie.	Passage au périhélie.	Sens du mouvement.
45000.	22 Octobre environ.	rétrograde.

La maniere dont les élémens sont rapportés, fait voir qu'ils ont été calculés d'après des observations très-imparfaites. Cette Comète parut vers le solstice d'hyver.

Comète de 1337.

(408) Cette Comète a été calculée par M. Pingré, d'après des observations faites à la Chine, & recueillies par le P. Gaubil. Voici ses élémens.

Longitude du nœud ascendant.	Longitude du périhélie.	Inclinaison de l'orbite.
2^f 6° 22' o".	o^f 20° o' o".	32° 11' o".

Distance périhélie.	Passage au périhélie; tems moyen à Paris.	Sens du mouvement.
64453.	1 Juin o^h 40' o".	rétrograde.

Cette Comète, parut pendant les mois de Mai, Juin, Juillet, Août. Elle fut observée à la Chine depuis le 26 Juin jusqu'au 28 Août. Vue d'abord vers les étoiles des Pleyades, elle s'éleva presque jusqu'au pôle de l'équateur, fut observée près du pied d'Hercule, près de la Couronne boréale, traversa l'équateur dans le Serpentaire, passa près de δ du Serpentaire, & cessa de paroître un peu au nord du front du Scorpion. En Europe on la vit à-peu-près dans le même tems. Des pieds de Persée, elle s'avança vers la Giraffe, la petite Ourse, les plis du Dragon, les pieds d'Hercule, la Couronne, & la main du Serpentaire ; elle avoit une très - grande queue.

Comète de 1456.

(409) Cette Comète a été calculée par M. Pingré ; voici ses élémens.

Longitude du nœud ascendant.	Longitude du périhélie.	Inclinaison de l'orbite.
1ˢ 18° 30′ 0″.	10ˢ 1° 0′ 0″.	17° 56′ 0″.

Distance périhélie.	Passage au périhélie ; tems moyen à Paris.	Sens du mouvement.
58550.	8 Juin 22ʰ 10′ 0″.	rétrograde.

Cette Comète est la même que celle dont M. Halley découvrit le premier les retours périodiques, & à qui M. Clairaut a depuis appliqué l'analyse du Problème des trois corps. Nous la retrouverons en 1531, 1607, 1682 & 1759 ; sa révolution est d'environ 77 ans, & elle doit reparoître vers 1837. Lors de son apparition en 1456, elle répandit la terreur dans l'Europe, déjà effrayée des succès rapides des Turcs, qui venoient de détruire l'Empire Grec. Elle avoit une très-grande queue, & fut vue pendant tout le mois de Juin, dans la Mouche, la tête de Méduse, Persée, la Giraffe & la grande Ourse. Le Pape Callixte ordonna à ce sujet une espèce d'*Angelus* que l'on récitoit le matin, le foir, & à midi, & dans lequel on conjuroit les Turcs & la Comète.

Comète de 1472.

(410) Cette Comète, une des plus fameuses de celles que l'Histoire de l'Astronomie nous ait transmise, a été calculée par M. Halley. Voici ses élémens.

Longitude du nœud ascendant.	*Longitude du périhélie.*	*Inclinaison de l'orbite.*
9ˢ 11° 46′ 20″.	1ˢ 15° 33′ 30″.	5° 20′ 0″.

Distance périhélie.	*Passage au périhélie ; tems moyen à Paris.*	*Sens du mouvement.*
54273.	28 Février 22ʰ 32′ 0″.	rétrograde.

Cette Comète, une de celles qui peuvent approcher le plus près de l'orbite de la Terre (§. 52 & 53), parut en Janvier & Février. Elle fut vue d'abord près de l'Epi de la Vierge, passa ensuite par le Bouvier, s'éloigna de 77° de l'écliptique, passa à-peu-près à égale distance des pôles de l'équateur & de l'écliptique, traversa le Dragon, la petite Ourse, une partie de Céphée & de Cassiopée, passa sous le ventre d'Andromède, suivit le Poisson boréal dans sa longueur, traversa l'écliptique vers le milieu du Bélier, & disparut dans les étoiles de la Baleine. Elle eut au commencement de son apparition, un mouvement assez lent, jusqu'à ce qu'étant parvenue à la hauteur d'Arcturus, son mouvement apparent s'accélera au point de parcourir près de 40° de grand cercle en un jour; elle étoit alors fort près de la Terre. Parvenue aux étoiles des Poissons, elle avoit une queue qui s'étendoit jusqu'aux Pleyades. Cette Comète est remarquable dans l'Histoire des Sciences pour avoir ranimé en Europe l'amour de l'Astronomie. Régio Montanus composa à son sujet un Traité particulier, dans lequel toutes ses observations sont rapportées.

Comète de 1531.

(411) Cette Comète a été calculée par M. Halley. Voici ses élémens.

Longitude du nœud ascendant.	Longitude du périhélie.	Inclinaison de l'orbite.
1ˢ 19° 25′ 0″.	10ˢ 1° 39′ 0″.	17° 56′ 0″.

Distance périhélie.	Passage au périhélie ; tems moyen à Paris.	Sens du mouvement.
56700.	24 Août 21ʰ 27′ 0″.	rétrograde.

Cette Comète, la même que celle que nous avons déjà vue en 1456, & que nous retrouverons en 1607, 1682 & 1759, fût vue à la Chine le 5 Août avec une même longitude que les pieds des Gémeaux. En Europe, Apien l'observa depuis le 13 Août, dans 20° de l'Ecrévisse, avec une latitude boréale de 23° 30′, jusqu'au 23 Août, dans 7° 30′ de la Balance, avec une latitude boréale 15° 15′. Elle parcourut les pattes de la grande Ourse, le petit Lion, la chevelure de Bérénice, & l'aîle boréale de la Vierge.

Comète de 1532.

(412) Cette Comète a été calculée par M. Halley. Voici ses élémens.

Longitude du nœud ascendant.	Longitude du périhélie.	Inclinaison de l'orbite.
2ˢ 20° 17′ 0″.	3ˢ 21° 7′ 0″.	32° 36′ 0″.

Distance périhélie.	Passage au périhélie ; tems moyen à Paris.	Sens du mouvement.
50910.	19 Octob. 22ʰ 21′ 0″.	direct.

Apien l'obferva depuis le 2 Octobre dans 10° de la Vierge, avec une latitude auftrale de 13° 30', jufqu'au 7 Novembre fuivant dans 4° 30' du Scorpion, avec une latitude boréale de 20° 20'. Elle avoit paru dès le 15 Septembre dans le Lion; elle fut vifible jufqu'à la fin de Novembre; elle parcourut l'Hidre, les étoiles de la Vierge, & difparut près du Serpentaire.

On retrouve en 1661 une Comète dont les élémens font peu différens de ceux dont il vient d'être queftion; il y a donc apparence que les Comètes de 1532 & 1661 ne font qu'une feule & même Comète, dont la révolution eft d'environ 129 ans. On croit qu'elle doit reparoître vers 1790.

Comète de 1533.

(413) Cette Comète avoit d'abord été calculée par M. Halley & par M. Pingré, fur des obfervations d'Apien, qui ont été reconnues pour défectueufes. Je ne rapporterai que le calcul plus exact fait par M. Douwes.

Longitude du nœud afcendant.	Longitude du périhélie.	Inclinaifon de l'orbite.
4ˢ 5° 44″.	4ˢ 17° 16′ 0″.	35° 49′ 0″.

Diftance périhélie.	Paffage au périhélie; tems moyen à Paris.	Sens du mouvement.
20280.	16 Juin 19h 39′ 0″.	direct.

Elle fût vue depuis la fin de Juin jufqu'au commencement de Septembre, dans le Cocher, Perfée, Caffiopée & le Cigne. Apien l'obferva depuis le 18 Juin dans 3° 40' des Gémeaux, avec une latitude boréale de 32°, jufqu'au 2 du même mois, dans 15° du Taureau, avec une latitude boréale de 43°. Elle avoit une queue très-brillante d'environ 15 degrés.

Comète de 1556.

(414) Cette Comète a été calculée par M. Halley.
Voici ses élémens.

Longitude du nœud ascendant.	Longitude du périhélie.	Inclinaison de l'orbite.
5ˢ 25° 42′ 0″.	9ˢ 8° 50′ 0″.	32° 6′ 30″.

Distance périhélie.	Passage au périhélie ; tems moyen à Paris.	Sens du mouvement.
46390.	21 Avril 20ʰ 12′ 0″.	direct.

Elle parut depuis la fin de Février jusques dans les premiers jours d'Avril. De la Vierge elle s'avança vers le Bouvier, passa près du pôle de l'écliptique dans le Dragon, traversa Céphée, Andromède, & parvint aux étoiles des Poissons, où elle cessa d'être visible.

L'Empereur Charles - Quint crut reconnoître dans cette Comète, un signe céleste qui l'avertissoit de songer à la mort. On a à ce sujet des Vers faits par Mélancton. Quant aux Astronomes, ils n'y ont vu qu'une Comète, dont les élémens ressembloient fort à ceux de la Comète de 1264, & dont la période est probablement de 292 ans ; on croit qu'elle doit reparoître en 1848.

Comète de 1577.

(415) Cette Comète a été calculée par M. Halley.
Voici ses élémens.

Longitude du nœud ascendant.	Longitude du périhélie.	Inclinaison de l'orbite.
0ˢ 25° 52′ 0″.	4ˢ 9° 22′ 0″.	74° 32′ 45″.

Distance périhélie.	Passage au périhélie ; tems moyen à Paris.	Sens du mouvement.
18342.	26 Octob. 18ʰ 54′ 0″.	rétrograde.

Elle fut obfervée par Tycho , depuis le 13 Novembre , dans 7° 15′ du Capricorne , avec 8° 59′ de latitude boréale , jufqu'au 26 Janvier 1578 , dans 20° 55′ des Poiffons , avec 29° 18′ de latitude boréale. Son mouvement apparent étoit direct. Elle parcourut la tête du Sagittaire , d'Antinous , le petit Cheval , & Pégafe , où elle difparut. Elle fut auffi obfervée par le fameux Landgrave de Heffe , Guillaume IV. Suivant Tycho , fon diamètre étoit de 7′.

Comète de 1580.

(416) Cette Comète a d'abord été calculée par M. Halley , d'après des obfervations informes de Mœftlin , & plus exactement enfuite par M. Pingré , d'après les obfervations de Tycho , inconnues à M. Halley. Voici fes élémens.

Longitude du nœud afcendant.	Longitude du périhélie.	Inclinaifon de l'orbite.
♌ 19° 7′ 37″.	♊ 19° 11′ 55″.	64° 51′ 50″.

Diftance périhélie.	Paffage au périhélie ; tems moyen à Paris.	Sens du mouvement.
59553.	28 Nov. 13h 54′ 0″.	direct.

Elle fût obfervée par Tycho depuis le 10 Octobre dans 13° 45′ des Poiffons , avec une latitude boréale de 4° 4′ , jufqu'au 12 Décembre , dans 4° du Sagittaire , avec une latitude boréale de 24°. Sa latitude avoit augmentée jufqu'à 41° 30′ le 12 Novembre , fa longitude étant alors de 19° 54′ du Sagittaire. Elle parcourut la tête de Pégafe , l'Aigle , & une partie du Serpentaire.

Comète de 1582.

(417) Cette Comète a été calculée par M. Pingré ; d'après des obfervations de Tycho. Voici fes élémens.

Longitude du nœud ascendant.	Longitude du périhélie.	Inclinaison de l'orbite.
7ˢ 21° 7′ 20″.	8ˢ 5° 23′ 10″.	61° 27′ 50″.

Distance périhélie.	Passage au périhélie ; tems moyen à Paris.	Sens du mouvement.
22570.	6 Mai 16ʰ 9′ 0″.	rétrograde.

Elle fut observée par Tycho depuis le 12 Mai dans 10° 54′ des Gémeaux, avec une latitude boréale de 15° 11′; jusqu'au 18 du même mois, dans 20° 30′ des Gémeaux, avec une latitude boréale de 21° 15′. Elle eut d'abord un mouvement apparent direct, puis ensuite rétrograde. Lorsque Tycho l'observa, elle étoit dans la constellation du Cocher, & passa très-près de la Chèvre. Elle avoit une queue fort brillante.

Comète de 1585.

(418) Cette Comète a été calculée par M. Halley, d'après les observations de Tycho. Voici ses élémens.

Longitude du nœud ascendant.	Longitude du périhélie.	Inclinaison de l'orbite.
1ˢ 7° 42′ 30″.	0ˢ 8° 51′ 0″.	6° 4′ 0″.

Distance périhélie.	Passage au périhélie ; tems moyen à Paris.	Sens du mouvement.
109358.	7 Octobre 19ʰ 29′ 0″.	direct.

Elle fut observée par Tycho, Rothman & par Guillaume IV, Landgrave de Hesse, depuis le 18 Octobre dans 23° 9′ des Poissons, avec une latitude australe de 13° 52′, jusqu'au 22 Novembre, dans 18° 46′ du Taureau, avec une latitude boréale de 8° 7′. Elle parut d'abord dans la queue de la Baleine, passa près de la brillante du lien des Poissons, traversa la constellation

du Bélier, & disparut dans le dos du Taureau, près de
la constellation de la Mouche. Cette Comète parcourut
environ 49 degrés de grand cercle dans le Ciel, la
ville de Strasbourg est située sous le 49ᵉ degré de latitude ; c'étoit le tems où elle chassoit son évêque, après
avoir embrassé la réforme de Luther. On ne manqua
pas de voir dans cette conformité, un signe certain de
ce qui arrivoit à Strasbourg. Elle parut ronde & sans
aucun vestige de queue, ni de chevelure ; sa circonférence étoit seulement moins lumineuse que le noyau.

Comète de 1590.

(419) Cette Comète a été calculée par M. Halley,
d'après les observations de Tycho. Voici ses élémens.

Longitude du nœud ascendant.	*Longitude du périhelie.*	*Inclinaison de l'orbite.*
5ˢ 15° 30′ 40″.	7ˢ 6° 54′ 30″.	29° 40′ 40″.

Distance périhelie.	*Passage au périhélie ; tems moyen à Paris.*	*Sens du mouvement.*
57661.	8 Février 3ʰ 54′ 0″.	rétrograde.

Elle fut observée par Tycho, depuis le 5 Mars, dans
18° 30′ du Bélier, avec 18° 15′ de latitude boréale, jusqu'au 16 du même mois, dans 5° 15′ des Gémeaux, avec
20° 45′ de latitude boréale. Elle traversa le Poisson boréal, le Triangle boréal, la tête de Méduse, & disparut près du pied de Persée.

Comète de 1593.

(420) Cette Comète a été calculée par M. de la
Caille, dans les Mémoires de l'Académie des Sciences de Paris de 1747, d'après des observations faites
à Zerbst, par un Eleve de Tycho, qu'il nomme
Christiernus Ripensis. Voici ses élémens.

Longitude du nœud ascendant.	Longitude du périhélie.	Inclinaison de l'orbite.
5ˢ 14° 15′ 0″.	5ˢ 26° 19′ 0″.	87° 58′ 0″.

Distance périhélie.	Passage au périhélie ; tems moyen à Paris.	Sens du mouvement.
8911.	18 Juillet 13ʰ 48′ 0″.	direct.

Elle fut observée depuis le 4 Août jusqu'au 3 Septembre ; le 4 Août elle étoit dans 14° 40′ de l'Ecrévisse, avec une latitude boréale de 19° 5 ; le 31 Août elle fut observée dans 7° 22′ du Bélier, avec 60° de latitude boréale ; son mouvement apparent en longitude se fit contre l'ordre des signes. Cette Comète est intéressante par deux circonstances singulieres. La premiere, c'est que c'est avec la Comète observée en 1707, celle dont l'inclinaison de l'orbite sur l'écliptique, soit la plus grande ; la seconde, c'est qu'elle a approché très-près du Soleil dans son périhélie ; cependant la queue de cette Comète n'a pas été fort grande, ni sa lumière fort vive ; elle n'a pas surpassé en éclat les étoiles de la troisième grandeur ; & lorsqu'on a mesuré sa queue, dix-sept jours après son passage par le périhélie, on ne l'a trouvée que de 4° 30′. Elle traversa la Giraffe, Cassiopée & Céphée, où elle disparut.

Comète de 1596.

(421) Cette Comète a d'abord été calculée par M. Halley, sur les observations de Mœstlin, & depuis, plus exactement par M. Pingré, sur des observations manuscrites de Tycho, inconnues à M. Halley. Voici ses élémens.

Longitude du nœud ascendant.	Longitude du périhélie.	Inclinaison de l'orbite.
10ˢ 15° 36′ 50″.	7ˢ 28° 30′ 50″.	52° 9′ 45″.

Distance périhélie.	Passage au périhélie; tems moyen à Paris.	Sens du mouvement.
54941.	8 Août 15ʰ 43′ 0″.	rétrograde.

Elle fut découverte dès le 17 Juillet dans la constellation du Cocher; le 24 elle fut apperçue à Coppenhague par Tycho, près de la première patte de derrière de la grande Ourse; elle fut ensuite observée à Uranibourg, depuis le 27 Juillet dans 20° 58′ du Lion, avec une latitude boréale de 30° 30′, jusqu'au 3 Août dans 2° 53′ de la Vierge, avec 26° 49′ de latitude boréale. Cette Comète, une de celles qui peuvent approcher de l'orbite de la Terre (§. 24 & suivans), traversa la partie du Ciel qui est entre les pattes de derrière de la grande Ourse, & la chevelure de Bérénice.

Comète de 1607.

(422) Cette Comète a été calculée par M. Halley. Voici ses élémens.

Longitude du nœud ascendant.	Longitude du périhélie.	Inclinaison de l'orbite.
1ˢ 20° 21′ 0″.	10ˢ 2° 16′ 0″.	17° 2′ 0″.

Distance périhélie.	Passage au périhélie; tems moyen à Paris.	Sens du mouvement.
58680.	26 Octobre 3ʰ 59′ 0″.	rétrograde.

Cette Comète, la même que nous avons déjà vue en 1456 & en 1531, & que nous retrouverons en 1682 & en 1759, fut observée par Képler, à Prague, depuis le 26 Septembre, dans 18° 30′ du Lion,

avec

avec 35° 30′ de latitude boréale , jusqu'au 26 Octobre
suivant, dans 2° 10′ du Sagittaire, avec une latitude
boréale de 8 degrés. Elle parut d'abord dans la grande
Ourse , traversa les Chiens de chasse la constellation
du Bouvier , & disparut dans le Serpentaire près du
Scorpion. Elle avoit une queue d'environ 7 degrés ;
elle fut aussi observée par Longomontanus , à Mâlmoë
en Suède.

Première Comète de 1618.

(423) Cette Comète a été calculée par M. Pingré.
Voici ses élémens.

Longitude du nœud ascendant.	Longitude du périhélie.	Inclinaison de l'orbite.
9ſ 23° 25′ 0″.	10ſ 18° 20′ 0″.	21° 28′ 0″.

Distance périhélie.	Passage au périhélie ; tems moyen à Paris.	Sens du mouvement.
51298.	17 Août 3ʰ 12′ 0″.	direct.

Elle fut observée par Képler , depuis le 1 Septembre , dans 10° du Lion, avec une latitude boréale de
21° 30′ , jusqu'au 25 Septembre , dans 28° de l'Ectévisse , avec une latitude boréale de 23° 30′. Elle parcourut la tête du petit Lion , & la croupe du Linx.

Seconde Comète de 1618.

(424) Cette Comète a été calculée par M. Halley.
Voici ses élémens.

Longitude du nœud ascendant.	Longitude du périhélie.	Inclinaison de l'orbite.
2ſ 16° 1′ 0″.	0ſ 2° 14′ 0″.	37° 34′ 0″.

Distance périhélie.	Passage au périhélie; tems moyen à Paris.	Sens du mouvement.
37975.	8 Novemb. 12 h 32′ 0″.	direct.

Cette Comète , une de celles qui peuvent approcher le plus près de l'orbite de la Terre (§. 27 , 28 , 76 , 177) , fut apperçue dès le 10 Novembre 1618 , mais elle ne fut observée par Képler , que depuis le 24 Novembre , jusqu'au 20 Janvier 1619. Elle rétrograda depuis 18° 2′ du Scorpion , jusqu'à 20° 50′ de l'Ecrévisse. Au commencement de son apparition , elle étoit presque dans l'écliptique ; le 3 Janvier 1619 , elle avoit 63° 15′ de latitude boréale ; sa latitude diminua ensuite jusqu'au 20 Janvier , jour auquel on cessa de l'observer ; elle avoit alors 58° 30′ de latitude. Elle traversa la Balance , le Bouvier , & disparut au-dessus de la tête de la grande Ourse , près de l'extrêmité de la queue du Dragon. Elle avoit une queue très-grande & très - brillante. Elle fut aussi observée par Longomontanus, Schikard, Cysatus & autres. On trouve en Allemagne des Médailles frappées à l'occasion de cette Comète , avec l'exergue suivante ;

Ardet divini numinis Astrum.

On vit dans cette année , deux Comètes presqu'à la fois , & ce phénomène parut fort singulier ; on a même quelques vestiges d'une troisième Comète , qui parut peu de tems sur notre horizon , & qui s'enfonça tout de suite dans l'hémisphère austral. On prétendit que c'étoit la première Comète qui s'étoit séparée en deux.

Comète de 1652.

(425) Cette Comète a été calculée par M. Halley.
Voici ses élémens.

Longitude du nœud ascendant.	Longitude du périhélie.	Inclinaison de l'orbite.
2ſ 28° 10′ 0″.	0ſ 28° 18′ 40″.	79° 28′ 0″.

Distance périhélie.	Passage au périhélie ; tems moyen à Paris.	Sens du mouvement.
84750.	12 Nov. 15h 49′ 0″.	direct.

Elle fut observée par Hévélius, depuis le 20 Décembre 1652, jusqu'au 8 Janvier 1653, dans le Lievre, le bouclier d'Orion, la tête du Taureau, celle de Méduse, l'épée de Persée & Cassiopée ; elle fut visible jusqu'au commencement de Février.

Comète de 1661.

(426) Cette Comète a été calculée par M. Halley.
Voici ses élémens.

Longitude du nœud ascendant.	Longitude du périhélie.	Inclinaison de l'orbite.
2ſ 22° 30′ 30″.	3ſ 25° 58′ 40″.	32° 35′ 50″.

Distance périhélie.	Passage au périhélie ; tems moyen à Paris.	Sens du mouvement.
44851.	16 Janv. 23h 50′ 0″.	direct.

Elle fut observée par Hévélius, depuis le 3 Février jusqu'au 28 du même mois, sous le Dauphin, dans la tête & l'aîle méridionale de l'Aigle. Ses élémens ressemblent beaucoup à ceux de la Comète de 1532 ; on croit que ces deux Comètes ne sont qu'un seul & même Astre, dont la révolution est d'environ 129 ans, & qui doit reparoître vers 1790.

Comète de 1664.

(427) Cette Comète a été calculée par M. Halley.

Longitude du nœud ascendant.	Longitude du périhélie.	Inclinaison de l'orbite.
2ſ 21° 14′ 0″.	4ſ 10° 41′ 25″.	21° 18′ 30″.

Distance périhélie.	Passage au périhélie ; tems moyen à Paris.	Sens du mouvement.
102575.	4 Décemb. 12h 1′ 0″.	rétrograde.

Elle fut observée depuis le 2 Décembre 1664, jusqu'au 12 Février 1665, par Hévélius, Cassini & autres. Elle parut d'abord rétrograder, depuis 11° 25′ de la Balance, jusqu'à 26° 30′ du Bélier, où elle étoit le 5 Février. Elle parut ensuite directe, depuis le 5 Février jusqu'au 12, où on cessa de la voir ; son mouvement étoit alors fort lent, & elle ne parcourut que 23′ dans cet intervalle de tems. Sa latitude, le 2 Décembre 1664, étoit de 15° 25′ australe. Le 28 Décembre elle avoit une latitude de 49° 30′ australe ; le 12 Février sa latitude étoit de 6° 40′ boréale. Cette Comète avoit une très-belle queue ; elle parut d'abord dans les étoiles du Corbeau, passa au Sud de la Coupe, traversa toute la voilure du Navire, le grand Chien, le Lièvre, l'Eridan, la Baleine, & disparut près des étoiles du Bélier.

(428) Il arriva à l'occasion de cette Comète, un événement qui mérite d'être rapporté. Le célèbre Jean Dominique Cassini l'observa à Rome dans le Palais Chigi en présence de la Reine de Suède, la fameuse Christine. Il se fia tellement à son système sur les Comètes, qu'après les deux premières observations, il traça hardiment à la Reine, sur le Globe céleste, la route que celle-là devoit tenir. Après une quatrième observation, qui fut le 12 Décembre, il assura qu'elle n'étoit pas encore dans sa plus grande proximité de la Terre ; le 23 il osa prédire qu'elle y arriveroit le 29 ; & quoiqu'alors elle surpassât la Lune en vitesse, & sembla devoir faire le tour du Ciel en peu de tems, il

avança qu'elle s'arrêteroit dans Ariès, dont elle n'étoit guère éloignée que de deux Signes ; & qu'après qu'elle y auroit été stationaire, son mouvement y deviendroit rétrograde, par rapport à la direction qu'il avoit eu. Ces prédictions trouverent quantités d'incrédules, qui soutinrent que la Comète échapperoit à l'Astronome, & l'espérerent jusqu'au bout ; après quoi, quand ils virent qu'elle lui avoit été parfaitement soumise, ils dirent qu'il n'y avoit rien de si facile, que ce qu'avoit fait M. Cassini.

(429) Il n'est pas étonnant que M. Cassini ait trouvé des incrédules, dans un tems où les connoissances astronomiques étoient infiniment moins répandues qu'elles ne le sont actuellement ; mais ce qu'il y a de singulier, c'est que la Comète ait suivi une route tracée d'après un système actuellement démontré faux. Comme le mouvement de la Terre influoit beaucoup sur celui de la Comète, la branche de courbe que M. Cassini prenoit pour sa trajectoire, donnoit à-peu-près les mêmes apparences que la courbe qu'il auroit fallu calculer d'après la véritable Théorie.

Comète de 1665.

(430) Cette Comète a été calculée par M. Halley. Voici ses élémens.

Longitude du nœud ascendant.	Longitude du périhélie.	Inclinaison de l'orbite.
7ſ 18° 2′ 0″.	2ſ 11° 54′ 30″.	76° 5′ 0″.

Distance périhélie.	Passage au périhélie ; tems moyen à Paris.	Sens du mouvement.
10649.	24 Avril 5h 24′ 0″.	rétrograde.

Elle fut observée par Hévélius, & par plusieurs autres Astronomes, depuis le 27 Mars jusqu'au 20 Avril.

Le 27 Mars sa longitude étoit dans 4° du Verseau, avec une latitude boréale de 2° ; le 20 Avril elle étoit dans 1° 18′ du Taureau, avec une latitude boréale de 13° 14′. Sa latitude avoit été de 16° 30′ le 6 Avril, dans 14° 21′ des Poissons ; elle avoit une assez belle queue, mais moins brillante que la Comète de 1664.

Elle parcourut la tête du Capricorne, le petit Cheval, Pégase, le bras d'Andromède, le Poisson boréal, & disparut près du Triangle boréal. Suivant M. Cassini, le disque de cette Comète étoit aussi rond, aussi net & aussi clair que celui de Jupiter.

Comète de 1672.

(431) Cette Comète a été calculée par M. Halley. Voici ses élémens.

Longitude du nœud ascendant.	Longitude du périhélie.	Inclinaison de l'orbite.
9ˢ 27° 30′ 30″.	3ˢ 16° 59′ 30″.	83° 22′ 10″.

Distance périhélie.	Passage au périhélie ; tems moyen à Paris.	Sens du mouvement.
69739.	1 Mars 8h 46′ 0″.	direct.

Elle fut observée par Hévélius & par plusieurs autres Astronomes ; depuis le 6 Mars dans 7° du Bélier, avec une latitude boréale de 35° 0 ; jusqu'au 21 Avril, dans 19° des Gémeaux, avec une latitude australe de 9° 55′. Elle traversa Andromède, le pied de Persée, le front du Taureau, & la tête d'Orion.

Comète de 1677.

(432) Cette Comète a été calculée par M. Halley. Voici ses élémens.

Longitude du nœud ascendant.	Longitude du périhélie.	Inclinaison de l'orbite.
7ſ 26° 49′ 10″.	4ſ 17° 37′ 5″.	79° 3′ 15″.

Distance périhélie.	Passage au périhélie; tems moyen à Paris.	Sens du mouvement.
28059.	6 Mai 0h 46′ 0″.	réttrograde.

Elle fut observée par Hévélius, Cassini, Roëmer, & par plusieurs autres Astronomes ; depuis le 29 Avril dans 5° du Taureau, avec une latitude boréale de 12° ; jusqu'au 8 Mai, dans 20° du Taureau, avec une latitude boréale de 15° ; elle parcourut le petit Triangle boréal, & le dessus de la Mouche.

Comète de 1678.

(433) Cette Comète a été calculée par M. Struick, dans sa Cométographie. Voici ses élémens.

Longitude du nœud ascendant.	Longitude du périhélie.	Inclinaison de l'orbite.
5ſ 11° 40′ 0″.	10ſ 27° 46′ 0″.	3° 4′ 20″.

Distance périhélie.	Passage au périhélie ; tems moyen à Paris.	Sens du mouvement.
123801.	26 Août 14h 12′ 0″.	direct.

Elle fut observée à Paris par M. de la Hire, depuis le 11 Septembre, dans 18° 14′ du Verseau, avec une latitude de 0° 14′ australe ; jusqu'au 7 Octobre, dans 14° 54′ des Poissons, avec une latitude australe de 4° 12′. Elle parcourut la partie du Ciel entre la queue du Capricorne & l'eau du Verseau.

Comète de 1680.

(434) Nous voici arrivés à la fameuse Comète de
1680, celle de toutes les Comètes, qui approche le plus
de l'orbite de la Terre vers son nœud descendant (§. 73,
74) , & du Soleil dans son périhélie. Ses élémens ont
été calculés par M. Halley de la maniere suivante.

Longitude du nœud ascendant.	Longitude du périhélie.	Inclinaison de l'orbite.
9ˢ 2° 2′ 0″.	8ˢ 22° 39′ 30″.	60° 56′ 0″.

Distance périhélie.	Passage au périhélie ; tems moyen à Paris.	Sens du mouvement.
612.	18 Déc. 0ʰ 15′ 0″.	direct.

Cette Comète , destinée à faire une des époques les
plus brillantes de l'Astronomie , fut découverte le
14 Novembre 1680 à Cobourg en Saxe , par M. Kirch ;
elle n'avoit rien de remarquable ; elle étoit dans 29° 51′
du Lion , avec une latitude australe de 1° 17′ 45″ ;
elle fut observée le matin , jusqu'au 4 Décembre ,
qu'elle se plongea dans les rayons du Soleil.

Elle reparut ensuite le soir , le 21 Décembre dans
6° 32′ du Capricorne , avec une latitude boréale de
8° 28′ ; mais alors elle avoit une queue très-brillante ,
& d'une étendue très-considérable ; ce qui l'empêcha
quelque tems d'être reconnue pour la même Comète
que celle observée le matin dans le mois de Novembre. M. Cassini étoit encore dans cette opinion en
1699. Elle fut observée jusqu'au 19 Mars , qu'elle
disparut dans 2ˢ 0° 43′ 4″ , avec une latitude boréale
de 11° 45′ 52″ ; le 9 Janvier , jour de sa plus grande
latitude , elle avoit une longitude de 11ˢ 17° 38′ 20″ ,
avec une latitude de 28° 11′ 53″.

Depuis sa seconde apparition , elle parcourut l'Ecu

de Sobieski, les pieds d'Antinous, la queue du Dauphin, Pégase, Androméde, le Triangle boréal, &
disparut entre le pied de Persée & le dos du Taureau.

(435) Dans le tems que cette Comète parut ; l'opinion que ces Astres annoncent des malheurs, étoit
encore généralement répandue dans l'Europe. Rien
n'étoit plus capable d'effrayer que la queue brillante
qu'elle traînoit après elle, & qui s'étendoit à près de
120 degrés. Pour rassurer le Public, Bayle publia ses
pensées sur les Comètes. Il n'osa point fronder trop
ouvertement l'opinion reçue ; il prétendit seulement
que si la chevelure des Comètes annonçoit des malheurs, il n'en étoit pas de même de leurs queues.
Mais ce qui doit intéresser davantage dans l'Histoire
de la Comète de 1680, c'est d'avoir fait éclore les
sublimes recherches de Newton, qui sçut faire de ces
Astres une branche de son système général. Cette brillante découverte eut le sort de toutes les nouveautés,
à qui le tems seul peut imprimer le sceau de la démonstration. Elle eut des contradicteurs même parmi
les Astronomes. M. Cassini persista à penser que la Terre
étoit le centre des mouvemens des Comètes ; & M. Jacques Bernouilli proposa un autre système, d'après lequel la Comète devoit reparoître au mois de Mai 1719.
L'événement n'a point répondu à la prédiction, &
les Comètes sont pour jamais des Astres qui ont le
Soleil pour centre de leurs mouvemens.

(436) M. Whiston a été plus loin au sujet de la
Comète de 1680. Dans sa Théorie de la Terre, il fait
voir que si l'on suppose à cette Comète, une période d'environ 575 ans, on retrouve dans l'Histoire du Monde,
des apparitions formidables de Comètes à ces différentes époques. Sous l'année 1106, on lit dans la
Chronique Saxone, les termes suivans. *Anno Christi
1106, à primâ Septimanâ quadragesima, usque ad
vigilias Palmarum, conspectus est horribilis Cometa....*

Et enfuite…. *Parva vifa eft , & obfcura , fed fplendor qui de eâ exivit , valdè erat clarus ; & quafi ingens trabs , de Orientali & Aquilonari parte claritas ingeffit fe in eam ftellam.*

On rettouve une Comète femblable en 531, fous le regne de l'Empereur Juftinien. *Anno Chrifti 531, Imperii Juftiniani quinto , confpectus eft Cometa , qui ob radios fursùm inftar facis porrectos , κωγκατιας dicebatur.* Si l'on rettanche 575 ans de cette dernière époque, on retrouve la Comète, qui parut à la mort de Jules-Céfar. Enfin la feptième période , depuis 1680 , tombe dans l'année que l'on dit être celle du déluge. Il y a donc grande apparence que la Comète de 1680 a réellement une période de 575 ans, & qu'elle doit reparoître vers 2255. Quant aux effets qu'on lui attribue relativement au déluge , on peut voir ce qui en a été dit (§. 139.)

Comète de 1682.

(457) Cette Comète a été calculée par M. Halley. Voici fes élémens.

Longitude du nœud afcendant.	Longitude du périhelie.	Inclinaifon de l'orbite.
1ſ 21° 16′ 30″.	10ſ 2° 52′ 45″.	17° 56′ 0″.

Diftance périhélie.	Paffage au périhélie ; tems moyen à Paris.	Sens du mouvement.
58328.	14 Sept. 7ʰ 48′ 0″.	rétrograde.

Cette Comète , moins éclatante que la précédente , mais deftinée comme elle à faire époque dans l'Hiftoire de l'Aftronomie , fut obfervée par Hévélius & par les plus célèbres Aftronomes de l'Europe , depuis le 26 Août dans 23° 30′ de l'Ecréviffe , avec une latitude boréale de 21°, jufqu'au 19 Septembre , dans 0° 42′ du Scorpion , avec une latitude boréale de 8° 47′.

Elle parcourut la croupe du Linx, le petit Lion, la chevelure de Bérénice, passa à l'extrémité du pied du Bouvier, & disparut dans les pieds de la Vierge.

(438) La Comète de 1680 avoit donné lieu à M. Newton de développer ses idées relativement à ces Astres. M. Halley frappé de la beauté de cette découverte, entreprit de débrouiller le chaos des anciennes Comètes, & d'appliquer la nouvelle Théorie à toutes celles dont les observations étoient assez exactes pour pouvoir être calculées. Il apperçut bientôt la conformité qu'il y avoit entre les élémens de la Comète de 1682, & les élémens des Comètes observées en 1607, 1531 & 1456 ; il prononça donc que ces quatre Comètes n'étoient qu'un seul & même Astre, dont la révolution étoit d'environ 77 ans, & il osa prédire qu'on la reverroit vers 1759. Sa prédiction a été vérifiée de nos jours. Les légeres différences que l'on trouve entre les élémens de ces Comètes, n'empêcherent point M. Halley de prononcer sur leur identité, & il pensa qu'on devoit les attribuer aux attractions des différens corps, auprès desquels cette Comète avoit passé,

Comète de 1683.

(439) Cette Comète a été calculée par M. Halley. Voici ses élémens.

Longitude du nœud ascendant.	Longitude du périhélie.	Inclinaison de l'orbite.
5ſ 23° 23′ 0″.	2ſ 25° 29′ 30″.	83° 11′ 0″,

Distance périhélie.	Passage au périhélie ; tems moyen à Paris.	Sens du mouvement.
56020.	13 Juillet 2h 59′ 0″.	rétrograde.

Cette Comète, une de celles qui peuvent approcher le plus près de l'orbite de la Terre (§. 29), fut observée par Hévélius & par les plus célèbres Astrono-

mes de l'Europe , depuis le 2 Août dans 5° de l'Ecrévisse , avec 29° de latitude boréale , jusqu'au 4 Septembre dans 2° 35′ du Taureau , avec une latitude
australe de 11° 20′. Elle parcourut une partie du
Linx , le Cocher , la jambe de Persée , passa entre les
Pleyades & la Mouche , & disparut dans la Baleine.

Comète de 1684.

(440) Cette Comète a été calculée par M. Halley.
Voici ses élémens.

Longitude du nœud ascendant.	Longitude du périhélie.	Inclinaison de l'orbite.
8ˢ 28° 15′ 0″.	7ˢ 28° 52′ 0″.	65° 48′ 40″.

Distance périhélie.	Passage au périhélie ; tems moyen à Paris.	Sens du mouvement.
96015.	8 Juin 10h 25′ 0″.	direct.

Elle fut observée par M. Bianchini à Rome. Le 1 Juillet elle étoit dans 11° 18′ de la Balance , avec une latitude boréale de 13° 12′. Le 17 Juillet elle étoit
dans 2° 8′ du Scorpion , avec une latitude boréale de
47° 40′. Elle parcourut la Vierge & le Bouvier , en
dirigeant son mouvement apparent vers la Couronne
boréale. Elle étoit petite & nébuleuse ; ce qui fût
cause qu'elle échappa à presque tous les Astronomes.

Comète de 1686.

(441) Cette Comète a été calculée par M. Halley ;
Voici ses élémens.

Longitude du nœud ascendant.	Longitude du périhélie.	Inclinaison l'orbite.
11ſ 20° 34′ 40″.	2ſ 17° 0′ 30″.	31° 21′ 40″.

Distance périhélie.	Passage au périhélie ; tems moyen à Paris.	Sens du mouvement.
32500.	16 Sept. 14ʰ 42′ 0″.	direct.

Elle fut observée par M. Kirch à Ingolſtat, le 18 & le 19 Septembre, dans les étoiles du Lion ; on l'avoit vue dans les Indes Orientales, dès le 15 Août, un peu au Sud de la ceinture d'Orion. Elle parcourut Orion, la Licorne, la tête de l'Hydre & le Lion. M. Struick ſoupçonne que cette Comète a une période d'environ 174 ans, & qu'elle eſt la même que les Comètes de 1512, 1338, 1165, 990 & 817, dont on connoît les apparitions, ſans avoir pu les ſoumettre au calcul ; ſi cette conjecture eſt fondée, elle devroit reparoître vers 1860.

C'étoit alors le tems des perſécutions que les Proteſtans éprouvoient en France. Ils publierent que toutes les Comètes, dont le nombre s'étoit ſi fort multiplié depuis ſi peu de tems, étoient les avant-coureurs de ces triſtes événemens. On croyoit encore aux pronoſtiques des Comètes.

Comète de 1689.

(441) Cette Comète a été calculée par M. Pingré. Voici ſes élémens.

Longitude du nœud ascendant.	Longitude du périhélie.	Inclinaison de l'orbite.
10ſ 23° 45′ 20″.	8ſ 23° 44′ 45″.	69° 17′ 0″.

Distance périhélie.	Passage au périhélie ; tems moyen à Paris.	Sens du mouvement.
1689.	1 Décemb. 15ʰ 5′ 0″.	rétrograde.

Elle fut vue à Malaca, à Pondicheri, & dans toute

l'Inde ; depuis le 4 Décembre jusqu'au 24 du même mois. Le 8 elle étoit sur le bras du Centaure, de-là elle passa dans le Loup ; le 23 Décembre elle fut vue un peu au Nord-Ouest du pied du Centaure. C'est après la Comète de 1680, celle qui approche le plus du Soleil, dans son périhélie.

Comète de 1698.

(443) Cette Comète a été calculée par M. Halley. Voici ses élémens.

Longitude du nœud ascendant.	Longitude du périhélie.	Inclinaison de l'orbite.
8ſ 27° 44′ 15″.	9ſ 0° 31′ 15″.	11° 46′ 0″.

Distance périhélie.	Passage au périhélie ; tems moyen à Paris.	Sens du mouvement.
69129.	18 Octob. 17ʰ 6′ 0″.	rétrograde.

Elle fut observée par M. Cassini, au commencement de Septembre dans Cassiopée ; elle passa par les épaules & les bras de Céphée, entre le Dragon & le Cigne, par Hercule, le Serpentaire, & disparut dans le Scorpion, vers le 28 Septembre.

Comète de 1699.

(444) Cette Comète a été calculée par M. de la Caille. Voici ses élémens.

Longitude du nœud ascendant.	Longitude du périhélie.	Inclinaison de l'orbite.
10ſ 21° 45′ 35″.	7ſ 2° 31′ 6″.	69° 20′ 0″.

Distance périhélie.	Passage au périhélie ; tems moyen à Paris.	Sens du mouvement.
74400.	13 Janv. 8ʰ 32′ 0″.	rétrograde.

Elle fut observée à Paris par M. Cassini, le 19 Février dans 15° 31′ des Gémeaux, avec une latitude boréale de 37° 25'. Le P. Fontenay l'observa à la Chine, depuis le 17 Février jusqu'au 26 du même mois, depuis Céphée jusques près de la Chèvre. On la vit même jusqu'au 6 Mars. Elle parcourut Céphée, la Reene, la Giraffe & le Cocher.

Comète de 1702.

(445) Cette Comète a été calculée par M. de la Caille. Voici ses élémens.

Longitude du nœud ascendant.	Longitude du périhélie.	Inclinaison de l'orbite.
6ſ 9° 25' 15".	4ſ 18° 41' 3".	4° 30' 0".

Distance périhélie.	Passage au périhélie ; tems moyen à Paris.	Sens du mouvement.
64590.	13 Mars 14h 2' 0".	direct.

Cette Comète, une de celles qui peuvent approcher le plus près de l'orbite de la Terre (§. 54, 55, 77), fut découverte à Rome, le 20 Avril, par M. Bianchini; elle fut observée à Paris & dans tout le reste de l'Europe, jusqu'au 4 Mai. Elle parcourut la Fléche, le rameau d'Hercule, le Serpentaire, & disparut dans le Serpent, près de la main du Serpentaire.

Comète de 1706.

(446) Cette Comète a été calculée par M. de la Caille. Voici ses élémens.

Longitude du nœud ascendant.	Longitude du périhélie.	Inclinaison de l'orbite.
0ſ 13° 11' 40".	2ſ 12° 29' 10".	55° 14' 10".

Distance périhélie.	Passage au périhélie ; tems moyen à Paris.	Sens du mouvement.
42581.	30 Janv. 4h 32' 0".	direct.

Elle fut obſervée par MM. Caſſini & Maraldi, depuis le 18 Mars qu'elle fut découverte, juſqu'au 16 Avril qu'elle diſparut. Le 18 Mars ſon aſcenſion droite étoit de 237° 20', & ſa déclinaiſon ſeptentrionale de 36°; le 16 Avril elle étoit d'un demi-degré plus ſeptentrionale que l'étoile ♄ de la tête de la Vierge, & éloignée en aſcenſion droite d'un degré & demi de la même étoile. Elle paſſa au nord de la Couronne, parcourut le Bouvier, l'aîle de la Vierge, & diſparut vers la tête de la Vierge.

Comète de 1707.

(447) Cette Comète a été calculée par M. de la Caille. Voici ſes élémens.

Longitude du nœud aſcendant.	Longitude du périhélie.	Inclinaiſon de l'orbite.
1ſ 22° 46' 35".	2ſ 19° 54' 56".	88° 36'.

Diſtance périhelie.	Paſſage au périhélie; tems moyen à Paris.	Sens du mouvement.
85974.	11 Déc. 23ʰ 39' 0".	direct.

Elle fut obſervée par MM. Caſſini & Maraldi, depuis le 18 Novembre qu'elle fut découverte, juſqu'au 25 Décembre qu'elle diſparut. Elle parcourut l'eſpace qui eſt entre le bras d'Antinous & le col du Cigne, & paſſa entre l'Aigle, la Fléche & le Dauphin. Le 6 Décembre on la voyoit à la vue ſimple, quoique la Lune fut dans ſon plein. Par une Lunette de 7 pieds elle paroiſſoit grande à-peu-près comme le diſque de Jupiter. Son noyau étoit clair, mais mal terminé. C'eſt de toutes Comètes, celle dont l'orbite eſt la plus inclinée ſur l'écliptique.

Comète de 1718.

(448) Cette Comète a été calculée d'une manière

un

un peu différente , par MM. Struick & de la Caille. Voici ses élémens , suivant ces deux Astronomes.

Longitude du nœud ascendant.	Longitude du périhélie.	Inclinaison de l'orbite.
4ˢ 7° 55′ 20″.	4ˢ 1° 26′ 36″.	31° 12′ 53″.
4 8 43 0.	4 1 30 0.	30 20 0.

Distance périhélie.	Passage au périhélie; tems moyen à Paris.	Sens du mouvement.
102565.	15 Janv. 1h 24′ 36″.	rétrograde.
102655.	14 Janv. 23 48 0.	rétrograde.

Elle fut observée par M. Kirch , depuis le 18 Janvier jusqu'au 5 Février. Le 18 Janvier elle étoit voisine des épaules de la petite Ourse, dans 27° 26′ du Cancer, avec une latitude boréale de 69° 18′ ; elle passa par les pieds de Céphée & par Cassiopée ; elle fut observée pour la dernière fois dans la jambe d'Andromède , dans 1° 39′ du Taureau, avec une latitude boréale de 24° 53′.

Comète de 1723.

(449) Cette Comète a été calculée par M. Bradley. Voici ses élémens.

Longitude du nœud ascendant.	Longitude du périhélie.	Inclinaison de l'orbite.
0ˢ 14° 16′ 0″.	1ˢ 12° 52′ 20″.	49° 59′ 0″.

Distance périhélie.	Passage au périhélie; tems moyen à Paris.	Sens du mouvement.
99865.	27 Sept. 16h 20′ 0″.	rétrograde.

Elle fut découverte à Albano près de Rome , le 17 Octobre , par M. Bianchini , dans la queue du Poisson austral ; elle fut observée le 18 Octobre à Paris , dans les étoiles du Capricorne ; le 19 elle coupa l'écliptique dans 8° du Verſeau. Le 21 elle ſe trouva proche de la plus occidentale des deux étoiles qui ſont dans la main précédente du Verſeau ; elle s'a-vança enſuite vers Antinoüs, traverſa l'équateur le 1 Novembre, avec 301° d'aſcenſion droite, & diſparut le 5 Novembre, dans 3° 47′ du Verſeau, avec une lati-tude boréale de 21° 13′ 20″. On l'avoit obſervée dans l'hémiſphère auſtral, quelque tems avant qu'elle ait été découverte en Europe, auprès de Canopus, dans l'Hidre auſtrale, le Toucan & la Grue.

Comète de 1729.

(450) Cette Comète a été calculée d'une manière un peu différente, par MM. Douwes & de la Caille. Voici ſes élémens ſuivant ces Aſtronomes.

Longitude du nœud aſcendant.	*Longitude du périhélie.*	*Inclinaiſon de l'orbite.*
10ſ 10° 35′ 15″.	10ſ 22° 16′ 53″.	77° 1′ 58″.
10 10 32 37.	10 22 40 0.	76 58 4.

Diſtance périhélie.	*Paſſage au périhélie ; tems moyen à Paris.*	*Sens du mouvement.*
406980.	23 Juin 6h 45′ 22″.	direct.
426140.	25 Juin 11 16 0.	direct.

Elle fut apperçue à Niſmes le 31 Juillet 1729, par le P. Sarabat ; mais elle ne fut obſervée à Paris par M. Caſ-ſini, que depuis la fin d'Août 1729, juſqu'au 21 Janvier 1730. Son mouvement apparent fut d'abord rétrograde ; elle parcourut la tête du petit Cheval, la queue du Dauphin & s'arrêta près de l'Aigle, où elle fut quelque tems ſtationnaire ; ſon mouvement devint enſuite direct, & elle paſſa par la tête du Dauphin, près de laquelle elle diſparut. C'eſt de toutes les Comètes con-nues, celle qui s'éloigne le plus du Soleil, dans ſon périhélie.

Comète de 1737.

(451) Cette Comète a été calculée par M. Bradley.
Voici ses élémens.

Longitude du nœud ascendant.	Longitude du périhélie.	Inclinaison de l'orbite.
7ˢ 16° 22′ 0″.	10ˢ 25° 55′ 0″.	18° 20′ 45″.

Distance périhélie.	Passage au périhélie ; tems moyen à Paris.	Sens du mouvement.
22282.	30 Janvier 8ʰ 30′ 0″.	direct.

Elle fut observée par M. Cassini, depuis le 17 Février, dans 3° 27′ 0″ du Bélier, avec une latitude australe de 4° 24′, jusqu'au 2 Avril, dans 6° 42′ 40″ des Gémeaux, avec une latitude australe de 11° 56′. Elle parcourut le dessus du dos & la tête de la Baleine, & disparut au-dessous des Hyades. La Théorie de M. Newton sur les Comètes, n'étoit pas encore établie en France, d'une manière incontestable. M. Cassini dans un Mémoire sur cette Comète, donne à entendre, qu'il ne seroit point éloigné de la regarder comme un Satellite de la Terre, placé entre les orbites de Mars & de Vénus. Cette Comète paroissoit à la vue simple, comme une étoile de la seconde grandeur.

Comète de 1739.

(452) Cette Comète a été calculée par M. de la Caille. Voici ses élémens.

Longitude du nœud ascendant.	Longitude du périhélie.	Inclinaison de l'orbite.
6ˢ 27° 25′ 14″.	3ˢ 12° 38′ 40″.	55° 42′ 44″.

Distance périhélie.	Passage au périhélie ; tems moyen à Paris.	Sens du mouvement.
67358.	17 Juin 10ʰ 9′ 0″.	rétrograde.

Cette Comète , une de celles qui peuvent approcher de l'orbite de la Terre (§. 31 & 32) , a été observée depuis le 28 Mai jusqu'au 18 Août , par MM. Zanotti & Bradley. Le 28 Mai elle étoit dans 7ⁿ 6′ du Cancer , avec une latitude de 27° 9′ boréale ; le 18 Août elle étoit dans 7° 1′ des Gémeaux , avec une latitude méridionale de 14° 57′. Elle traversa les pieds du Linx, les pieds du Cocher , & disparut dans le bouclier d'Orion.

Comète de 1742.

(453) Cette Comète a été calculée par M. Struick. Voici ses élémens.

Longitude du nœud ascendant.	Longitude du périhélie.	Inclinaison de l'orbite.
6ˢ 5° 34′ 45″.	7ˢ 7° 33′ 14″.	67° 4′ 11″.

Distance périhélie.	Passage au périhélie ; tems moyen à Paris.	Sens du mouvement.
76555.	8 Février 4ʰ 30′ 30″.	rétrograde.

Cette Comète , à l'occasion de laquelle M. de Maupertuis publia sa *Lettre sur la Comète* , fut observée en Europe & à la Chine, depuis le commencement de Mars jusqu'au 6 Mai ; elle avoit une queue d'environ 4 à 5 degrés. Le 4 Mars elle étoit dans 16° 0′ 40″ du Capricorne, avec une latitude boréale de 34° 45′ 37″ ; son mouvement devint très-rapide vers le 14 du même mois, il étoit de près de 18° en longitude , & d'environ 1° en latitude ; le 14 la Comète étoit dans 6° 31′ 50″ des Poissons, avec une latitude de 78° 13′ 20″. Le 6 Mai lorsqu'elle disparut, elle étoit dans 4° 30′ 40″ de l'Ecrévisse, avec une latitude boréale de 48° 35′ 35″. Elle traversa les pieds d'Antinoüs, la queue du Serpentaire , la queue de l'Aigle, passa près de la Lyre , traversa l'extrêmité de l'aîle boréale du Cigne , le ventre du Dragon , le pied de Céphée , la Giraffe , & disparut entre la Giraffe & la tête de la grande Ourse.

Première Comète de 1743.

(454) Cette Comète , une de celles qui peuvent approcher le plus près de l'orbite de la Terre (§. 56, 57, 78 & 178) , a été calculée par M. Struick. Voici ses élémens.

Longitude du nœud ascendant.	Longitude du périhélie.	Inclinaison de l'orbite.
258° 10′ 48″.	3ˢ 2° 58′ 4″.	2° 15′ 50″.

Distance périhélie.	Passage au périhélie; tems moyen à Paris.	Sens du mouvement.
83811.	10 Janv. 21ʰ 24′ 57″.	direct.

Elle fut observée par M. Zanotti , depuis le 12 Février , dans 1° de la Vierge , avec une latitude boréale de 43° 3′, jusqu'au 28 Février , dans 13° de la Vierge , avec une latitude pareillement boréale , de 12° 31′. Elle parcourut la dernière patte de derrière de la grande Ourse, & la queue du Lion.

Seconde Comète de 1743.

(455) Cette Comète a été calculée par M. Klinkenberg. Voici ses élémens.

Longitude du nœud ascendant.	Longitude du périhélie.	Inclinaison de l'orbite.
0ˢ 5° 16′ 25″.	8ˢ 6° 33′ 52″.	45° 48′ 20″.

Distance périhélie.	Passage au périhélie ; tems moyen à Paris.	Sens du mouvement.
52057.	20 Sept. 21ʰ 26′ 0″.	rétrograde.

Elle fut observée par MM. Struick & Klinkenberg,

(458) Pour expliquer le même phénomène , M. Euler a recours à l'impulsion des rayons solaires , sur une atmosphère ou matière quelconque , provenant de la Comète. Cette explication avoit été imaginée autrefois par Képler.

(459) M. le Mairan substitue à la substance qui s'éleve de la Comète , la matière qu'il prétend former la Lumière zodiacale , & dont la Comète s'impreigne suivant lui à l'approche du Soleil. Au reste , l'on ignore absolument la nature , la densité & la force réfractive de ces queues ; l'observation seule peut nous donner quelque lumière sur ce sujet. Comme l'on apperçoit les étoiles à travers de ces queues , il seroit à propos d'examiner si les lieux apparens des étoiles n'en sont point altérés.

Comète de 1747.

(460) Cette Comète a été calculée par M. de Chéseaux. Voici ses élémens.

Longitude du nœud ascendant.	Longitude du périhélie.	Inclinaison de l'orbite.
4^s 26° 58′ 27″.	9^s 10° 5′ 41″.	77° 56′ 55″.

Distance périhélie.	Passage au périhélie; tems moyen à Paris.	Sens du mouvement.
229388.	28 Févr. 11h 54′ 19″.	réttrograde.

Elle fut découverte à Lausanne le 13 Août 1746 , par M. de Chéseaux, dans 5° 16′ 35″ des Poissons , avec une latitude boréale de 23° 17′ 0″ , & observée jusqu'au 5 Décembre de la même année , dans 3° 10′ 38″ du Verseau , avec une latitude australe de 12° 16′ 41″. Elle parcourut la tête de Pégase , la tête & le bras du Verseau, & le Capricorne. Quoique cette Comète ait été obfervée en 1746 , on la met fous la date de 1747 , parce que fon paffage par le périhélie fe rapporte à cette année.

Première Comète de 1748.

(461) Cette Comète a été calculée par M. Maraldi. Voici fes élémens.

Longitude du nœud afcendant.	Longitude du périhélie.	Inclinaifon de l'orbite.
7ˢ 22° 52′ 16″.	7ˢ 5° 0′ 50″.	85° 26′ 57″.

Diftance périhélie.	Paffage au périhélie ; tems moyen à Paris.	Sens du mouvement.
84066.	28 Avril 19h 34′ 45″.	rétrograde.

Elle fut obfervée depuis le 9 Mai , dans 19° 26′ 15″ du Taureau , avec une latitude boréale de 58° 21′ 0″ , jufqu'au 30 Juin , dans 7° 52′ 37″ de l'Ecréviffe , avec une latitude de 49° 6′ 36″. Elle parcourut la partie du Ciel qui eft entre Caffiopée & Céphée , le Reene & le col de la Giraffe.

Seconde Comète de 1748.

(462) Cette Comète a été calculée par M. Struick. Voici fes élémens.

Longitude du nœud afcendant.	Longitude du périhélie.	Inclinaifon de l'orbite.
1ˢ 4° 39′ 43″.	9ˢ 6° 9′ 24″.	56ᵛ 59′ 3″.

Diftance périhélie.	Paffage au périhélie ; tems moyen à Paris.	Sens du mouvement.
65525.	18 Juin 1h 33′ 0″.	direct.

Elle fut obfervée par M. Klinkenberg , depuis le 19 Mai , dans 1° 3′ 18″ du Lion , avec une latitude boréale de 1° 28′ 37″ , jufqu'au 22 Mai feulement , dans 28° 41′ de l'Ecrévisse , avec une latitude méridionale de 5° 47′. Elle parcourut une partie des étoiles de l'Ecrévisse.

Comète de 1757.

(463) Cette Comète a été calculée par M. de la Caille. Voici ses élémens.

Longitude du nœud ascendant.	Longitude du périhélie.	Inclinaison de l'orbite.
7ſ 4° 5′ 50″.	4ſ 2° 39′ 0″.	12° 39′ 6″.

Distance périhélie.	Passage au périhélie; tems moyen à Paris.	Sens du mouvement.
33907.	21 Octobre 9h 42′ 0″.	direct.

Elle fut observée depuis le 15 Septembre , dans 16° 15′ de l'Ecrévisse , avec une latitude boréale de 10° 10′ , jusqu'au 15 Octobre , dans 1° 13′ de la Balance , avec 4° 11′ 40″ de latitude australe. Elle s'éloigna peu de l'écliptique ; elle parcourut la tête des Gémeaux , l'Ecrévisse , le Lion , & disparut dans le bras austral de la Vierge.

Comète de 1758.

(464) Cette Comète a été calculée par M. Pingré. Voici ses élémens.

Longitude du nœud ascendant.	Longitude du périhélie.	Inclinaison de l'orbite.
7ſ 20° 50′ 9″.	8ſ 27° 37′ 45″.	68° 19′ 0″.

Distance périhélie.	Passage au périhélie ; tems moyen à Paris.	Sens du mouvement.
21535.	11 Juin 3h 27′ 0″.	direct.

Elle fut apperçue à Londres le 18 Juin , mais il ne

paroît pas qu'on ait continué de l'obferver en Angleterre.
Le 25 Juillet elle fut apperçue en Saxe, par M. Chrétien
Gartner ; elle étoit alors dans la conftellation du Cocher. Enfin M. Meffier la découvrit à Paris le 14 Août,
& il l'obferva conftamment jufqu'au 2 Novembre. Le
14 Août elle étoit dans 22° 18′ 16″ des Gémeaux, avec
une latitude boréale de 5° 5′ 40″ ; le 2 Novembre elle
étoit dans 28° 5′ 1″ du Taureau, avec 6° 44′ 52″ de
latitude auftrale. Elle parcourut depuis le pied du
Cocher , jufqu'à l'extrèmité de la tête du Taureau.
Elle étoit fort petite à la vue , & elle auroit probablement échappée à un obfervateur moins exercé & moins
affidu que M. Meffier. Nous avons , dans les Mémoires de 1759, un très-beau travail de cet Aftronome,
au fujet de cette Comète. Ce font les déterminations
des différentes étoiles , auprès defquelles la Comète a
paffé. Cette Comète eft la première qui ait fait connoître les talens de M. Meffier ; & s'il n'a pas découvert toutes celles dont nous parlerons par la fuite ,
il n'en eft aucune fur laquelle il n'ait donné de nom-
breufes & d'excellentes obfervations ; fon zèle , & fon
exactitude , lui affurent à jamais un rang diftingué
parmi les Aftronomes. La Comète dont il s'agit ,
avoit été obfervée dès la fin de Mai, par M. de la Nux,
dans l'Isle de Bourbon ; elle étoit alors dans la conftellation d'Orion.

Comète de 1759.

(465) Cette Comète , la même que celle obfervée
en 1456, 1531, 1607 & 1682, a été calculée par
MM de la Caille , la Lande & Maraldi. Voici fes
élémens d'après ces Aftronomes.

Longitude du nœud ascendant.	Longitude du périhélie.	Inclinaison de l'orbite.
1ˢ 23° 49′ 0″.	10ˢ 3° 16′ 0″.	17° 39′ 0″.
1 23 45 35.	10 3 8 10	17 40 14.
1 23 49 21.	10 3 16 20.	17 35 20.

Distance périhélie.	Passage au périhélie ; tems moyen à Paris.	Sens du mouvement.
58349.	12 Mars 13ʰ 41′ 0″.	rétrograde.
58490.	12 Mars 13 59 24.	rétrograde.
58360.	12 Mars 12 57 36.	rétrograde.

(466) Cette Comète , que l'on attendoit depuis long tems , fut d'abord vue en Saxe , par un paysan nommé Palitzch ; il en donna avis au Docteur Hoffman , qui d'après trois observations faites le 25 , le 27 & le 28 Décembre 1758 , en conclut que c'étoit la Comète dont M. Halley avoit prédit le retour ; mais comme ces premières observations ne furent point suivies, on ne doit dater la véritable découverte de cette Comète que du 20 Janvier 1759 , qu'elle fut apperçue par M. Messier. Elle étoit dans les étoiles des Poissons ; elle fut observée le soir par cet Astronome, jusqu'au 14 Février , qu'elle entra dans les rayons du Soleil. Elle en sortit vers la fin de Mars , & put être observée le matin avant le lever du Soleil , jusque vers la fin d'Avril. Comme dans cet intervalle elle avoit passé par le périhélie , sa queue , au commencement de sa réapparition , étoit d'environ 20 degrés , & son noyau fort brillant ; la Comète étoit alors dans les étoiles du Verseau , qu'elle traversa , ainsi que la queue du Capricorne. Elle s'enfonça ensuite dans l'hémisphère austral , où son mouvement apparent devint très-rapide. Elle cessa d'être visible en Europe , jusqu'au commencement de Mai , qu'on la vit reparoître le soir au-dessous

de l'Hidre. Elle parcourut enfin les étoiles de l'Hidre au-deſſous de la Coupe, & diſparut le 19 Juin dans le Limbe du Sextant. Pendant le tems qu'elle étoit dans l'hémiſphère auſtral, elle parcourut l'Indien, le Paon, le Triangle auſtral & le Centaure.

(467) On peut ſe rappeller, à l'occaſion de la Comète de 1682 que M. Halley frappé de la reſſemblance de ſes élémens, avec ceux des Comètes de 1607, 1531 & 1456, n'avoit pas héſité d'aſſurer que ces trois Comètes n'étoient qu'un ſeul & même Aſtre, dont la révolution autour du Soleil, étoit d'environ 77 ans, & qui devoit en conſéquence reparoître vers 1759. Cette brillante découverte lui avoit paru ſi importante, qu'il auroit cru manquer à ſa patrie, en ne faiſant pas remarquer que le Monde ſavant en étoit redevable à un Anglois. Il obſervoit en même tems, que la Comète ayant paſſé près de Jupiter, il étoit naturel de penſer que ſes élémens en pouvoient être altérés dans ſa révolution prochaine ; il croyoit donc que ſa prédiction ne comportoit point une exactitude plus grande, que les limites de quelques mois. Tel étoit l'état des connoiſſances aſtronomiques, relativement à cette Comète, lorſque M. Clairaut entreprit d'y appliquer les formules du Problême des trois corps, & de ſoumettre ſa marche au calcul rigoureux. Je m'écarterois de mon ſujet, ſi je voulois donner l'analyſe de ce travail, dont l'exécution fait autant d'honneur à la France, que la première idée en a pu faire à l'Angleterre. Il ſuffit de ſavoir qu'au moyen des calculs les plus pénibles, M. Clairaut eſt venu à bout de déterminer, à un mois près, la durée de la dernière révolution de la Comète. Suivant cet illuſtre Géomètre, cet Aſtre devoit paſſer par le périhélie vers le 15 Avril 1759 ; il y a réellement paſſé le 12 Mars. M. Clairaut méritoit qu'on lui épargnât les dégoûts inſéparables d'opérations numériques, néceſſairement très-multipliées ; il trouva dans pluſieurs de

ſes amis , & ſurtout dans le zèle de M. de la Lan de
des ſecours , qu'il ne craint point de publier da n ſt
Préface de ſon Ouvrage. Je fus aſſez heureux pou
pouvoir auſſi lui être utile. Au reſte , je ſuis fort éloigné
de révendiquer la moindre partie de ce travail , qui
appartient en entier à M. Clairaut. Des calculs numériques , & quelques déterminations de Planètes , ne
peuvent donner aucun droit à un Ouvrage de génie.

(468) J'ai vu des perſonnes , même éclairées , demander ſi l'on pourra jamais connoître les révolutions
des Comètes. Quoique ce ſoit à la poſtérité , à décider
irrévocablement cette queſtion , j'oſerois en appeller à
la Comète de 1759. Eſt-il poſſible de douter que cet
Aſtre ne tourne autour du Soleil en 77 ans ? Et ſi l'on
a pu déterminer ſa révolution , pourquoi ſeroit-il impoſſible de déterminer celle des autres Comètes ? La
Théorie eſt connue ; c'eſt au tems à faire le reſte.

Première Comète de 1760.

(469) Cette Comète a été calculée par M. de la Caille.
Voici ſes élémens.

Longitude du nœud aſcendant.	Longitude du périhélie.	Inclinaiſon de l'orbite.
2ſ 19° 50′ 45″.	4ſ 18° 24′ 35″.	4° 51′ 32″.

Diſtance périhélie.	Paſſage au périhélie ; tems moyen à Paris.	Sens du mouvement.
96599.	16 D. 1759 21h 13′ 0″.	rétrograde.

Elle fut découverte à Paris le 8 Janvier au ſoir ; elle
paroiſſoit entre les pieds de devant de la Licorne ,
& l'épée d'Orion. On la voyoit à la vue ſimple ;
elle avoit une queue d'environ 4° ; ſon noyau étoit
d'une couleur vive & rougeâtre , environné d'une
grande nébuloſité d'environ 15′ ; ſon aſcenſion droite
étoit de 86° 12′ 27″ , & ſa déclinaiſon de 9° 17′ 44″

auftrale. Le 9 à 9h 43' du foir, fon afcenfion droite étoit de 65° 33' 27", & fa déclinaifon de 2° 9' 7"; de forte que dans l'intervalle du 8 au 9 Janvier, elle avoit parcouru 20° 39' en afcenfion droite, & 7° 8' 57" en déclinaifon. Elle fut obfervée jufqu'au 30 Janvier, qu'elle ceffa d'être vifible; elle avoit alors 28° 54' 40" d'afcenfion droite, & 1° 25' 14" de déclinaifon boréale. Depuis le 8 Janvier jufqu'au 30 du même mois, elle traverfa Orion, l'Eridan au-deffous du Tauteau, la tête de la Baleine & les pieds de devant du Bélier. Elle avoit été vue à Lisbonne, dès le 7 Janvier, par M. l'Abbé Chevalier, fur la coupe du Vaiffeau. Elle paffa très-près de Sirius; elle avoit un mouvement encore plus rapide que celui obfervé à Paris le premier jour de fon apparition; & il y a ap-parence qu'elle a dû être très-belle & très-rapide dans l'hémifphère auftral. Le premier avis que M. de la Caille eut de l'apparition de cette Comète, lui fut donné par M. Turgot, actuellement Contrôleur-Géné-ral des Finances, qui l'avoit découverte. Tout le Public connoît les grands talens & l'intégrité de ce Miniftre; fes amis feuls favent qu'il eft très-profond dans les Sciences naturelles.

Seconde Comète de 1760.

(470) Cette Comète a été calculée par M. de la Caille. Voici fes élémens.

Longitude du nœud afcendant.	*Longitude du périhélie.*	*Inclinaifon de l'orbite.*
4ˢ 19° 39' 24".	1ˢ 23° 24' 20".	78° 59' 22".

Diftance périhélie.	*Paffage au périhélie; tems moyen à Paris.*	*Sens du mouvement.*
79851.	27N.1759 2h 28' 20".	direct.

Elle fut découverte par M. Meffier, le 26 Janvier,

lorsque cet Astronome examinoit le lieu où il avoit observé la Comète de 1759, le 1 Mai de cette même année. Elle étoit placée entre la Coupe & l'Hidre, près de l'étoile ν de cette dernière Constellation. Vue à la lunette, elle paroissoit comme une Nébuleuse; elle avoit alors 160° 56′ 41″ d'ascension droite, & 14° 15′ 46″ de déclinaison australe. La nuit du 5 au 6 Février, la Comète se voyoit à la vue simple; sa lumière égaloit les étoiles de la quarrième grandeur; le noyau paroissoit considérable au télescope, sans cependant être terminé. Elle fut observée jusqu'au 18 Mars, qu'elle avoit 124° 19′ 39″ d'ascension droite, & 44° 19′ 16″ de déclinaison boréale. Depuis le 26 Janvier jusqu'au 18 Mars, elle parcourut la base de la Coupe, le Sextant, le Lion, passa près de Régulus, & cessa d'être visible dans le Linx. Elle traversa l'équateur entre le 30 & le 31 Janvier, & l'écliptique entre le 5 & le 6 Février.

Comète de 1762.

(471) Cette Comète a été calculée par MM. de la Lande, Klinkenberg, Struick & Maraldi. Voici ses élémens suivant ces différens Astronomes.

Longitude du nœud ascendant.	Longitude du périhélie.	Inclinaison de l'orbite.
11ˢ 19° 20′ 0″	3ˢ 15° 15′ 0″	84° 45′ 0″
11 18 35 23.	3 13 42 38.	85 40 10.
11 19 2 22.	3 14 29 46.	85 3 2.
11 18 55 31.	3 15 22 23.	85 22 21.

Distance périhélie.	Passage au périhélie; tems moyen à Paris.	Sens du mouvement.
101240.	28 Mai 1 5h 27′ 0″	direct.
100686.	28 Mai 2 1 0.	direct.
100986.	28 Mai 7 0 49.	direct.
101415.	29 Mai 0 27 48.	direct.

Elle

Elle fut découverte en Hollande, par M. Klinkenberg, le 17 Mai ; elle étoit alors dans 8° 15' des Gémeaux, avec une latitude boréale de 44° 16'. Elle fut observée en France depuis le 28 Mai jusqu'au 5 Juillet qu'elle disparut dans 17° 24' 34" du Lion, avec une latitude boréale de 11° 17' 44". On la voyoit très-distinctement à la vue simple ; son noyau étoit fort brillant quoique mal terminé. Depuis le 17 Mai jusqu'au 5 Juillet, elle parcourut la croupe de la Giraffe, la tête, le dessus du dos, la croupe & la queue du Linx, & la tête du Lion.

Comète de 1763.

(471) Cette Comète, une de celles qui peuvent approcher le plus près de la Terre (§. 33, 34, 35, 79 & 179), a été calculée par M. Pingré. Voici ses élémens.

Longitude du nœud ascendant.	Longitude du périhélie.	Inclinaison de l'orbite.
11ʃ 26° 29' 29".	2ʃ 25° 6' 48".	75° 39' 29".

Distance périhélie.	Passage au périhélie ; tems moyen à Paris.	Sens du mouvement.
49842.	1 Nov. 21ʰ 6' 29".	direct.

Elle fut découverte à Paris par M. Messier, le 28 Septembre au soir, entre ɛ & δ d'Ophiucus ; il crut d'abord que c'étoit une Nébuleuse ; son ascension droite fut estimée de 243° 40', & sa déclinaison de 4° 42' australe. Le lendemain M. Messier s'assura que c'étoit une Comète ; il continua de l'observer autant que le Ciel put le permettre. Le 24 Octobre le noyau paroissoit brillant, d'une couleur blanchâtre & assez bien terminé ; il mesura son diamètre d'environ 11", & l'étendue de la chevelure d'environ 6'. Elle fut observée

jusqu'au 25 Novembre ; son ascension droite étoit alors
de 215° 26′ 30″, & sa déclinaison, de 2° 9′ 37″ australe.
Le mouvement apparent de cette Comète s'est fait
contre l'ordre des signes. Depuis la découverte qu'en
fit M. Messier le 28 Septembre , jusqu'à sa disparition
le 25 Novembre , elle parcourut la constellation du
Serpent , le pied du Bouvier , & cessa d'être visible
près du pied droit de la Vierge. Elle traversa deux fois
l'équateur ; la première fois la nuit du 29 au 30 Septembre ; & la seconde fois , dans l'intervalle du 18 au
25 Novembre. La route apparente de cette Comète est
remarquable par sa courbure. Le 28 Septembre la
Comète étoit à 5° au midi de l'équateur ; elle s'éleva
en trois semaines jusqu'à 17° 30′ de déclinaison boréale ;
& le 18 Novembre elle étoit revenue à 2° au-dessous de
l'équateur. Dans cet intervalle , son mouvement en
ascension droite n'avoit été que de 28 degrés.

Comète de 1764.

(473) Cette Comète , une de celles qui peuvent
approcher le plus près de l'orbite de la Terre (§. 36 &
37) , a été calculée par M. Pingré. Voici ses élémens.

Longitude du nœud ascendant.	Longitude du périhélie.	Inclinaison de l'orbite.
3ˢ 19° 20′ 6″.	0ˢ 16° 11′ 48″.	53° 54′ 19″.

Distance périhélie.	Passage au périhélie ; tems moyen à Paris.	Sens du mouvement.
56418.	12 Févr. 10h 29′ 0″.	rétrograde.

Elle fut découverte par M. Messier, le 3 Janvier au
soir , près de l'étoile θ du Dragon ; elle étoit alors dans
11° 37′ 16″ de la Balance , avec une latitude boréale
de 72° 53′ 48″. On la voyoit distinctement à la vue
simple ; elle égaloit en clarté les étoiles de la troisième
grandeur ; sa queue étoit d'environ 2 degrés. Elle fut

obfervée jufqu'au 11 Février, qu'elle difparut dans
4° 58′ 48″ des Poiffons, avec une latitude boréale de
19° 35′ 38″. Elle parcourut pendant cet intervalle, la
tête du Dragon, le Cigne, le pied auftral de Pégafe,
& difparut vers la tête de Pégafe.

Première Comète de 1766.

(474) Cette Comète a été calculée par M. Pingré.
Voici fes élémens.

Longitude du nœud afcendant.	Longitude du périhélie.	Inclinaifon de l'orbite.
8ſ 4° 10′ 50″.	4ſ 23° 15′ 25″.	40° 50′ 20″.

Diftance périhélie.	Paffage au périhélie ; tems moyen à Paris.	Sens du mouvement.
50533.	17 Février 8ʰ 50′ 0″.	rétrograde.

Elle fut apperçue par M. Meffier le 8 Mars au foir.
Cet Aftronome étoit alors occupé à chercher le Satellite
de Vénus, qu'on prétendoit avoir été vu à Limoges.
Il ne vit point le Satellite ; mais au lieu de cet Aftre,
il apperçut une nouvelle Comète, qui paroiffoit à peu
de diftance de Vénus, & qu'il compara à l'étoile μ du
lien des Poiffons ; elle avoit 0ſ 21° 59′ 27″ de longitude, & 6° 54′ 14″ de latitude boréale. Elle fut
obfervée jufqu'au 15 Mars, foit par M. Meffier, foit
par MM. Chappe & Caffini. Lorfqu'elle difparut, fa
longitude étoit de 0ſ 26° 50′ 44″, & fa latitude de
2° 4′ 44″ boréale. Son mouvement apparent fe fit fuivant l'ordre des fignes ; elle paffa le 10 Mars très-près
de l'étoile μ du lien des Poiffons, & ceffa d'être vifible
près du Bélier. Elle parcourut la partie du Ciel qui
eft entre la queue du plus oriental des Poiffons, & la
conftellation du Bélier.

Seconde Comète de 1766.

(475) Cette Comète a été calculée par M. Pingré.
Voici ses élémens.

Longitude du nœud ascendant.	Longitude du périhélie.	Inclinaison de l'orbite.
1ſ 17° 5′ 0″.	6ſ 25° 15′ 0″.	8° 20′ 0″.

Distance périhélie.	Passage au périhélie ; tems moyen à Paris.	Sens du mouvement.
63860.	16 Avril 17ʰ 30′ 0″.	direct.

Elle fut découverte par MM. Messier & Cassini, le
8 Avril au soir. Son ascension droite étoit alors de
39° 29′ 56″, & sa déclinaison de 25° 12′ 16″ boréale.
Elle paroissoit à la vue simple, quoique près de l'horizon ; elle étoit à peu de distance des Pleyades, au-dessus
de la Mouche. Sa queue étoit d'environ 5 degrés, &
d'une lumière sensible. Son noyau égaloit en éclat, les
étoiles de la troisième grandeur. Elle ne fut observée
que pendant 5 jours, parce qu'elle se plongea dans les
rayons du Soleil ; le 12 Avril, son ascension droite
étoit de 33° 28′ 46″, & sa déclinaison de 21° 39′ 1″
boréale. Son mouvement apparent se fit contre l'ordre
des signes, & elle cessa de paroître près de la tête du
Bélier. Elle fut aussi observée par le P. Helfenzriede à
Dillingen ; & par M. de la Nux, dans l'isle de Bourbon.
On espéra qu'on pourroit revoir cette Comète le matin,
lorsqu'elle se dégageroit des rayons du Soleil ; mais il
ne paroît pas que personne l'ait revue, du moins en Europe ; j'ai cependant entendu dire qu'elle avoit été observée depuis aux isles Malouines.

Comète de 1769.

(476) Cette Comète, une des plus belles que l'on
ait vue depuis long-tems, a été calculée par MM. de

la Lande, Wargentin, Wallot, Cassini, Widder &
Prosperin. Voici ses élémens suivant ces Astronomes.

Longitude du nœud ascendant.	Longitude du périhélie.	Inclinaison de l'orbite.
5ˢ 25° 0′ 43″	4ˢ 24° 5′ 54″	40° 37′ 33″
5 25 6 32	4 24 11 7	40 48 49
5 25 2 25	4 24 14 32	40 42 38
5 25 3 18	4 24 11 8	40 46 32
5 25 13 40	4 24 22 0	40 42 30
5 25 6 32	4 24 11 7	40 48 49

Distance périhélie.	Passage au périhélie; tems moyen à Paris.	Sens du mouvement.
12376.	7 Octobre 12ʰ 30′ 0″	direct.
12272.	7 Octobre 1 58 40	direct.
12298.	7 Octobre 12 26 17	direct.
12258.	7 Octobre 13 13 8	direct.
12280.	7 Octobre 17 46 0	direct.
12272.	7 Octobre 15 1 31	direct.

Elle fut découverte par M. Messier, le 8 Août vers
onze heures du soir ; elle étoit alors dans 5° 32′ 0″ du
Taureau, avec une latitude australe de 1° 29′ 0″.
Elle paroissoit extrêmement foible, avec une légere
nébulosité de quelques minutes d'étendue. Cette
Comète, dans la suite, devint considérable. Le
10 Septembre elle avoit une queue de 60 degrés,
obscurcie dans le milieu, par l'ombre du noyau, jusqu'à la distance de 7 ou 8 degrés. Le 31 Août & le
3 Septembre, M. Messier observa deux jets de lumière,
de 3 degrés d'étendue, qui partoient du noyau, l'un
au-dessus, & l'autre au dessous de la queue. La nuit
du 5 au 6 Septembre, le noyau de la Comète fut

eſtimé d'environ 4′; il étoit mal terminé, & environné d'une atmoſphère, qui s'étendoit à un degré environ. Cette Comète fut obſervée le matin, depuis le 8 Août juſqu'au 15 Septembre, qu'elle ſe plongea dans les rayons du Soleil ; elle avoit alors 4ſ 20° 39′ 17″ de longitude, & 22° 43′ 34″ de latitude auſtrale. Elle parcourut pendant cette première apparition, le Bélier, le Taureau, Orion, la Licorne, & ceſſa d'être obſervée dans l'Hidre, près de l'étoile α.

(477) Les premiers calculs que l'on avoit fait ſur cette Comète, avoient appris qu'elle devoit reparoître le ſoir, lorſqu'elle ſe dégageroit des rayons du Soleil. Elle fut encore découverte par M. Meſſier, le 24 Octobre ; elle avoit alors 7ſ 20° 21′ 35″ de longitude, & 17° 19′ 0″ de latitude boréale ; on la voyoit à la vue ſimple, mais ſa queue n'étoit plus que d'environ 2 degrés. Elle augmenta en lumière juſqu'au 3 Novembre ; elle diminua enſuite juſqu'au 1 Décembre, qu'elle ceſſa de paroître, dans 9ſ 5° 59′ 58″, avec une latitude boréale de 23° 28′ 38″. Elle parcourut pendant cette ſeconde apparition, les conſtellations du Serpent, d'Ophiucus, & ceſſa d'être viſible dans la queue du Serpent, très-près de l'équateur.

(478) Cette Comète, obſervée par un très-grand nombre d'Aſtronomes, donna lieu à différens Ouvrages. M. Caſſini fils publia à cette occaſion, un Mémoire, où il fit voir combien les élémens des Comètes, déterminés d'après des apparitions de peu de durée, ſont incertains. D'un autre côté, M. Léxell établit, d'après M. Euler, que lorſqu'une Comète paroît pendant un intervalle de tems aſſez conſidérable, pour pouvoir rectifier les obſervations, en les comparant entre elles ; il eſt poſſible de calculer ſon mouvement dans l'ellipſe, avec aſſez d'exactitude pour déterminer la révolution de la Comète. Il croit en conſéquence que la révolution de la Comète de 1769 eſt d'un peu

plus de 400 ans ; mais il ne diſſimule point qu'il eſt impoſſible de reſſerrer ces déterminations , dans des limites bien étroites.

(479) Lorſque cette Comète parut, on inſéra dans quelques Papiers publics, que M. Dunn , Aſtronome Anglois, avoit annoncé que cette Comète rencontreroit Vénus. M. de la Lande voulut vérifier ſi cette annonce étoit fondée. Ses calculs lui apprirent que l'annonce, faite probablement ſans l'aveu de celui que l'on en diſoit l'Auteur, étoit précipitée ; & il ne vit aucun fondement à la menace d'une révolution dans le ſyſtême planétaire.

Comète de 1770.

(480) Cette Comète , celle de toutes les Comètes connues qui ait approché le plus près de la Terre , & dont nous avons déjà parlé (§. 46 , 47 , 48 , 49 , 50, 80, 180 & 194), a été calculée par M. Pingré. Voici ſes élémens.

Longitude du nœud aſcendant.	Longitude du périhélie.	Inclinaiſon de l'orbite.
4ˢ 19° 39′ 5″.	11ˢ 25° 27′ 16″.	1° 44′ 30″.

Diſtance périhélie.	Paſſage au périhélie ; tems moyen à Paris.	Sens du mouvement.
63688.	9 Aout oh 16′ 54″.	direct.

Elle fut découverte par M. Meſſier, le 14 Juin au ſoir , entre la tête & l'arc du Sagittaire ; elle paroiſſoit comme une Nébuleuſe. Le 15 Juin M. Meſſier obſerva ſon aſcenſion droite de 272° 57′ 52″, & ſa déclinaiſon de 16° 19′ 5″ auſtrale. Son mouvement n'eut d'abord rien de remarquable , mais il s'accéléra enſuite , & devint d'une rapidité étonnante. Dans l'intervalle du 30 Juin au 1 Juillet, la Comète parcourut 41° 20′ en aſcenſion droite , & 39° 30′ en déclinaiſon. Depuis le 14 Juin juſqu'au 3 Juillet , elle traverſa l'Ecu de

Sobieski, la queue du Serpent, la Voye lactée, la Lyre, un des nœuds du Dragon, Céphée, le Renne & la Giraffe. Elle cessa de paroître le 12 Juillet, entre le Cocher & le Lynx, s'étant alors plongée dans les rayons du Soleil ; elle passa près du pôle de l'écliptique & du pôle de l'équateur. Cette Comète, d'abord très-petite, parut ensuite considérable à la vue simple, ce que l'on doit attribuer à sa grande proximité de la Terre; le diamètre de sa nébulosité fut estimé par M. Messier, d'environ 2° 23′ ; le noyau étoit brillant, d'une lumière blanchâtre, sans être terminé.

(481) Cette première apparition de la Comète avoit donné lieu à M. Pingré de calculer ses éphémérides, pour tout le tems où elle seroit visible ; il s'étoit assuré qu'on pourroit encore la voir le matin, lorsqu'elle se dégageroit des rayons du Soleil. En conséquence M. Messier la chercha dès le 19 Juillet ; mais il ne put la découvrir que le 3 Août. On la distinguoit à la vue simple ; le noyau étoit brillant sans être terminé ; son diamètre paroissoit de 45″, & la nébulosité qui l'environnoit, de 15′. Elle étoit au-dessous de l'écliptique, entre les étoiles ε & ν des Gémeaux, dans la jambe gauche de Pollux, avec une ascension droite de 96° 32′ 25″, & une déclinaison boréale de 22° 29′ 31″. Elle fut observée jusqu'au 3 Octobre ; elle avoit alors 132° 49′ 27″ d'ascension droite, & 16° 26′ 53″ de déclinaison boréale. Son mouvement, lors de cette seconde apparition, se fit suivant l'ordre des signes, & presque parallèlement à l'écliptique ; elle traversa les étoiles des Gémeaux & de l'Écrévisse. C'est de toutes les Comètes connues, celle dont l'orbite est la moins inclinée sur l'écliptique.

(482) Les Astronomes qui ont calculé l'orbite de cette Comète, ont eu beaucoup de peine à faire cadrer les deux branches qu'elle a parcourues, avant & après sa plus grande proximité de la Terre. Quelques-uns

ont penfé que cela pouvoit venir d'un petit dérangement dans les élémens , occafionné par cette proximité.
Je crois avoir fait voir (§. 194) que cette opinion
n'eft pas fondée. Je penferois donc que la difficulté
dont je viens de parler , tiendroit plutôt à une parallaxe dans les lieux obfervés , dont il auroit fallu tenir
compte.

Première Comète de 1771.

(48;) Cette Comète , que l'on pourroit auffi appeller
feconde Comète de 1770 , puifque fon paffage par le
périhélie a eu lieu en 1770 , a été calculée par M. Pingré. Voici fes élémens,

Longitude du nœud afcendant.	Longitude du périhélie.	Inclinaifon de l'orbite.
3ˢ 18° 42′ 10″.	6ˢ 28° 22′ 44″.	31° 25′ 55″.

Diftance périhélie.	Paffage au périhélie ; téms moyen à Paris.	Sens du mouvement.
52824.	22 N. 1770 22ʰ 5′ 48″.	rétrograde.

Elle fut découverte le 10 Janvier par M. Meffier ,
entre la tête de l'Hidre & le petit Chien. On la voyoit
à la vue fimple ; le diamètre de fon noyau étoit de
48″ de degré , & la nébulofité qui l'environnoit , de
18 minutes. Son afcenfion droite étoit alors d'environ
122° 28′ 36″ , & fa déclinaifon boréale de 5° 4′ 46″.
Elle fut obfervée jufqu'au 20 Janvier , jour auquel elle
difparut, avec 72° 47′ 32″ d'afcenfion droite, & 25° 57′ 4″
de déclinaifon boréale. Elle parcourut la partie du Ciel
qui s'étend depuis la tête de l'Hidre , jufqu'à la tête du
Taureau , en paffant par les pieds des Gémeaux & la
maffue d'Orion. Elle avoit été vue en Angleterre le 9
Janvier.

Seconde Comète de 1771.

(484) Cette Comète a été calculée par MM. Pingré & Prosperin. Voici ses élémens.

Longitude du nœud ascendant.	Longitude du périhélie.	Inclinaison de l'orbite.
0ˢ 27° 51′ 0″	3ˢ 13° 28′ 13″	11° 15′ 29″
0 27 49 37.	3 13 48 21.	11 16 44.

Distance périhélie.	Passage au périhélie; tems moyen à Paris.	Sens du mouvement.
90576.	18 Avril 22h 14′ 27″.	direct.
90188.	19 Avril 0 39 34.	direct.

Elle fut découverte à Paris par M. Messier, le 1 Avril, au-dessous & à la droite des Pleyades, entre les étoiles ν & ε de la constellation du Bélier. Le noyau de la Comète étoit très-brillant, d'une lumière vive & blanchâtre, qui égaloit celle de l'étoile ε du Bélier. Elle étoit environnée d'une nébulosité, avec une queue apparente de 2° 30′ de longueur, dirigée vers les Pleyades. Elle avoit ce jour-là sur les 8 heures du soir, 38° 46′ 25″ d'ascension droite, & 20° 16′ 40″ de déclinaison boréale. Elle fut observée par M. Messier jusqu'au 19 Juin, qu'elle cessa de paroître à cause du crépuscule. Son ascension droite étoit alors de 145° 27′ 37″, & sa déclinaison de 18° 46′ 10″ boréale. Son mouvement apparent se fit suivant l'ordre des signes, & fut sensiblement parallèle à l'écliptique. Elle traversa les constellations du Bélier, du Taureau, les pieds du Cocher, les Gémeaux, l'Ectévisse, & cessa de paroître dans le Lion, près de l'étoile ﬡ, au-dessus de Régulus. Elle fut observée à Rouen, par MM. Bouin & Dulague, depuis le 12 Avril jusqu'au 24 Mai; à Stockholm, par M. Wargentin, depuis le 18 Avril jusqu'au 16 Mai; à Marseille, par M. de Saint Jacques, depuis le 22 Avril jusqu'au 17 Juillet.

Comète de 1772.

(485) Cette Comète a été calculée par M. de la Lande. Voici ses élémens.

Longitude du nœud ascendant.	Longitude du périhélie.	Inclinaison de l'orbite.
8ˢ 12° 34′ 5″.	3ˢ 18° 6′ 22″.	18° 59′ 40″.

Distance périhélie.	Passage au périhélie ; tems moyen à Paris.	Sens du mouvement.
101814.	18 Févr. 20h 50′ 35″.	direct.

Elle fut découverte à Limoges par M. Montaigne, le 8 Mars vers 7 heures du soir ; elle paroissoir près de l'étoile μ de l'Eridan. M. Messier l'observa le 26 Mars au soir, après l'avoir cherché pendant plusieurs jours, sans pouvoir la découvrir. Elle paroissoit entre le baudrier d'Orion & Syrius ; elle étoit d'une lumière très-foible, sans apparence de noyau ni de queue. Ce n'étoit qu'un simple petit nuage, que les meilleurs instrumens pouvoient à peine faire appercevoir. Elle fut vue pour la dernière fois le 3 Avril.

Comète de 1773.

(486) Cette Comète a été calculée par M. Pingré. Voici ses élémens.

Longitude du nœud ascendant.	Longitude du périhélie.	Inclinaison de l'orbite.
4ˢ 1° 15′ 37″.	2ˢ 15° 35′ 43″.	61° 25′ 21″.

Distance périhélie.	Passage au périhélie ; tems moyen à Paris.	Sens du mouvement.
113390.	5 Sept. 11h 18′ 45″.	direct.

Elle fut découverte par M. Messier, le 13 Octobre

1773, vers 5 heures du matin, dans le tems que cet Astronome observoit la disparition de l'anneau de Saturne, arrivée ce même jour. Après avoir examiné Saturne, il parcourut le Ciel aux environs de cette Planète, avec une lunette de deux pieds. Il découvrit à peu de distance de Saturne, entre cette Planète & Régulus, dans une des pattes du Lion, une Comète qui commençoit à paroître; elle étoit très-foible, & ne pouvoit encore être apperçue à la vue simple. Le noyau peu apparent, & d'une lumière blanchâtre, étoit environné d'une légere nébulosité. Son ascension droite étoit alors de 153° 40′ 44″, & sa déclinaison boréale de 6° 57′ 59″. Cette Comète, pendant toute son apparition, parut toujours extrêmement petite. A peine put-on la voir à la vue simple. Elle fut observée jusqu'au 14 Avril 1774; elle avoit ce jour-là 184° 2′ 27″ d'ascension droite, & 68° 40′ 4″ de déclinaison boréale. On ne la voyoit plus que sous la forme d'un petit nuage de couleur blanchâtre.

(487) Le mouvement apparent de cette Comète, s'est fait suivant l'ordre des signes, depuis le 13 Octobre jusqu'au 11 Février, jour auquel la Comète commença à rétrograder. Elle traversa l'écliptique le 20 Octobre; & au mois d'Avril elle n'étoit plus qu'à 20° du pôle boréal de l'équateur. Pendant la durée de son apparition, elle parcourut le Lion, la chevelure de Bérénice, les Lévriers, la queue de la grande Ourse, passa très-près de l'étoile ν de cette constellation; & cessa d'être visible à l'extrêmité de la queue du Dragon.

Comète de 1774.

(488) Cette Comète fut découverte à Limoges le 11 Août, par M. Montaigne. Il l'apperçut sur le dos du Renne, entre l'étoile polaire & la constellation de Cassiopée. L'Académie en eut connoissance le 17 du même mois; M. Messier se mit à la chercher le même

foir, avec des lunettes ordinaires, fans pouvoir la découvrir. Il abandonna ces inftrumens, & employa à
cette recherche, une excellente lunette achromatique de
trois pieds & demi de foyer; il la découvrit le 18 fur les
10 heures du foir. Elle paroiffoit dans le même endroit
du Ciel où M. Montaigne avoit commencé à la voir.
Sa lumière étoit extrêmement foible; fon noyau environné d'une légère nébulofité, avoit 5 ou 6 minutes
de diamètre. Depuis cette époque M. Meffier n'a
point ceffé de l'obferver, jufqu'au moment où cet article
s'imprime. Voici le réfultat de fes obfervations.

Tems moyen.		Latitude de la Comète.			Longitude de la Comète.		
19 Août	9ʰ 21′	60° 30′	0″		61° 45′	0″	
23	10 1	60 32	0		56 49	36	
27	8 54	60 16	18		50 58	7	
4 Septemb.	8 8	58 6	44		36 6	15	
9	8 13	55 3	42		24 56	13	
11	10 58	53 6	20		20 3	2	
17	7 44	45 44	4		7 13	17	
20	8 8	40 41	40		1 11	8	
23	7 54	35 9	50		355 53	33	
25	7 7	31 19	14		352 47	38	
30	7 13	21 20	22		346 9	38	
1 Octobre	7 22	19 24	6		345 1	55	
9	7 3	5 37	4		338 6	42	
11	8 46	2 38	20		336 47	7	
12	9 0	1 18	50		336 13	52	

M. Meffier croit que les obfervations des 9 &
25 Septembre, & 9 Octobre, font les plus exactes;

la Comète ayant été comparée ces jours-là , à des étoiles bien connues.

On voit par-là que le mouvement apparent de cette Comète se fait contre l'ordre des signes ; que depuis le commencement de son apparition , elle a parcouru le Reene , le bras de Céphée , la chaîne d'Andromède , Pégase , & l'eau du Verseau. Si l'on interpolle les dernières observations , on verra que la Comète a été sans latitude , le 13 Octobre à 9^h 1′ tems moyen à Paris , avec une longitude de 335° 40′ 54″.

(489) On a déjà conclu de ces observations, trois systêmes d'élémens ; le premier , en combinant les observations des 19 Août , 4 & 20 Septembre ; le second , en combinant celles des 23 Août , 11 Septembre & 1 Octobre ; & le dernier enfin , en prenant un milieu entre les deux premiers systêmes. Voici ces élémens.

Longitude du nœud ascendant.	Longitude du périhélie.	Inclinaison de l'orbite.
6ʳ 0° 57′ 26″.	10ʳ 16° 27′ 57″.	82° 47′ 40″.
6 0 50 13.	10 16 48 24.	82 48 38.
6 0 54 0.	10 16 38 0.	82 48 0.

Distance périhélie.	Passage au périhélie ; tems moyen à Paris.	Sens du mouvement.
142530.	14 Août 4^h 20′ 0″	direct.
142530.	14 Août 17 56 0.	direct.
142530.	14 Août 12 0 0.	direct.

Avec les derniers élémens , on a déterminé les différences suivantes entre les lieux calculés & les lieux observés.

Tems moyen.	Différences en longitude.	Différences en latitude.
19 Août... 9ʰ 21′....	+ 1′ 9″....	+ 4′ 26″
23 ....10 1....	+ 5 2	— 0 41
4 Sept.... 8 8....	— 3 52	+ 3 41
11 ....10 58....	— 1 50	+ 2 5
20 .... 8 8....	— 10 5	— 3 40
1 Octob... 7 22....	+ 10 25	+ 7 9

Si , comme M. Messier le soupçonne, il y avoit moins d'exactitude dans son observation du 20 Septembre que dans les autres , peut-être faudroit-il s'en tenir au second système d'élémens , qui rejetteroit toute l'erreur sur cette observation. Au reste on ne pourra compter sur des élémens absolument exacts , que lorsque les positions des étoiles auxquelles la Comète a été comparée, auront été vérifiées , & qu'on emploiera des observations faites après le passage par le nœud.

(490) Dans les Notices précédentes , & en général dans tout cet Ouvrage , j'ai toujours entendu par la longitude du périhélie , la longitude comptée dans l'orbite de la Comète. J'aurois dû, peut-être, l'appeller le lieu du périhélie ; mais cela revient absolument au même , pourvu que les termes soient bien définis.

Récapitulation des Notices précédentes.

(491) Si l'on ne compte que pour une seule & même Comète, celles des années 1456, 1531, 1607, 1681 & 1759, ainsi que cela est démontré ; que l'on ne compte pareillement que pour une seule Comète, celles de 1264 & 1556, & celles de 1532 & 1661 , ainsi que cela est très-probable ; on connoît en tout soixante-trois Comètes, dont on ait déterminé les orbites , en y comprenant même la Comète de 1774 que

l'on obferve encore. De ces foixante-trois Comètes , trente-cinq font directes, & vingt-huit font rétrogrades. Ainfi le rapport des Comètes directes aux Comètes rétrogrades , égale $\frac{5}{4}$. Si l'on fuppofe que les Comètes aient été lancées au hazard dans l'efpace , ce rapport doit peu s'éloigner de l'unité ; ce qui s'accorde affez bien avec l'obfervation.

(492) Des foixante-trois Comètes calculées , neuf ont leurs orbites inclinées depuis 0° jufqu'à 10° ; fept depuis 10° jufqu'à 20° ; trois depuis 20° jufqu'à 30° ; huit depuis 30° jufqu'à 40° ; cinq depuis 40° jufqu'à 50° ; cinq depuis 50° jufqu'à 60° ; dix depuis 60° jufqu'à 70° ; neuf depuis 70° jufqu'à 80° ; fept enfin depuis 80° jufqu'à 90°. Dix feulement ont leurs diftances périhélies plus grandes que la moyenne diftance de la Terre au Soleil ; cinquante-trois ont leurs diftances périhélies plus petites. Si l'on ajoute l'inclinaifon de toutes les Comètes , & que l'on divife cette fomme , par le nombre des Comètes obfervées , on aura pour inclinaifon moyenne , 46° 16'. En fuppofant que les Comètes ayent été lancées au hazard dans l'efpace , cet angle doit peu différer de 45° , ce qui s'accorde très-bien avec l'obfervation.

(493) Il paroit donc que dans notre fyftême planétaire , il n'exifte point de caufe générale qui faffe mouvoir les corps céleftes dans un fens plutôt que dans un autre , ni dans un plan déterminé. Si donc l'on obferve que les Planètes & leurs Satellites fe meuvent dans le même fens , & à très-peu près dans le même plan , ce phénomène fingulier tient à des caufes particulières qui nous font inconnues , mais qui font indépendantes du fyftême général de l'Univers.

(494) En comparant les orbites des différentes Comètes , on voit qu'elles fe confondent fenfiblement avec des paraboles , dans les points de leurs trajectoires que l'on peut obferver ; ce qui prouve que leurs orbites

font

font ou des ellipfes très-allongées, ou des hyperboles très-approchantes de la parabole, ou même des paraboles. Ce phénomène paroît très-fingulier, lorfqu'on le foumet au calcul des probabilités ; car il y a une infinité de dégrés de vîteffes qui donnent des hyperboles fenfibles aux obfervations, contre un nombre fini qui donne des orbites approchantes de la parabole. Pour rendre raifon de ce phénomène, ne peut on pas dire que, fi primitivement il y a eu des Comètes qui ayent décrit autour de notre Soleil, des hyperboles fenfibles, elles ont dû par cela même, totalement difpatoître de notre fyftême planétaire, pour fe fixer autour des Soleils, qui par les circonftances particulières du mouvement, & leur force attractive plus grande, les auront forcées de circuler autour d'eux dans l'ellipfe ? Par ce qui a été démontré précédamment, ces ellipfes doivent être fort allongées, relativement aux Comètes qui approchent du Soleil, & conféquemment fe confondre fenfiblement avec des paraboles, vers le périhélie.

(495) Voilà à-peu-près ce que l'on fait fur les Comètes, à l'inftant où cet Ouvrage s'imprime. Ceux qui voudront avoir de plus grands détails fur leurs apparitions, pourront confulter les Ouvrages de Tycho, Hévélius, Riccioli, Whifton, Halley, M. le Monnier, M. de la Lande, les différens Mémoires des Académies, & la Cométographie de M. Struick. Il feroit à défirer que ce dernier Ouvrage fût traduit dans une Langue plus généralement répandue, que celle dans laquelle il a été compofé. On peut auffi confulter l'Ouvrage de Lubiénitz ; quoique cet Auteur n'ait eu d'autre but que de prouver qu'il n'y avoit point eu de grands défaftres fans Comètes, & de Comètes fans grands défaftres. Il a confervé la Notice des Comètes, de la même manière, à-peu-près, que l'Aftrologie judiciaire a tranfmis les principes de la véritable Aftronomie.

(496) Je finis en formant les vœux les plus sincères, pour que les occupations de M. Pingré lui permettent de publier au plutôt le Traité, dans lequel ce savant Astronome nous donnera l'Histoire & les Observations des Comètes, dans le plus grand détail. Cet Ouvrage ne peut manquer d'être excellent; on peut juger de la manière dont il est exécuté, par la théorie particulière de la Comète de 1264, qui en fait partie, & que M. Pingré a insérée dans les Mémoires de l'Académie des Sciences de Paris, de l'année 1760.

Méthode relative à celles des §. 373, 374 & 375.

(497) Nous avons dit (§. 373) qu'une des méthodes en usage parmi les Astronomes, pour déterminer les élémens d'une Comète, consistoit à supposer connues deux des dix variables du Problème, au moyen desquelles on pouvoit toujours avoir un système d'élémens hypothétiques, qui satisfait à huit des dix équations qui doivent être nulles à la fois; qu'il falloit ensuite porter ces élémens dans les deux équations dont on n'a point fait usage, & que si ces équations, que l'on peut appeller *équations de condition*, sont encore satisfaites, l'hypothèse est vraie; que si au contraire ces équations ne sont point satisfaites, il falloit essayer une nouvelle hypothèse, jusqu'à ce que l'on rencontre à la fin celle qui satisfait à toutes les équations. Voici une méthode connue, qui peut faciliter la recherche de cette hypothèse, lorsqu'on approche d'avoir les véritables valeurs. Soit

> A la valeur d'un des deux élémens supposés connus;
>
> B la valeur de l'autre élément;
>
> φ la quantité à laquelle est égale l'une des deux équations de condition, dans l'hypothèse précédente;
>
> Ω la quantité à laquelle est égale l'autre équation de condition, dans la même hypothèse.

Supposons maintenant que A varie de la quantité a, le second élément restant le même que ci-dessus ; que par conséquent l'on ait A $+ a$ pour valeur du premier élément, & B pour valeur du second élément ; que de plus dans la même hypothèse, la première équation de condition soit égale à $\varphi + m$; que la seconde équation soit égale à $\Omega + n$. Supposons ensuite que le premier élément ne variant point, B varie de la quantité b ; que par conséquent l'on ait A pour valeur du premier élément, & B $+ b$ pour valeur du second ; que de plus dans la même hypothèse, la première équation de condition soit égale à $\varphi + m'$, & la seconde à $\Omega + n'$.

Soit enfin

A $+ d$A la véritable valeur du premier élément ;
B $+ d$B la véritable valeur du second élément.

Puisque la variation a du premier élément a fait varier la première équation de condition de la quantité m, & la seconde équation de la quantité n ; il est clair que la variation dA du premier élément, fera

varier la première équation de la quantité $\dfrac{m\,d\mathrm{A}}{a}$, &

la seconde équation, de la quantité $\dfrac{n\,d\mathrm{A}}{a}$. Par la même

raison, puisque la variation b du second élément a fait varier la première équation de condition de la quantité m', & la seconde équation de la quantité n', la variation dB du second élément, fera varier la pre-

mière équation de condition, de la quantité $\dfrac{m'\,d\mathrm{B}}{b}$, &

la seconde équation de la quantité $\dfrac{n'\,d\mathrm{B}}{b}$. Maintenant

puisque les deux équations de condition doivent être nulles, il faut que la somme des deux variations rela-

tives à chacune de ces deux équations, soit respectivement égale à $- \varphi$ & à $- \Omega$; on doit donc avoir

$$\frac{m\,dA}{a} + \frac{m'\,dB}{b} + \varphi = 0; \qquad \frac{n\,dA}{a} + \frac{n'\,dB}{b} + \Omega = 0;$$

d'où l'on tire,

$$dA = \frac{a\,(m'\,\Omega - n'\,\varphi)}{m\,n' - m'\,n}; \qquad dB = \frac{b\,(n\,\varphi - m\,\Omega)}{m\,n' - m'\,n}.$$

*Usage des formules du §. 375, pour déterminer d'après
la seule première observation, les mouvemens apparens d'une Comète dont on connoît déjà les élémens.*

(498) Les équations du §. 375 fournissent un
moyen bien facile pour déterminer, par la seule
première observation, les mouvemens d'une Comète
dont on a déterminé les élémens, d'après ses apparitions précédentes. En effet, par la supposition, l'on
connoît tous les élémens de la Comète, & par conséquent la distance périhélie, la longitude du périhélie dans l'orbite, la longitude du nœud ascendant,
l'inclinaison de l'orbite, le sens du mouvement ; on
connoît de plus l'angle du rayon vecteur de la Terre
avec la ligne des nœuds, à l'instant de l'observation.
On déterminera donc, au moyen de la première
équation du §. 375, l'angle du rayon vecteur de la
Comète avec la ligne des nœuds à l'instant de l'observation. On pourra donc conclure son anomalie,
& par conséquent l'instant où elle doit passer par le
périhélie.

*Usage des équations des §. 385, & suivans, pour
déterminer les dimensions de la parabole de projection
sur l'écliptique.*

(499) Je terminerai cet ouvrage, en faisant voir
comment on peut conclure des équations des §. 385
& suivans, les dimensions de la parabole de projection sur l'écliptique. Soit

R le rayon vecteur de la parabole décrite
par la Comète ;

R′ le rayon vecteur correspondant, dans la
parabole projettée ;

u l'angle traversé depuis le passage par la
ligne des nœuds, dans la parabole ;

v l'angle traversé correspondant, dans la
parabole projettée ;

I l'inclinaison du plan de l'orbite de la
Comète, sur l'écliptique ;

D la distance périhélie de la Comète ;

β la différence en longitude du nœud ascendant & du périhélie, dans l'orbite de la
Comète ;

r le sinus total.

Nous avons vu que l'équation à la trajectoire de
la Comète, considérée comme parabole, est

$$R\, r^2 + R \cos. u \cos. \beta - R \sin. u \sin. \beta - 2\, D\, r^2 = 0.$$

D'ailleurs

$$R \cos. u = R' \cos. v ;$$

$$R \sin. u \cos. I = R' r \sin. v ;$$

$$R^2 r^2 \cos^2. I = R'^2 (\cos^2. v \cos^2. I + r^2 \sin^2. v).$$

On a donc pour équation à la parabole de projection
sur l'écliptique, en prenant le Soleil pour pôle, & la
ligne des nœuds pour l'origine des angles traversés,

$$R'^2 (\cos. v \sin. \beta \cos. I + r \sin. v \cos. \beta)^2$$

$$+ 4\, R'\, D\, r^2 \cos. I\, (\cos. v \cos. \beta \cos. I$$

$$- r \sin. v \sin. \beta) - 4\, D^2\, r^4 \cos^2. I = 0.$$

(500) Il est aisé de tirer de l'équation précédente, la
position du diamètre passant par le Soleil. En effet si
l'on mène le rayon vecteur dans le parallélisme du
diamètre, son expression doit être infinie ; on a donc
pour déterminer cette position, l'équation suivante

$$\cos. v \sin. \beta \cos. I + r \sin. v \cos. \beta = 0 ;$$

Y iij

d'où l'on connoîtra la valeur particulière de v qui donne la position du diamètre cherché.

(501) On déterminera pareillement le parallélisme des ordonnées à ce diamètre. En effet ce parallélisme est déterminé par la position qui donne des valeurs égales pour le rayon vecteur ; on a donc

$$\mathrm{cof.}\ v\ \mathrm{cof.}\ \beta\ \mathrm{cof.}\ \mathrm{I} - r\ \mathrm{fin.}\ v\ \mathrm{fin.}\ \beta = 0\ ;$$

d'où l'on connoîtra la valeur particulière de v qui donne le parallélisme des ordonnées à ce diamètre.

(502) Il est également aisé de voir que l'ordonnée au diamètre passant par le Soleil, a pour expression

$$\mathrm{R} = \pm\ \frac{2\,\mathrm{D}\,\mathrm{cof.}\ \mathrm{I}}{r} \times \frac{\mathrm{cof.}\ \beta}{\mathrm{fin.}\ v}\ ;$$

l'angle v étant déterminé par l'équation du §. 501 ; d'ailleurs la distance du Soleil au sommet du diamètre, a pour expression

$$\mathrm{R} = -\ \frac{\mathrm{D}\,\mathrm{cof.}\ \mathrm{I}\,\mathrm{fin.}\ \beta}{r\,\mathrm{fin.}\ v'}\ ;$$

l'angle v' étant déterminé par l'équation du §. 500. On aura donc pour expression du paramètre du diamètre

$$\mathrm{Paramètre} = \frac{4\,\mathrm{D}\,\mathrm{cof.}\ \mathrm{I}\,\cos^2.\ \beta\,\mathrm{fin.}\ v'}{r\,\mathrm{fin.}\ \beta\,\mathrm{fin}^2.\ v}.$$

Toutes les dimensions de la parabole de projection, sont maintenant connues. La distance du foyer au sommet du diamètre, est égale au quart du paramètre ; cette distance étant prise d'ailleurs sur une ligne, qui fait avec le diamètre, un angle double de l'angle du diamètre avec ses ordonnées.

$$F\ I\ N.$$

Extrait des Regiſtres de l'Académie Royale des Sciences.

Du 17 Août 1774.

Nous Commiſſaires nommés par l'Académie, MM D'Alembert, Bézout, Vandermonde & moi (a), avons examiné un Ouvrage de M. Du Séjour, qui a pour titre : *Eſſai ſur les Comètes qui peuvent approcher de l'Orbite de la Terre*. Avant que d'en rendre compte, nous croyons devoir rapporter en peu de mots, les circonſtances qui l'ont fait naître.

Depuis que Newton eut découvert que les Comètes étoient ſoumiſes, comme les Planètes & leurs Satellites, aux loix de la péſanteur univerſelle, & qu'elles décrivoient autour du Soleil, des orbites plus ou moins allongées ; ces corps, auparavant la terreur du monde, ceſſerent de l'épouvanter. Mais en devenant indifférens pour le vulgaire, ils furent d'autant plus intéreſſans aux yeux des Philoſophes. La détermination de leurs orbites, la théorie de leurs mouvemens, & la prédiction de leurs retours, exercerent la ſagacité des Géomètres & des Aſtronomes. La Philoſophie ſpéculative crut y trouver la raiſon de pluſieurs phénomènes extraordinaires que nous offre la Nature, & l'Hiſtoire des Siécles reculés. Elle imagina que quelques-unes des Comètes ont approché aſſez près de la Terre, pour la bouleverſer de fond en comble, ſoit par le choc, ou en l'inondant au moyen de leurs queues, ou par l'exceſſive chaleur qu'elles peuvent acquérir dans leur paſſage par le périhélie ; ou enfin en agiſſant puiſſamment ſur elle, en vertu de leur force attractive.

(a) M. de la Place.

C'est ainsi que Whiston, célèbre Astronome Anglois, prétendit expliquer le déluge, par l'inondation de la queue d'une Comète, qu'il croit être la même que la fameuse Comète de 1680, qui, de toutes celles que nous connoissons, paroît avoir le plus approché de l'orbite terrestre.

Pour que l'action d'une Comète sur la Terre puisse y produire des changemens considérables, il faut supposer qu'elle en passe fort près; sans cela sa vitesse & la petitesse de sa masse, rendroient son effet insensible. Il étoit donc intéressant d'examiner si parmi les Comètes, dont les élémens sont connus, il n'en est aucune qui puisse approcher de la Terre. C'est ce que se proposa M. DE LA LANDE, dans un Mémoire destiné à être lu dans l'Assemblée publique d'après Pâques 1773. Les circonstances ne lui permirent pas d'en faire la lecture; mais l'objet du Mémoire, communiqué par l'Auteur à quelques Amis, & par ceux-ci à d'autres personnes, dénaturé par l'ignorance & la peur, se répandit dans le Public. L'Académie se rappelle l'impression générale de terreur qu'il produisit dans cette Capitale, & de-là dans les Provinces; soit que la frayeur des hommes pour les Comètes ne soit pas encore bien éteinte, ou, ce qui est plus vraisemblable, parce que le vulgaire ignorant & timide, n'ayant d'autre raison pour se rassurer contre les phénomènes un peu singuliers de la nature, que l'exemple & l'autorité des personnes éclairées, s'allarme aisément, lorsqu'il se persuade qu'elles ont annoncé quelqu'évément fâcheux.

Pour tranquilliser le Public, & se justifier en même tems des assertions ridicules qu'on lui imputoit, M. DE LA LANDE publia son Mémoire. La sensation qu'il fit, jointe à l'intérêt de son objet, réveilla l'attention des Géomètres, & particulièrement celle de M. DU SÉJOUR. Il se proposa d'éclairer cette matiere du flambeau de l'analyse; & c'est ce qui a donné lieu à l'Ouvrage dont nous allons rendre compte à l'Académie.

Cet Ouvrage est précédé d'un Discours, dans lequel l'Auteur rend compte de son travail. Quant à l'Ouvrage même, il est divisé en onze Sections, que nous allons parcourir successivement. Dans la première, M. Du Séjour détermine les conditions qui doivent avoir lieu pour qu'une Comète coupe l'orbite de la Terre; & la distance de la Comète au Soleil, lorsqu'elle traverse le plan de l'écliptique. Ce Problême fondamental est résolu d'une manière fort simple, pour le cas général d'une orbite parabolique, hyperbolique, ou elliptique. Parmi toutes les Comètes connues, il n'en est aucune qui coupe exactement l'orbite de la Terre; mais il en existe plusieurs qui rempliroient cette condition, si l'on altéroit un peu les élémens de leurs orbites. Or on sçait que ces orbites ne sont point invariables, & que l'action des corps qui circulent autour du Soleil, peut y produire des altérations sensibles. M. Du Séjour examine conséquemment dans la seconde Section, les changemens que doit éprouver l'orbite d'une Comète pour couper celle de la Terre. Il fait ensuite l'application de ses formules, aux différentes Comètes dont nous connoissons les élémens, & donne une méthode très-facile, pour reconnoître au premier coup-d'œil, si une Comète est dans le cas d'approcher de l'orbite terrestre. Dans la troisième Section, M. Du Séjour détermine la distance d'une Comète à l'orbite de la Terre pour un instant quelconque, le *minimum* de cette distance, & l'arc que décrit la Comète dans sa trajectoire, pendant le tems qu'elle est à une distance de l'orbite terrestre moindre qu'une quantité donnée. Les formules auxquelles il parvient sont fort simples, & il les applique aux différentes Comètes qui peuvent approcher de la Terre.

Dans ces trois Sections, M. Du Séjour a considéré

les rapports d'une Comète quelconque à l'orbite de la Terre ; dans les suivantes il considére ses rapports à la Terre elle-même. Il détermine en conséquence dans la quatrième Section , la durée du tems que la Comète & la Terre sont à distances respectives plus petites qu'une distance assignée, & les conditions qui rendent cette durée nulle ou la plus grande possible. Ce Problême intéressant envisagé dans sa plus grande généralité , conduiroit à des formules très - compliquées ; mais l'Auteur observe qu'ayant pour objet la théorie des Comètes , lorsqu'elles passent fort près de la Terre , il peut supposer leurs orbites rectilignes , ce qui simplifie beaucoup ses calculs , sans rien ôter à l'utilité de ses recherches. M. Du Séjour applique ensuite ses formules à sept Comètes , dont trois sont directes , trois rétrogrades , & une est perpendiculaire à l'orbite de la Terre. Il termine cette Section par la remarque suivante.

Il est certain qu'une Comète d'une masse un peu considérable , qui passeroit à une petite distance de la Terre , à 13000 lieues par exemple & au-dessous , agiroit avec force sur les eaux de la Mer ; & si elle restoit long-tems dans cette position , elle pourroit inonder les plus hautes montagnes. Mais M. Du Séjour observe que dans les circonstances les plus favorables , une Comète ne peut jamais être plus de 2^h $32'$ $2''$, à une distance de la Terre moindre que 13000 lieues. Or en faisant usage des formules que l'un de nous (M. d'Alembert) a données dans ses Recherches sur la cause des Vents , il trouve qu'une Comète à la distance de 13000 lieues de notre globe , & qui répondroit toujours perpendiculairement au même point de la Terre supposée entièrement recouverte d'une couche d'eau d'une lieue de profondeur , employeroit 10^h $52'$ à produire son effet ; d'où il suit que dans l'intervalle de 2^h $32'$ $2''$ il ne sera jamais très-considérable , sur-tout si l'on fait réflexion que la Comète , loin d'être stationnaire , répond alors très-rapidement aux différentes parties du globe ; ce qui doit diminuer son effet sur les eaux de la Mer.

Dans la cinquième Section , M. Du Séjour donne les principes d'après lesquels on peut calculer la probabilité qu'à un instant quelconque, une Comète sera plus près de la Terre, qu'une distance donnée. Cette recherche intéressante est en même tems très-délicate par la finesse des combinaisons qu'elle exige. L'Auteur se propose & résout le Problème suivant. *Si l'on sait que dans le cours d'une année , une Comète dont les élémens sont inconnus , doit couper l'orbite terrestre , déterminer la probabilité qu'à un instant quelconque pris dans l'année , cette Comète sera plus près de la Terre qu'une quantité donnée.* Tous les Problèmes de cette nature dépendent du calcul intégral , & demandent autant d'intégrations qu'il y a d'élémens variables ; mais on peut les combiner de plusieurs manières , suivant l'ordre dans lequel on les fait varier. Parmi ces différentes combinaisons , il faut choisir celle qui donne des intégrations possibles , & l'analyse la plus élégante & la plus simple. C'est dans ce choix que consiste la principale difficulté de ces Problèmes , & le mérite de la solution de M. Du Séjour. Il en fait ensuite l'application au cas où la Comète se trouveroit à une distance de la Terre moindre que 13000 lieues , & il trouve alors pour chaque instant, une probabilité égale à $\frac{1}{7127301}$.

Le Problème que s'est proposé M. Du Séjour suppose que la Comète coupe l'orbite de la Terre ; si l'on vouloit cependant le résoudre sans l'assujettir à cette condition , son analyse y seroit également applicable , & ne laisseroit d'autre difficulté que la longueur inévitable du calcul. Nous observerons ici avec l'Auteur, combien il est peu probable qu'à un instant donné , une Comète soit à une distance très-petite de la Terre, à 13000 lieues par exemple ; car en supposant qu'elle coupe l'orbite terrestre , cette probabilité égale $\frac{1}{713710}$; or si l'on considére qu'il y a presque l'infini à parier contre un, qu'aucune Comète ne coupera pas exactement, ou même à peu-près, cette orbite, on peut conclure avec M. Du Séjour, que le danger des Comètes est, si l'on peut s'exprimer ainsi, un infiniment petit du second ordre.

Les cinq Sections précédentes embrassent toutes les questions que l'on peut se proposer sur le mouvement d'une Comète qui passe fort près de la Terre, sans avoir égard aux perturbations qu'elle éprouve dans ce passage, en vertu de l'attraction réciproque de ces deux corps. Le calcul de ces perturbations est l'objet des Sections suivantes. Dans la sixième, M. Du Séjour donne les recherches préliminaires à ce calcul, qu'il développe dans la septième Section. La détermination rigoureuse des perturbations d'une Comète troublée par la Terre, dépend du fameux Problème des trois corps, dont on n'a pu trouver jusqu'ici que des solutions approchées; qui deviennent même très - compliquées dans la question présente, lorsque la masse de la Planète troublante est un peu considérable relativement à celle du Soleil, & lorsqu'on veut avoir égard aux plus légeres altérations du mouvement de la Comète. Mais l'excessive petitesse de la masse de la Terre apporte heureusement dans ces calculs, une simplification qui n'a point échappée à M. Du Séjour. Il fait voir d'une manière très-élégante, que si la Terre & la Comète étoient infiniment petites relativement au Soleil, on pourroit supposer à la Terre une sphère d'attraction infiniment peu étendue, telle qu'au-delà de ses limites, la Comète n'éprouveroit que l'action du Soleil, & qu'en-deçà, l'action du Soleil sur la Comète seroit la même que sur Terre. Cette hypothèse étant rigoureusement vraie dans l'infiniment petit, peut être employée sans erreur sensible pour la Terre & les Comètes, à cause de la petitesse de leurs masses. On sent aisément l'extrême simplicité qu'une pareille supposition doit apporter dans le calcul des perturbations des Comètes par la Terre, puisqu'elle réduit le Problême, à déterminer le mouvement de deux corps qui s'attirent en raison de leurs masses, & réciproquement au quarré de leurs distances. M. Du Séjour suppose d'abord la Comète sans masse, & il détermine toutes les circonstances de son mouvement, le point où elle s'engage dans la sphère d'activité de la Terre ; celui où elle en sort ; sa vîtesse relative dans ces deux points ; l'espèce de section conique qu'elle décrit dans la sphère d'attraction ; le tems qu'elle y reste ; enfin les élémens de sa nouvelle orbite, lorsque dégagée de cette sphère, elle est rendue à l'action seule du Soleil. Tous ces objets sont développés avec beaucoup de détail & de clarté. L'Auteur discute ensuite le cas où la Comète a une masse quelconque. Dans cette supposition, non-seulement l'orbite de la Comète, mais encore celle de la Terre, doit éprouver des altérations sensibles ; & il étoit naturel de penser qu'un des plus grands désordres que puisse causer l'approche d'une Comète, seroit de dilater ou de rétrécir considérablement l'orbite terrestre ; ce qui, en nous éloignant ou en nous rapprochant du Soleil, exposeroit notre globe à un froid, ou à une chaleur excessifs. Les calculs de M. Du Séjour nous rassurent contre la crainte d'un pareil danger. Il fait voir qu'une Comète égale en masse à la Terre, & qui en approcheroit à la distance de 13000 lieues, dans les circonstances les plus favorables à son action, n'augmenteroit le grand-axe de l'orbite terrestre que de 0, 00441, & par conséquent l'année de 2^{jours} 10h 16′ ; variations trop peu considérables pour que leur effet soit nuisible.

Dans les deux Sections suivantes, M. Du Séjour examine si les Satellites ont pu être primitivement des Comètes qui ayent circulé autour du Soleil, & la courbe qu'ils décriroient, si leur Planète principale étoit subitement anéantie. Ces recherches curieuses en elles-mêmes, deviennent intéreſſantes par l'examen que fait l'Auteur d'une opinion généralement reçue parmi les Arcadiens, & adoptée par quelques Philoſophes. Ces peuples, ſuivant Ovide & Lucien, étoient perſuadés que la Terre avoit été long-tems habitée par leurs Ancêtres, avant qu'elle eut un Satellite. Une opinion auſſi ſingulière eſt d'autant plus remarquable, qu'il paroît impoſſible d'en deviner la cauſe. La ſimple poſſibilité que la Terre ait exiſté autrefois ſans la Lune, ſuppoſe des connoiſſances bien plus étendues que celles de ces peuples, & l'ignorance porte naturellement à croire, que ce que l'on voit, a toujours exiſté, & doit toujours être de la même manière. Frappés de ces raiſons & de l'aſpect de la Lune, qui vue au téleſcope, ſemble n'offrir que les veſtiges d'un corps brûlé par le Soleil, quelques Philoſophes ont régardé cet Aſtre, comme une Comète forcée par la Terre à devenir ſon Satellite. Mais cette ſuppoſition, ſoumiſe au calcul par M. Du Séjour, ſe trouve impoſſible. Il fait voir que quelqu'hypothèſe que l'on faſſe, ſoit que la Comète perde une partie de ſon mouvement dans l'atmoſphère de la Terre, ſoit qu'elle vienne la choquer, jamais elle ne pourra circuler autour de notre globe à la même diſtance, & ſuivant les mêmes loix que la Lune.

Dans la dixième Section, M. Du Séjour indique l'uſage de quelques équations qu'il a démontrées précédemment, pour calculer les lieux apparens d'une Comète, d'après les élémens ſuppoſés connus, & les élémens, d'après trois lieux obſervés. Il donne les véritables équations de ce fameux Problême. Mais ſans chercher à éliminer les différentes inconnues qu'elles renferment, ce qui paroît extrêmement difficile, il ſe contente d'en tirer des équations fort ſimples, au moyen deſquelles on peut déterminer avec préciſion l'orbite d'une Comète, lorſqu'on connoit à-peu-près ſes élémens.

Il fait voir enfuite comment on peut conclure de
fes formules, les méthodes en ufage parmi les Aftronomes, pour calculer les Comètes ; & les changemens
qu'il faudroit faire à ces réfultats, pour déterminer
leurs mouvemens dans l'ellipfe & dans l'hyperbole.
Enfin dans la onzième Section, M. Du Séjour donne
une Notice de toutes les Comètes qui ont été obfervées
avec affez d'exactitude, pour que l'on ait pu calculer
leurs orbites. Cette Notice renferme non-feulement
leurs élémens, le nom des Aftronomes qui les ont
découvertes, calculées & obfervées, & les conftella-
tions qu'elles ont parcourues ; mais en préfentant de
plus, en peu de mots, l'hiftoire des préjugés des diffé-
rents fiècles fur les Comètes, & des craintes qu'elles
ont infpirées avant que leur théorie fut connue, elle
fournit la preuve la plus fenfible de l'avantage des
Sciences.

Tels font les objets que M. Du Séjour a traités
dans fon Ouvrage. On voit qu'il n'a rien oublié
de ce qui a quelque rapport à la théorie générale des
Comètes, & en particulier de celles qui peuvent
approcher de la Terre. Il nous a été impoffible de
donner dans cet Extrait, une idée même imparfaite des
méthodes dont l'Auteur a fait ufage ; c'eft dans
l'Ouvrage même qu'il faut les fuivre. Nous nous
contenterons d'obferver qu'elles font auffi fimples &
préfentées auffi clairement qu'on puiffe le défirer.
Indépendamment du mérite de l'analyfe, l'Ouvrage
de M. Du Séjour nous paroît très - intéreffant, en
ce qu'il doit raffurer contre la crainte des Comètes.
Jamais leurs effets n'avoient été difcutés d'une manière
auffi étendue & auffi précife ; la probabilité de leur
danger n'avoit point encore été foumife à une analyfe
auffi rigoureufe ; & puis qu'il en réfulte qu'elle eft
infiniment petite ou nulle, l'Ouvrage de M. Du Séjour
a le double avantage, d'être utile au progrès des

Sciences qu'il enrichit d'une nouvelle théorie, & à la tranquillité des hommes, en les délivrant d'une frayeur imaginaire. Nous croyons en conséquence qu'il mérite d'être imprimé avec l'approbation de l'Académie. *Signé*, D'ALEMBERT, BÉZOUT, VANDERMONDE, LA PLACE.

Je soussigné certifie le présent Extrait conforme à l'Original, & au Jugement de l'Académie. A Paris, le 22 Août 1774.

GRANDJEAN DEFOUCHY,
Secrétaire Perpétuel de l'Académie
Royale des Sciences.

TABLE

TABLE

De ce qui est contenu dans cet Ouvrage.

Discours Préliminaire,   page 1

Section Première.

Section II.

Z

Section III.

Section IV.

SECTION V.

Section VI.

Section VII.

Article Premier,

Article Second,

SECTION VIII.

S E C T I O N XI.

Fin de la Table.

De l'Imprimerie de GUEFFIER, rue de la Harpe.

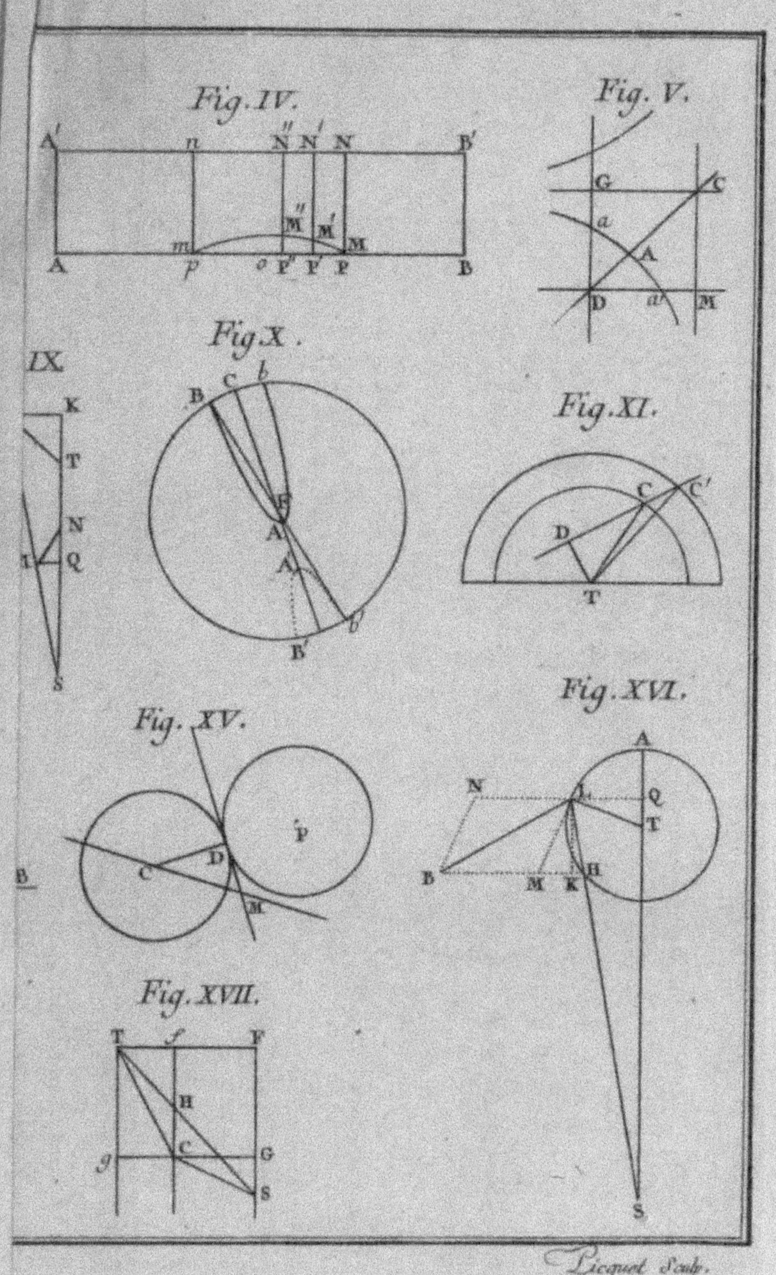

Fig. IV.
Fig. V.
Fig. X.
Fig. XI.
IX
Fig. XV.
Fig. XVI.
Fig. XVII.
Licquet Sculp.

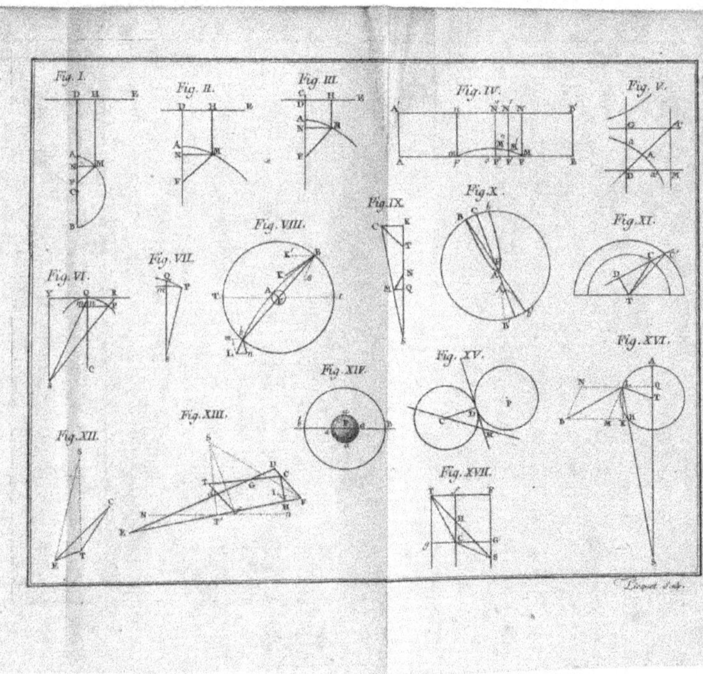

Fig. I.
Fig. II.
Fig. III.
Fig. IV.
Fig. V.
Fig. VI.
Fig. VII.
Fig. VIII.
Fig. IX.
Fig. X.
Fig. XI.
Fig. XII.
Fig. XIII.
Fig. XIV.
Fig. XV.
Fig. XVI.
Fig. XVII.

www.ingramcontent.com/pod-product-compliance
Lightning Source LLC
LaVergne TN
LVHW010729060726
842527LV00002B/242